Ernst Schwarzhans

gesünder wohnen
–
besser leben

Ernst Schwarzhans

gesünder wohnen
–
besser leben

KNEIPP
VERLAG WIEN

Was treibt Sie voran, Herr Schwarzhans?

An Stelle eines Vorworts

Herr Schwarzhans, Sie sind in Dalaas aufgewachsen und Sie wohnen seit 35 Jahren in Bludenz. Was hat sich seit der Jahrtausendwende verändert?

In den vergangenen zwei Jahrzehnten stiegen die Grundstückspreise im Alpenraum enorm an. Viele Familien wohnen seit Generationen in alten Häusern und haben keinen Einfluss, auf die Vernetzung der digitalen Welt. Im Bergland und in Ballungsräumen sehen sich viele Personen nur mehr in der Lage, die preisgünstigen Wohnungen und Häuser an belasteten Plätzen zu erwerben. Deshalb befinden sich Wohngebäude in der Nähe von Hochspannungsleitungen, von Trafo-, Eisenbahn- und Seilbahnstationen, Kraftwerken, Umspannwerken, Flugschneisen und Telefonrichtfunkmasten. Zudem hat sich unsere Welt aufgrund der digitalen Kommunikation in vielen Bereichen beschleunigt. Alles soll immer noch schneller funktionieren, viele sind dadurch überfordert. Dazu kommt noch, dass an die Auswirkungen von Elektrosmog mit der steigenden Nutzung des Mobilfunks nicht gedacht wird.

Wie sind Sie darauf gekommen, dass all das Auswirkungen auf die Gesundheit hat?

Gegen Ende der 1990er Jahre bemerkte ich vermehrt das Auftreten von Schlafstörungen und körperlicher Unruhe bei meinen Kunden und hatte den Verdacht, dass man das auf den verstärkten Ausbau von Funkstationen für die Mobiltelefonie zurückführen könnte. Die Leitungen wurden schon damals nicht mehr in die Erde gelegt, sondern auf Masten montiert. Auch nahmen Allergien zu, was ich zu ergründen versuchte. Ich stellte fest, dass in früheren Jahren die Wohnräume aufgrund von baubiologischen Fehlern häufig mit schädlichem Schimmel befallen waren, ebenso gab es häufig den Befall durch Parasiten. Heute wird in den Wohnräumen häufig auf Textilien wie Vorhänge und Bezugsstoffe verzichtet, und in den Schlafzimmern werden allzu häufig glatte Böden verlegt, für deren Reinigung man vor allem Chemie verwendet. Luftverunreinigungen aller Art sind die Folgen, die das Immunsystem schädigen und zu Allergien führen können.

Sie sprechen von Ihren Kunden, die Sie als Generalunternehmer für den Innenausbau beraten. Doch beim Einsatz bestimmter Materialien in Wohnräumen gibt es ganz offensichtlich Probleme. Wie lösen Sie die?

Ja, das kam so: Ende der 1970er Jahre machte ich mich mit meinem Partner, einem Raumausstatter, selbstständig. Ich bin ursprünglich gelernter Bankkaufmann, ließ mich aber Anfang der 1980er Jahre zum Bodenleger ausbilden und erweiterte später mein Unternehmen von der Planung bis zum schlüsselfertigen Gebäude. Seither führen wir im Bereich der Innenausstattung

Wohnfloor Betriebsgebäude mit
der Umsetzung von energetischen
Maßnahmen nach dem Umbau 2018

viele Tätigkeiten mit eigenen Mitarbeitern durch. Außerdem beschäftige ich mich seit geraumer Zeit mit Hypnose, Psychologie, Naturwissenschaften, Biologie und der Geologie. Als ich mich schließlich zum Geobiologen ausbilden ließ, erkannte ich den Einfluss der Strahlen auf unsere Gesundheit und lernte damit umgehen. Neben den Themen Farbe und Energie setze ich nun auch dieses Know-how bei den Beratungen im Bereich der Innenausstattung von Hotels und Einfamilienhäusern ein und berücksichtige zusätzlich die Einflüsse auf unsere Gesundheit durch Materialien, die zur Erzeugung von Böden, Stoffen, Farben, Bettwaren, Lampen oder Möbeln verwendet werden. Außerdem übernehme ich beim Einkauf von Materialien viele der Richtlinien wie sie von verschiedenen Qualitätsverbänden festgesetzt werden wie »Der blaue Engel«, »Eco Institut«, »Deutsche Gütergemeinschaft RAL«, »Öko Control«, »Emissionsklasse für Möbel A«, »EC 1«, »Textiles Vertrauen« und »Global Organic Textile Standards«. Alle diese Standards haben mich dazu gebracht, mit Firmen zu kooperieren, die nicht nur diese Voraussetzungen erfüllen, sondern es mir auch ermöglichen, mit ihnen gemeinsam neue Materialien zu kreieren, die durch die verwendeten Ausgangsstoffe schädliche Strahlen ableiten. Damit kann ich mich vor Elektrosmog schützen.

Was ist eigentlich der von Ihnen angesprochene Elektrosmog?

Die digitale Vernetzung führt dazu, dass neben den Fernseh- und Radiogeräten, Computer und Telefonsystemen auch im Haushalt immer mehr belastende Geräte verwendet werden, die magnetische Funkwellen in verschiedenen Frequenzen aussenden. So entsteht ein Cocktail aus vielen unsichtbaren Strahlen. Zudem wird auch das Netz von Richtfunkanlagen laufend erweitert, und die Leistungen des Funknetzes werden durch den steigenden Konsum immer mehr angehoben. In vielen Wohnungen befinden sich nicht geschirmte Lampensysteme, die schädliche elektromagnetische Felder hervorbringen. Deshalb sind die Auswirkungen auf das Nervensystem nicht zu übersehen. Gefährlich ist es auch, Häuser und Wohnungen in Holzbauweise ohne geschirmte Kabel für die elektrischen Installationen auszuführen, weil Holz die Eigenschaft hat, NF-Strahlung zu speichern. Dadurch kann sie an die Menschen ankoppeln und den Organismus belasten.

Und wie wirken sich die Schadstoffe aus, die mit Heimtextilien und mit deren Reinigungsmitteln in die Raumluft abgegeben werden?

Wie das Zentrum für Umweltforschung feststellte, gefährden Schadstoffe in der Raumluft Kinder mehr als Erwachsene, weil aufgrund der noch unausgereiften Stoffwechselvorgänge bis zum fünfzehnten Lebensjahr davon ausgegangen werden muss, das der junge Organismus viel stärker belastet wird. Zusätzlich zu den »hausgemachten« Schadstoffen führt auch Feinstaub, der vor allem durch das immer höher werdende Verkehrsaufkommen entsteht, zu gesundheitlichen Beeinträchtigungen. Dieser Cocktail fördert Allergien und belastet das Immunsystem, ganz zu schweigen vom erhöhten Krebsrisiko.

Wenn ich also in meinen Räumen darauf achte, die richtigen Materialien und Putzmittel zu verwenden, bin ich dann vor Umwelteinflüssen geschützt?

Leider nein. Denn auch Lärm stellt eine hohe Belastung für die Gesundheit dar. Heutzutage werden durch den Wegfall von Textilien sowie Teppichböden und die bevorzugte Verwendung von großen glatten Flächen und Glas nicht nur Allergien gefördert, sondern es wird auch der Schall schlecht absorbiert, was sich wiederum negativ auf das Nervensystem auswirkt. Geeignete Schallsanierungen durch den Einbau von Schallschutzdecken und -wänden werden häufig aber aus Kostengründen leider nicht durchgeführt.

Genau genommen ist also beim Bau eines Hauses auf viel mehr zu achten als nur darauf, was innerhalb der vier Wände passiert, ist das richtig?

Ja, so stellt zum Beispiel das Trinkwasser ein weiteres Problem dar. Es wird zwar jährlich durch die zuständigen Stellen der Landesregierungen nach verschiedenen Inhaltsstoffen geprüft, aber die Proben werden nur von den Wasserfassungen entnommen. Es wird jedoch nicht darauf geachtet, welche Schadstoffe sich durch lange oder alte Rohrleitungen und die Hausinstallation anreichern können. Ebenso werden keine Prüfungen in Bezug auf Medikamentenrückstände und Hormone durchgeführt.

Wir werden also anhand Ihres Buches erfahren, wie wir durch verschiedene Maßnahmen gesünder wohnen und daher besser leben können.

Selbstverständlich, und nicht nur das: Ich habe mein Hauptaugenmerk darauf gelegt zu erklären, warum wir verschiedene Vorkehrungen in unseren Wohnräumen und mehr noch beim Bau unseres Heimes treffen müssen. Ich beginne daher mit der Wasserversorgung, denn Wasser ist Leben, setze fort mit Wirkung und Einfluss von Farben und Licht, denn ohne sie würden wir nicht existieren können, leite schließlich über zur Geobiologie, dem Wissen über Strahlen, und beende mein Buch mit den Gedanken zur harmonischen Wohnraumgestaltung. Dazu finden Sie in jedem Kapitel ganz praktische Vorschläge zur Verbesserung Ihrer Wohnqualität. Jedes Kapitel beinhaltet zudem einen ausführlichen Praxisteil sowie Fotos aus Eigenheimen von unseren Kunden und aus Hotels, deren Betreiber ich ebenfalls beraten habe. Damit möchte ich dokumentieren, was ich unter sinnvollen Strahlenschutz und gesunder Wohnraumgestaltung verstehe. Indem ich hier veranschauliche, wie sich Ästhetik mit gesund erhaltender Technik verbinden lässt, wird die Grundlage für ein besseres Leben sichtbar.

Mir bleibt nur zu hoffen, dass meine Ausführungen nicht nur dem Verständnis für meine Arbeit und meine Anliegen dienen werden, sondern auch zu einem guten Leben auf diesem Planeten beitragen können.

Wasser

die Grundlage des Lebens

Wissen Sie, woher Ihr Wasser kommt? Faktum ist, dass die Erde zu 70 Prozent mit Wasser bedeckt ist, jedoch nur drei Prozent davon auf Süßwasservorräte entfallen. Davon wiederum sind zwei Drittel im Eis der beiden Polkappen gebunden. Wenn wir nun bedenken, dass allein jeder Österreicher im Schnitt 135 Liter Wasser täglich verbraucht, ist bei einer Bevölkerung unseres kleinen Alpenlandes von gerundeten acht Millionen ein Verbrauch von grob gerechnet 395 Milliarden Litern jährlich angesagt. Zum Vergleich: Einer der Trinkwasserreservoirs der Stadt Wien, der Wienerwaldsee, hat eine Oberfläche von ca. 26 Hektar und einen Wasserinhalt von 700 Millionen Litern bei einer Maximaltiefe von 6,3 Metern. Damit würde die Stadt mit fast zwei Millionen Einwohnern knapp zwei Tage auskommen. Allerdings wird in Sonderfällen, wie zum Beispiel bei Wartungsarbeiten oder hoher Verbrauch, auf Tiefbrunnen in der Lobau, das Wasserwerk Moosbrunn oder andere noch kleinere Brunnen zurückgegriffen.

Sauberes Trinkwasser ist ein seltenes Gut. Dennoch geht der Blaue Planet mit seinen Wasservorräten derart verschwenderisch um, dass man meinen möchte, sie seien unerschöpflich. Dabei wissen wir, dass dem nicht so ist. Vielmehr haben 2,1 Milliarden Menschen keinen sicheren und 844 Millionen gar keinen Zugang zu Trinkwasser. Was sind die gesundheitlichen Konsequenzen – von den gesellschaftlichen ganz zu schweigen? Folgen wir einem Schluck Wasser vom Glas in unsere Kehle: Er benetzt die

Wasser auf unserem Planeten

Die Erde ist zu 71 % von Wasser bedeckt.
Davon entfallen

- 97,39 % auf Salzwasser und
- 2,61 % auf Süßwasser.

Das Vorkommen von Süßwasser gliedert sich wiederum auf

- 68,7 % in Polar-, Gletschereis und Schnee
- 30,1 % Grundwasser
- 0,8 % Permafrostböden
- 0,3 % Oberflächenwasser
- 0,1 % Atmosphäre

Der Wasserverbrauch in Mitteleuropa

Im Durchschnitt verbraucht jeder Mitteleuropäer Tag für Tag 127 Liter Leitungswasser. Gerade einmal 5 Liter davon werden als Lebensmittel zum Kochen und Trinken verwendet, während sich zum Beispiel

- das Baden und Duschen mit 46 Litern,
- die Spülung der Toilette mit 34 Litern,
- das Wäschewaschen mit 13 Litern,
- das Bewässern von Gärten und
- Autowaschen mit 9 Litern,
- und das Geschirrspülen mit 7 Litern

zu Buche schlagen.

Schleimhäute, rinnt durch die Speiseröhre in den Magen und verteilt sich von dort in unserem gesamten Körper. Nun regelt er die Herz-Kreislauf-Funktion, sorgt dafür, dass unser Stoffwechsel optimal funktioniert und die enthaltenen Nährstoffe von unserem Organismus aufgenommen werden. Unabdingbar ist die Wasseraufnahme vor allem für die Funktion der Nieren, die dafür sorgen, dass Abfallprodukte aus unserem Körper abgeführt werden können. Dass unser Gehirn zu großen Teilen aus Wasser besteht, merken wir übrigens schnell, wenn wir zu selten trinken: Mangelnde Konzentrationsfähigkeit ist nur eine der Folgen. Wenn nun insgesamt gesehen zu wenig Wasser im Körper ist, kommt es zur Unterversorgung der betroffenen Organe und ihrer Zellen, damit zu Ablagerungen von Stoffwechselendprodukten im Zwischenzellgewebe, die eine extreme Belastung für den Körper darstellen. Die Folge: Beschwerden bis hin zu Krankheiten, vor allem bis zur Einschränkung der Nierenfunktion. Außerdem ist Wasser mitverantwortlich für die Sauerstoffversorgung und die Kohlendioxidentsorgung der Organe. Treten hier Behinderungen auf, so ist aufgrund eines in der Folge unausgeglichenen Säure-Basen-Haushalts eine Übersäuerung des Organismus gegeben.

Wasser hält den osmotischen Druck innerhalb der Zellen aufrecht. Die Ernährung der Zellen erfolgt im biophysikalischen Bereich zum Großteil durch die osmotischen Druckverhältnisse zwischen den verschiedenen Zellen. Diese sind abhängig von genügend Wasser und den im Wasser gelösten Stoffen, durch die sich der osmotische Druck aufbaut. Des Weiteren regelt Wasser die Körpertemperatur – denken wir nur ans Schwitzen, einen effektiven Mechanismus, um überschüssige Wärme abzugeben und damit die Körpertemperatur zu regulieren. Dazu dient vor allem das volumenreiche wässrige Sekret der ekkrinen Drüsen, also der Schweißdrüsen, die beim Erwachsenen bis zu vier Liter pro Stunde bzw. zehn bis 14 Liter am Tag produzieren können.

Der gesundheitliche Aspekt der Funktion des Wassers für das Leben an sich und die oberste Priorität, die eine einwandfreie Trinkwasserversorgung hat, sei damit nur andeutungsweise erklärt.

Wie aber steht es nun um die Beschaffenheit des Trinkwassers in unserem Umfeld? Der qualitative Unterschied zwischen den im Wasser gelösten anorganischen Mineralstoffen, den sogenannten Mineralsalzen, und den organisch gebundenen Mineralien in pflanzlicher Nahrung ist für die Gesundheit von entscheidender Bedeutung. Denn Pflanzen geben an ihren Wurzeln Huminsäuren ab, um die im Boden vorhandenen anorganischen Mineralsalze in Lösung nehmen und aufnehmen zu können. Bei diesem Vorgang entstehen zum Beispiel organische Salze aus Kalziumkarbonat und dem als Kalk bekannten, anorganischen Mineralsalz. Im weiteren Verlauf können aus diesen in der Pflanze das Kalzium-Ion herausgelöst und in einen Ring aus Aminosäuren eingebaut werden. Kalzium liegt dann als sogenanntes »Chelat«, als organisch gebundenes Mineral vor.

In dieser Form ist es für den Körper wesentlich leichter aufnehmbar. Zudem hinterlassen organisch gebundene Mineralien im menschlichen Stoffwechsel keine anorganischen Abfallprodukte wie Karbonat- oder Sulfatgruppen, da sie komplett in den Stoffwechsel integriert werden können.

Wir haben heute im biochemischen wie auch im biophysikalischen Bereich Untersuchungsmethoden, mit denen der Nachweis gelingt, dass Wasser Informationen speichern kann. Diese lange Zeit angezweifelte Tatsache bedeutet, dass wir mit dem Wasser, das wir trinken, auch Informationen aufnehmen, die unsere körperlichen Vorgänge fördern oder auch beeinträchtigen können. Mit diesen Informationen sind nicht nur die im Wasser enthaltenen, entweder guten oder belastenden Inhaltsstoffe gemeint, sondern auch die Tatsache, dass Wasser eine gewisse Vorgeschichte hat.

Hartes Wasser macht krank

Charles Mayo war der Begründer der weltbekannten Mayo-Klinik in Minnesota, der ersten medizinischen Hochschule weltweit mit 2500 angestellten Ärzten und 42.000 Mitarbeitern, die bis heute jährlich 500.000 Patienten behandeln. Nach der Überzeugung des US-amerikanischen Arztes und Physikers ist hartes Wasser die geheime Ursache für viele, wenn nicht gar für alle Krankheiten, die aus Giften im Verdauungstrakt entstehen. Hartes Wasser enthält eine hohe Dosis anorganischer Mineralien, die mit den meisten vorhandenen öligen und fettigen Substanzen neue unlösliche Verbindungen eingehen, die der Körper nicht verwerten kann. Diese Kalk-Fett-Mischung lagert sich an den Innenwänden der Arterien und an den Organen in einer undurchlässigen Schicht ab und behindert dadurch den normalen Stoffwechsel. Diese Ablagerungen in den Eingeweiden sind darüber hinaus ein Paradies für alle bakteriellen Krankheitserreger. Dieses Gemisch von Cholesterin (Fett), Salzen und Kalk aus Leitungs- und Mineralwasser blockiert aber nicht nur den Stoffwechsel mit seinen Ablagerungen, die zunächst wie ein Film, später wie eine Kruste Zellwände und Organe überzieht. Es bildet auch die bekannten Steine, die wir dann Nieren-, Gallen- und Blasensteine nennen. Würde man die Menschen mit mineralarmem Wasser so flächendeckend versorgen wie mit pasteurisierter Milch, würden viele Alterskrankheiten gar nicht erst entstehen.

Charles Mayo (1865–1939)

Wasser speichert Elektrosmog

Ein kleiner Versuch zeigt, wie sich der Geschmack von Wasser verändern kann: Füllen Sie eine saubere Glasflasche mit einem Ihnen zur Verfügung stehenden Trinkwasser und entleeren Sie es in ein Glasgefäß, indem Sie der Flasche einen kleinen Drall geben, sodass das Wasser in einem Wirbel aus der Flasche austritt. Füllen Sie dann das Wasser noch einmal in diese Flasche und wiederholen Sie den gleichen Vorgang. Wenn Sie dieses verwirbelte Wasser nun gegenüber dem ursprünglichen Wasser probieren, werden Sie geschmacklich einen Unterschied feststellen, den Sie genau charakterisieren können. Beide Proben enthalten dieselben Inhaltsstoffe, sodass dieser Unterschied nur in der Verwirbelung seinen Grund haben kann.

Vielleicht noch bedenkenswerter ist die Tatsache, dass das Wasser auch in unserem Körper solche Informationen speichern kann. Wenn wir unseren Körper über eine gewisse Zeit elektromagnetischen Schwingungen (Elektrosmog) aussetzen, der von elektrischen Geräten, aber auch von Mobiltelefonen, WLAN usw. ausgeht, so schwingt das im Blut enthaltene Wasser – und somit das Blut – in der entsprechenden Frequenz mit, was unser gesamtes Organsystem belasten kann.

Dazu folgende Geschichte: Ein Mann telefonierte übers Mobiltelefon von Bludenz aus mit seiner in der Nähe von Innsbruck befindlichen Frau. Während des Telefonats nahm sie einen starken Brummton wahr, was sie ihrem Mann mitteilte. Rein instinktiv veränderte er seine Sitzhaltung, und sofort war das Brummen beseitigt. Er war verwundert und versuchte, dieselbe Sitzhaltung wie zuvor wieder einzunehmen, und der Brummton setzte wieder ein. Was war die Ursache? Der Ton war nur dann in der Leitung, wenn sein Fuß sich etwa zehn Zentimeter entfernt von einer Elektroleitung befand, die zu einer Stehlampe neben dem Tisch führte. Was hier passierte, war das Übertragen der elektromagnetischen Schwingungen der vorbeiführenden Leitung auf seinen Fuß und die Weiterleitung dieser Schwingung durch die gesamte Blutbahn bis hin zu seiner Hand, in der er das Mobiltelefon hielt. Aus seiner Hand gelangte diese Schwingung dann in das Mikrofon des Apparats und wurde über Mobilfunk nach Innsbruck gesendet.

Hier ist ganz klar zu erkennen, dass sein ganzer Körper in einer elektromagnetischen Schwingung von in diesem Fall 50 Hertz schwang – eine gesundheitliche Belastung, wenn sie über längere Zeit anhielte.

Um eine Belastung durch Elektrosmog zu vermeiden, wurde eine Stehlampe mit körperübertragenden elektromagnetischen Wellen entwickelt.
↓

Woher das Wasser kommt

Schmelzwasser

wird dem reinen Wasser zugeordnet, da sich im Eis und Schnee keine Lösungsvorgänge abspielen können und die Kontaktzeit beim Abschmelzen sehr kurz ist. Schmelzwasser weist daher eine sehr geringe Leitfähigkeit auf, es ist also genauso wie Regenwasser »reines« Wasser.

Bodenwasser

↑ Schmelzwasser

Das in die Böden sickernde Regenwasser verursacht im engen Zusammenwirken mit den Huminsäuren aus dem Humus vielfältige Lösungsansätze, Transport- und Ausfällungsreaktionen. Je nach der Beschaffenheit des Gesteinsuntergrundes, des Klimas, der Vegetation sowie der Bodenlebewesen verläuft Bodenwasser in unterschiedlicher, aber jeweils charakteristischer Weise und führt so zur Bildung der jeweils spezifischen Böden. Die Eigenschaften des ursprünglich reinen Regenwassers ändern sich dabei stark: Das Bodenwasser ist sauer und hat anorganische Mineralien, Salze und Metalle sowie organische Verbindungen in Lösung genommen. Die Leitfähigkeit des Bodenwassers ist dadurch stark erhöht.

Grundwasser

Sickert Wasser durch den Boden hindurch in tiefere Sediment- oder Gesteinsschichten, spricht man von Grundwasser. Die Qualitätseigenschaften des Grundwassers werden in unberührten Naturlandschaften maßgeblich von der Geologie bestimmt, in von Menschen geschaffenen Kulturlandschaften natürlich auch von der Nutzung der Oberfläche, zum Beispiel für landwirtschaftliche Zwecke.

Die Qualitätseigenschaften des Grundwassers stehen in direktem Zusammenhang mit jenen des speichernden Sediments oder Gesteins, da Wasser als universelles Lösungsmittel anorganische Mineralien aus dem Speichergestein freisetzt und damit dessen mineralogische Zusammensetzung widerspiegelt. Löst das Grundwasser reichlich Kalziumkarbonat aus den verschiedenen kalkreichen Sedimenten und Sedimentgesteinen, ist die Folge eine starke Erhöhung der Leitfähigkeit des Grundwassers. Während die schädlichen und unangenehmen Auswirkungen in Rohrleitungen, Heizungsanlagen und Haushaltsgeräten allgemein gefürchtet sind, blieb die Dauerbelastung des humanen Stoffwechsels durch den ständigen Konsum von anorganischen Mineralsalzen lange Zeit nahezu unbeachtet.

Quellen

Quellen sind Stellen, an welchen Grundwasser wieder an die Erdoberfläche austritt. Die Qualität des Quellwassers entspricht folglich der des Grundwassers und ist in einer unberührten Naturlandschaft hauptsächlich von der geologischen Situation abhängig.

Oberflächenwasser

Hinsichtlich ihrer natürlichen Wasserqualität ist Oberflächenwasser ein Mischtyp zwischen Reinwasserqualität von Regen- und Schmelzwasser und des mit den hohen Konzentrationen an gelösten anorganischen Stoffen belasteten Grundwassers.

Die Qualität unseres Wassers

Bis zirka 10.000 Jahre vor unserer Zeit lebten die frühen Menschen als Nomaden, die auf ihren Streifzügen entweder gänzlich mineralfreies Regen- und Schmelzwasser oder mineralarmes Oberflächenwasser aus Bächen, Flüssen und Seen tranken. Nur manchmal gab es Wasser auch aus Quellen, doch stark mineralhaltiges Grundwasser war ihnen nicht zugänglich. Unsere Vorfahren tranken also vorwiegend mineralstoffarmes Oberflächenwasser, und der menschliche Organismus hat sich im Lauf der Zeit an diese Situation angepasst.

Vor etwa 10.000 Jahren änderten sich zwar die Lebens- und Wirtschaftsform der Menschen, nicht aber ihr Trinkverhalten. Bei der Wahl der Siedlungsplätze wurden Orte in der Nähe von Bächen, Flüssen und Seen bevorzugt. Mit der modernen Industrialisierung eskalierte jedoch der Nutzungskonflikt. Die Oberflächenwässer der dicht besiedelten Tiefländer und Flusstäler waren nun als natürliche Lieferanten für das menschliche Trinkwasser nicht mehr zu gebrauchen. Als Folge der Industriellen Revolution begann in der zweiten Hälfte des 19. Jahrhunderts ein völlig neuer Abschnitt in der Geschichte der Wassernutzung durch den Menschen. Als Ersatz für das nun ungenießbare Oberflächenwasser gewann die Fassung von Quellwasser, später aber vor allem die Förderung von stark mineralhaltigem Grundwasser eine immer größere Verbreitung. So wurden im Lauf des 20. Jahrhunderts immer tiefere Förderschächte ausgehoben, und diese Entwicklung hält weiterhin an. Schachttiefen von 50 bis 80 Metern sind daher heute völlig normal. Grundwasser aus diesen Schichten ist oft Jahrzehnte bzw. Jahrhunderte alt und hatte folglich genügend Gelegenheit, anorganische Mineralien in Lösung zu nehmen. Nicht selten ist zum Beispiel der Kalkgehalt dieses Wassers so hoch, dass es vor der Weitergabe in ein Leitungssystem im Wasserwerk behandelt werden muss.

> Orte in der Nähe von Bächen, Flüssen und Seen werden bevorzugt, der Nutzungskonflikt eskaliert

Das Aufbereitungsverfahren für Leitungswasser

In Österreich wird fast ausschließlich Grund- und Quellwasser genutzt. Je nach Herkunft und Beschaffenheit des Rohrwassers stehen die Wasserwerke vor unterschiedlichen Herausforderungen: Die Oberflächengewässer sind oft mit Schadstoffen aus der Landwirtschaft wie Pestiziden, Nitrat und Nitrit belastet. Durch das Düngen mit Mist und Gülle gelangen Keime, Bakterien und Rückstände von Tierarzneien von den Feldern

↑
Ein Gebirgsbach, der die Reinheit von Bodenwasser mit sich führt, wie es der menschliche Körper von seiner Ausstattung her am besten aufbereiten kann.

In welcher Qualität
das Trinkwasser
aus unserem
Wasserhahn kommt,
hängt in erster Linie
vom Zustand der
Hausinstallationen ab.

←

in die Gewässer. Auch moderne Kläranlagen können viele Stoffe wie Rückstände von Human-Arzneimitteln, Hormonen und stabile, neu entwickelte Verbindungen der Kunststoffindustrie nicht zurückhalten. Inzwischen konnten viele dieser Stoffe auch im Grundwasser nachgewiesen werden. Des Weiteren wird das Grundwasser durch undichte Abwasserkanäle und durch sogenannte Altlasten verschmutzt. Als Reaktion darauf weichen die Wasserwerke in immer tiefere Grundwasserstockwerke aus, zudem sind im Grundwasser, je nach den geologischen Verhältnissen vor Ort, oft hohe Konzentrationen von anorganischen Mineralstoffen sowie Eisen- und Manganverbindungen gelöst. Das bedeutet eine große Herausforderung für die Wasserwerke, die Sauerstoff einsetzen, um diese Metallverbindungen zu oxidieren und aus dem Wasser zu entfernen. In riesigen Mehrschichtfilteranlagen aus Kies, Sand und Blähton sowie in Langsam-Sand-Filtern werden Partikel entfernt und Schadstoffe durch nützliche Mikroorganismen im Sediment abgebaut. In Flockungsverfahren wird Wasser von organischen Inhaltsstoffen befreit. Der Einsatz von Ozon tötet Krankheitserreger ab und oxidiert langkettige Kohlenwasserstoffverbindungen. Innentaschen reduzieren die Karbonathärte. Aktivkohlefilter neutralisieren unerwünschte Geschmacks- und Geruchsstoffe.

Da in vielen Städten und Gemeinden das Leitungsnetz alt und marode ist und das frisch aufbereitete Leitungswasser Gefahr läuft, darin zu verweilen, wird dem Wasser beim Verlassen des Wasserwerkes oft Chlor zugesetzt. Wasser verlässt also das Wasserwerk in hygienisch einwandfreiem Zustand. Doch wie kommt es beim Verbraucher an? Die Leitungsnetze sind sehr lang. Viele Teilstrecken sind sanierungsbedürftig. Durch Lecks im System kann stark verschmutztes Boden- und Grundwasser in das Wassernetz gelangen. Infolgedessen können sich gerade in den Kalk- und Rostablagerungen der Rohre Keimkolonien einnisten, dadurch bilden sich sogenannte Biofilme. Letztere sind besonders heimtückisch, da sie den Keimen ein geschütztes Refugium bieten, in denen sie auch durch den Einsatz von Desinfektionsmitteln wie Chlor und Chlordioxid nicht abgetötet werden können.

Die Verantwortung der Wasserwerke endet also an der Wasseruhr. Die nachfolgende Hausinstallation stellt in Bezug auf den Gehalt an Schwermetallen sowie auf die mikrobielle Qualität des Leitungswassers ein weiteres Risiko dar. Denn grundsätzlich gilt: Je länger das Wasser in den Rohren gestanden oder je länger die Durchflussstrecke ist, desto mehr Schwermetalle können sich darin gelöst haben. Aus diesem Grund ist es in Haushalten ohne Trinkwasserfilter ratsam, morgens oder nach längerer Abwesenheit erst einige Liter Wasser ablaufen zu lassen, damit das sogenannte Standwasser der Leitungen nicht zum Verzehr benutzt wird.

Sehen wir uns nun die Hausinstallationen näher an:

- In relativ saurem Wasser kann viel Kupfer in Lösung gehen. Daher ist die Verwendung von Kupferrohren in Gegenden mit eher saurem Leitungswasser zu vermeiden (pH-Wert über 7,0). Und noch etwas: Ein stark erhöhter Kupfergehalt von Trinkwasser wird mit Leberschäden, sogenannten frühkindlichen Leberzirrhosen, bei Säuglingen in Verbindung gebracht.
- Aus verzinkten Eisenrohren können sich, ebenso mit zunehmender Tendenz, bei saurem Wasser aus der Zinkschicht hochgiftige Schwermetalle wie Kadmium

lösen. Kadmium schädigt vor allem die Nieren und die Leber. Besonders Menschen mit Eisenmangel nehmen überdurchschnittlich viel Kadmium aus dem Wasser auf. Ist die Zinkschicht im Inneren der Rohre korrodiert, so löst sich auch das Eisen. Dies ist an der Trübung und der rosaroten Farbe des Wassers zu erkennen. Im Gegensatz zur Belastung ist der Rost aber eher ein ästhetisches als ein gesundheitliches Problem. Zu viel Eisen kann ein gesunder Körper wieder ausscheiden.

Gesetzliche Grundlagen – Schwächen der Verordnung

In Österreich wurden spezielle Trinkwasserverordnungen erlassen. Bei der Formulierung der Gesetzestexte orientierte man sich an den Empfehlungen der WHO und an den Richtlinien der EU. Hier sind die Grenzwerte wie mikrobiologische sowie chemische Parameter und Indikator-Parameter festgelegt. Die Schwächen dieses Kontrollsystems betrifft die Anzahl der Stoffe, die theoretisch im Trinkwasser vorkommen können. Sie sind um ein Vielfaches größer, als die Anzahl der Stoffe, für die überhaupt Grenzwerte definiert wurden. Eine Ausnahme bilden die Pflanzenschutzmittel. Für diese Wirkstoffe ist ein amtliches Zulassungsverfahren vorgeschrieben.

Durch Ausscheidungen, aber auch durch unerlaubte Entsorgung über die Toilette, gelangen Wirkstoffe von Arzneimitteln ins Trinkwasser, so auch beispielsweise »die Pille«. Untersuchungen an der Technischen Universität in Berlin belegen, dass die Uferfiltration für viele Substanzen und Arzneimittelrückstände wie Sulfatmethoxazol, Primidone, Colfibrat, Propyphenazon, Röntgenkontrastmittel (AOI) und 1,5-NDS keine sichere Barriere darstellen. Manche Stoffe gelangen sogar völlig ungehindert durch die Uferfiltration in das Rohwasser der Wasserversorger. Über die Düngung mit Gülle und Mist gelangen sie in den Boden und von dort teilweise in das Grundwasser.

Leitfähigkeit der Wässer

»Reines« Trinkwasser kann keinen Strom leiten. Die Fähigkeit von Wasser, Strom zu leiten, hängt allein von der Menge der im Wasser gelösten Ionen ab wie jenen von Metall, Salzen und Mineralien. Die Messung der elektrischen Leitfähigkeit eines Wassers ist folglich ein Indiz für seine Reinheit.
Ein Mikrosiemens pro Zentimeter (µS/cm) entspricht in etwa 0,5 mg/l gelöste Stoffe im Wasser.

- Regen, Eis, Schnee besitzen unter 30 µS/cm – also weniger als 15 mg gelöste Stoffe pro Liter Wasser
- Oberflächenwasser besitzt von 20 bis 200 µS/cm – also zehn bis 100 mg gelöste Stoffe pro Liter Wasser
- Grundwasser besitzt von 40 bis 5000 µS/cm – also 20 bis 2500 mg gelöste Stoffe pro Liter Wasser
- Meerwasser besitzt 42.500 µS/ cm – also 21.250 mg gelöste Stoffe pro Liter Wasser.

Die Langzeitauswirkungen niedriger Konzentrationen derartiger Stoffe auf den menschlichen Organismus sind noch unerforscht. Allerdings werden die seit Jahren sinkende Spermienzahl bei Männern und die steigende Rate an Hodenkrebserkrankungen und Genitalfehlbildungen mit der Wirkung von Östrogenen im Trinkwasser und in Lebensmitteln in Zusammenhang gebracht. Bei Untersuchungen an Fischen unterhalb der Kläranlagen konnten jedenfalls Verweiblichungseffekte beobachtet werden.

Es ist also grundsätzlich nur eine Frage der Zeit, bis sich sämtliche Stoffe der chemischen und pharmazeutischen Industrie sowie deren Reaktionsprodukte untereinander im Wasserkreislauf und damit auch an unseren Wasserhähnen wiederfinden lassen.

Angesichts der auch für Experten unüberschaubaren Vielzahl an chemischen und pharmazeutischen Verbindungen und der Geschwindigkeit, mit der diese erfunden und marktfähig werden, hilft nur eine Umkehr der Beweislast: Wer einen Stoff auf den Markt bringt, der müsste zunächst dessen Umweltverträglichkeit und humanmedizinische Unbedenklichkeit nachweisen können. Das jetzt praktizierte Hase-und-Igel-Spiel zwischen Industrie und Behörden ist zum Scheitern verurteilt und wird auf dem Rücken der Verbraucher ausgetragen.

Des Weiteren verwundert die bisher unter Medizinern kaum beachtete Belastung des Trinkwassers mit sehr hohen Konzentrationen an anorganischen Mineralsalzen und deren Auswirkungen auf den an mineralarmem Trinkwasser adaptierten Stoffwechsel des Menschen. Warum wird dieses wichtige Thema nicht auf breiter Basis schulmedizinisch erforscht?

Es ist volkswirtschaftlicher Unsinn, Wasserwerke zu High-Tech-Fabriken aufzurüsten, nur um das Wasser danach durch veraltete Leitungsnetze und Hausinstallationen zu schicken. Sicherer, billiger und einfacher wäre es hingegen, den Einbau von Trinkwasserfiltern direkt an den Entnahmestellen zu fördern. Man kann daher sagen: Die Qualität des Trinkwassers ist nach den offiziellen gesetzlichen Regelungen gut, ganzheitlich betrachtet ist sie jedoch bedenklich schlecht.

Die EU-Grenzwerte für Trinkwasser

Mit einem speziellen Messgerät wird der elektrische Widerstand im Wasser gemessen, um auf die Menge der darin gelösten Teilchen schließen zu können. Daraus ergibt sich der sogenannte elektrische Leitwert, der in Mikrosiemens – abgekürzt µS – ausgedrückt wird. Laut EU-Vorschrift wird ab einem Wert von 400 µS die Trinkwasserqualität aberkannt, ab 1500 µS ist er für Pflanzen unverträglich.

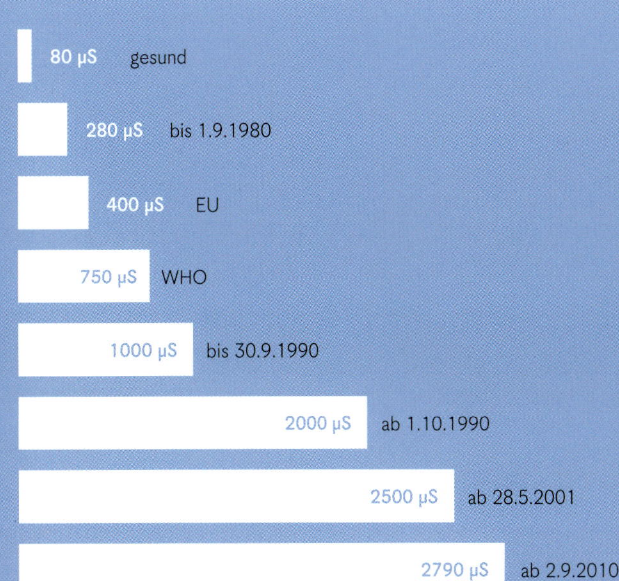

Wesentliches über unser Trinkwasser

Gesundes Trinkwasser und ein ausgeglichener Säure-Basen-Haushalt im Körper hängen eng miteinander zusammen. Ärzte und Ernährungsberater raten zum Genuss von mindestens zwei Liter Wasser pro Tag. Über die Qualität des Trinkwassers hört man von diesen Berufsgruppen noch wenig. So wird in Deutschland die Wasserqualität durch die Trinkwasserverordnung (TVO) gesetzlich geregelt. Zunächst hört sich das zwar gut an, schaut man sich aber die TVO genauer an, stellt man fest, dass es Sondergenehmigungen bei der Überschreitung einzelner Parameter gibt – oftmals zeitlich unbegrenzt. Ein hoher Stellenwert wird dem Schutz der Leitungswasserrohre gegeben, die möglichst 30 Jahre und mehr halten sollen. So liegt der Grenzwert beim gesunden Magnesium so hoch wie beim schädlichen Nitrat. Magnesium könnte wohl mit der Zeit die Rohre verstopfen! Von nachweislich bis zu 3.000 Fremdstoffen im Wasser werden lediglich bis zu 50 laufend überprüft.

Seit Jahren werden Grenzwerte immer wieder nach oben angepasst, sobald es technisch zu aufwendig oder unmöglich wird, das Wasser entsprechend aufzubereiten und Mikroplastik, Medikamente und Hormonrückstände herauszufiltern. Der pH-Wert und eine Mindesthärte dienen ebenso dem Schutz der Rohrleitungen und nur indirekt dem menschlichen Genuss. Durch den Transport des Trinkwassers über viele Kilometer in engen Rohrleitungen unter hohem Druck verändert sich zudem die Struktur des Wassers sehr zum Nachteil für den menschlichen Organismus.

Wasser ist unser Lebensmittel Nummer eins. Und das weiß auch die Lebensmittelindustrie weidlich auszunützen. Wenn man sich dann fragt, warum der Pro-Kopf-Verbrauch in Österreich an Flaschenwasser von 1970 bis 2007 von sechs auf 95 Liter gestiegen ist, bekommt man von den Verbrauchern oftmals zur Antwort, dass es besser schmeckt und es sich um eine bessere Wasserqualität handle.

Untersuchungen des Trinkwassers

Ärzte und Wissenschaftler warnen vor Mineral- und Leitungswasser: Der Pionier der Wasserforschung, der Hydrologe Louis-Claude Vincent von der Universität Paris, untersuchte zwischen 1950 und 1974 im Auftrag der französischen Regierung den Zusammenhang zwischen Wasserqualität und Sterblichkeitsraten. Er veröffentlichte eine Studie, die zeigt, dass in Gegenden mit mineralhaltigem Wasser doppelt so viele Menschen an Krankheiten sterben wie in Gegenden mit reinem, weichem Wasser. Zivilisationskrankheiten, wie Altersdiabetes, Bluthochduck, Demenz, Alzheimer oder Schlaganfälle, waren bei den untersuchten Menschen, die Wasser mit einem elektrischen Leitwert von unter 80 µS (Mikrosiemens) tranken, so gut wie unbekannt. Ferner hat der Wissenschaftler in 13-jähriger Forschungsarbeit nachgewiesen, dass der Gesundheitszustand von Versuchstieren wesentlich besser ist und diese länger leben, wenn sie als Getränk hochohmiges, also mineralarmes Wasser erhalten. Bekommen sie jedoch normales oder mineralreiches Wasser, so leiden sie häufiger unter Gesundheitsstörungen und sterben auch früher. Er folgerte

Louis-Claude Vincent (1906–1988)

daraus, je weniger Stoffe (Mineralien) im Wasser gelöst sind, umso gesünder sollte das Wasser sein. Ferner wies er auf den Zusammenhang zwischen chloriertem Trinkwasser und deutlich erhöhten Krebsraten hin.

Gesundes Wasser solle nach Vincent einen elektrischen Widerstand von über 6000 Ω (Ohm) bzw. einen Leitwert von kleiner als 167 µS aufweisen, damit es noch Schadstoffe aufnehmen und abtransportieren kann. Das Wasser aus Deutschlands Leitungen hat meist einen Leitwert zwischen 350 µS und 1400 µS (die EU empfiehlt einen Richtwert von 400 µS, die WHO von 750 µS). Der derzeitige Grenzwert liegt in Deutschland bei 2500 µS. Bemerkenswert ist, dass beispielsweise in Kanada Industrieabfallwasser einen Wert von circa 1400 µS aufweist.

Leitwerttabelle nach Louis-Claude Vincent

Wirkung auf den Organismus	µS/cm³-Wert	Auswirkung
Sehr gut entschlackende, entgiftende Wirkung	50–80	Laut Louis-Claude Vincent liegt der optimale Widerstandswert unter 130 µS. Das Wasser kann bei diesem Wert bis zu 37 % mehr Körperschlacken ausspülen.
Gut entschlackende, entgiftende Wirkung	81–129	
Noch befriedigende Wirkung	130–199	Hat Ihr Leitungswasser max. 170 µS, dann ist dies noch befriedigend.
Keine Wirkung mehr	200–299	Ab 200 µS hat Ihr Wasser keine entschlackende und entgiftende Wirkung mehr. Die Schadstoffe und Säuren verbleiben im Körper.
Bereits belastend	300–499	Das Wasser wirkt bereits belastend ohne entschlackende, entgiftende Wirkung. Körperschlacken, Schadstoffe und Säuren bleiben im Körper.
Schlecht und belastend	500–1299	
Sehr schlecht und stark belastend, gefährlich!	1300–1500	Der Körper verschlackt, Gewebe- und Organfunktionen werden mit der Zeit negativ beeinträchtigt.

In Mitteldeutschland und Österreich liegen die gemessenen Werte in der Regel zwischen 250 und 900 µS/cm²

Schadstoffe im Wasser

Folgende Schadstoffe stellen nur einen kleinen Auszug dessen dar, was bei Wasserproben im Leitungswasser nachgewiesen wurde. Nachfolgende Organe erleiden mitunter irreparable Schäden durch die aufgeladenen Stoffe, die nachweisbar im Leitungswasser vorhanden sind.

Leber
Antibiotika und Chlor

Nervensystem
Blei

Herz
Medikamentenrückstände, Hormone und Eisen

Nieren
Chlor, Chrom, Fluorid, Natrium, Quecksilber und Uran

Gehirn
Aluminium

Knochen
Uran und Blei (insbesondere bei Kleinkindern)

Haut
diverse Medikamentenrückstände und Bakterien

Magen-Darm-Trakt
Antibiotika

Lunge
Ammonium und Kalzium

Möglichkeiten zur Qualitätsverbesserung des Wassers

Gesundheitsaffine Menschen haben in Bezug auf die Wasserqualität sehr unterschiedliche oft widersprüchliche Konsumgewohnheiten entwickelt. Während die einen auf besonders mineralstoffreiches Wasser schwören, bevorzugen die anderen mineralarmes Berg- und Gletscherwasser. Wieder andere filtern oder destillieren ihr Wasser, energetisieren ihr Trinkwasser mit Halbedelsteinen, verwirbeln es oder stellen es auf besondere Energieplatten. Viele Tee- und Kaffeeliebhaber verwenden ausschließlich gefiltertes Wasser.

Die Wasserqualität im eigenen Haushalt zu verbessern, ist aber auch eine grundsätzliche Entscheidung für die eigene Gesundheit. Dazu werden im Wesentlichen zwei Aufbereitungsarten unterschieden:

- Die Reinigung des Wassers von Schadstoffen, Bakterien, Mineralstoffen und anderen unerwünschten Substanzen.
- Die Wasserbelebung, bei der das Wasser hin zu einer natürlichen Informationsstruktur geführt wird, das heißt negative Informationen gelöscht und positive Informationen hinzugeführt werden.

Die Reinigung des Wassers

KANNENFILTER

Kannenfilter haben die Eigenschaft, Chlor, organische Verbindungen und vor allem Kalk aus dem gelieferten Leitungswasser herauszufiltern.

AKTIVKOHLEGRANULATFILTER

Die Aktivkohlefilter sind in erster Linie in der Lage, Chlor- und organische Verbindungen sowie unangenehmen Geschmack und Geruch aus dem Wasser herauszuholen. Dieser Filter birgt die Gefahr der Verkeimung in sich, was der Verbraucher im Haushalt kaum kontrollieren kann. Als Gegenmittel wird dem Filtermaterial Silber beigefügt. Diese Filter sollten spätestens nach jeweils sechs Monaten gewechselt werden.

AKTIVKOHLEBLOCKFILTER

Diese Filter wirken durch zweierlei Mechanismen: Durch die hohe Erhitzung und anschließende Aktivierung durch Freispülen der vielen freien Kanäle und Poren entsteht ein sehr feiner mechanischer Filter, der beim Durchfließen einer Flüssigkeit Bestandteile dieser Flüssigkeit durch Adsorption zurückhalten kann. Durch diesen Herstellungsvorgang innerhalb der Kohle entsteht eine sehr große Oberfläche von bis zu 3000 m^2 pro Gramm, wodurch dieses Material in der Lage ist, auch in einer Flüssigkeit gelöste Stoffe zurückzuhalten.

Damit können durch einen Aktivkohlefilter Inhaltsstoffe eines Filtermechanismus bis zur Größe von 0,5 bis 0,001 µm, je nach Qualität des Filters, zurückgehalten werden. Dazu zählen Sand, Schmutz, Bakterien, Larven, Pilze bis hin zu Viren, teilweise auch Pestizide und organische Lösungsmittel. Mineralien, ebenso Nitrat und Nitrit, werden dabei jedoch nicht zurückgehalten.

Neuere Entwicklungen fügen im Inneren der Kohlefilter noch eine Membran hinzu, die die Leistung dieser Filter erhöht.

ZENTRALE AKTIVKOHLEBLOCKFILTER

Diese zentralen Filter arbeiten nach dem gleichen Prinzip wie die kleineren Küchengeräte. Da es letztlich aber für die gesamte Haushaltsanlage zu wenig Durchfluss gibt, werden diese mit einer größeren Poreneinheit betrieben. Dadurch können sie zwar den größten Teil der im Wasser vorhandenen organischen Verbindungen einschließlich Spritzmittelrückstände herausfiltern, nicht aber die Mineralstoffe wie Kalk und Magnesium, die das Wasser hart machen.

DAMPFDESTILLATION

Bei den dafür vorgesehenen Geräten wird der natürliche Vorgang der Verdunstung in der Natur auf kleinstem Raum bei Energiezuführung durch elektrischen Strom nachgestellt.

Auch hier werden alle Schadstoffe und Mineralien aus dem Leitungswasser entfernt. Nur leichtflüchtige Substanzen wie Benzol und Chlor werden mit dem zu Dampf verwandelten Wasser in die Kondensationsanlage transportiert und erscheinen dann auch im Kondensat.

Gute Geräte haben daher zusätzlich einen Aktivkohlefilter nachgeschaltet. Im Gegensatz zur natürlichen Verdunstung in der Natur wird durch diesen Vorgang die Temperatur auf 100 °C erhitzt. So werden Wasserstoffbrücken gespalten und dadurch auch die im Wasser gespeicherten Schwingungen zerstört. Nachteil ist – neben den schon erwähnten Flüchten von Benzol und Chlor – der hohe Energie- und Zeitaufwand.

UMKEHROSMOSE

Die Osmose ist ein physikalischer Vorgang im molekularen Bereich von Gasen und Flüssigkeiten, der auf dem osmotischen Gesetz beruht. Demnach gleichen sich Konzentrationsunterschiede in Gasen und Flüssigkeiten stets aus, wenn sie nicht durch eine undurchlässige Trennschicht gespalten werden. Sind zwei Medien unterschiedlicher Konzentration durch eine halbdurchlässige (semipermeable) Membran voneinander getrennt, so findet aufgrund dieses osmotischen Gesetzes zumindest ein teilweiser Druckausgleich zwischen den beiden Medien statt.

In lebenden Systemen, also auch in unserem Körper, gibt es viele solcher semipermeabler Membranen wie die Darm- und die Zellwand. Viele physiologische Vorgänge in unserem Körper werden durch Osmose und den Austausch von Stoffen zwischen den verschiedenen Zellmembranen am Leben erhalten. Bei der Umkehrosmose macht man sich die Eigenschaften einer Membran zunutze. Man setzt eine solche Membran mit kleinsten Poren im Nanometerbereich als Trennung zwischen dem zulaufenden Wasser und dem reinen Wasser ein. Dadurch stellt man einen Druckunterschied zwischen beiden Bereichen her, wodurch im Bereich der Zuleitung ein Überdruck von zwei bis sechs Bar herrschen muss, durch den dann Wassermoleküle, aber auch nur diese, durch die kleinsten Öffnungen der Membran diese passieren und anschließend als völlig reines Wasser zur Verfügung stehen. Wenn ein ausreichender Leitungsdruck vom zufließenden Wasser vorhanden ist, benötigen diese Geräte keine Energiezufuhr. Das restliche Wasser aus der Zuleitung mit allen möglichen Inhaltsstoffen fließt an der Membran vorbei und wird als Abwasser abgegeben.

Gute Anlagen benötigen heute zur Herstellung von einem Liter Wasser ebenso viel Abwasser. In diesen Anlagen, die ursprünglich in den USA zur Entsalzung von Meerwasser entwickelt wurden, findet ein molekularer Trennungsprozess statt. Nur die Wassermoleküle passieren die Membran, während alle anderen, großmolekularen, gelösten Stoffe wie Salze, Mineralien, Nitrat, Schwermetalle, Pestizide, Medikamentenrückstände usw. nahezu vollständig zurückgehalten werden.

Als Vorteil der Umkehrosmose-Anlagen ist hervorzuheben, dass mit ihnen die größte Reinheit des behandelten Wassers erreicht werden kann. Diese Anlage filtert zum Unterschied von anderen Anlagen auch Kalk. Bei höheren Nitrat- und Nitratbelastungen im Trinkwasser ist die Umkehrosmose das einzige Verfahren, das sinnvoll und effektiv zur Beseitigung dieser schädlichen Substanzen eingesetzt werden kann.

IONENAUSTAUSCH-ANLAGEN

Der Grund, weshalb diese Anlage eingesetzt wird, liegt in der Verringerung des Kalkgehaltes. Der Nachteil besteht darin, dass die aus dem Wasser herausgeholten Kalziumionen durch Natriumione ersetzt werden, die mit dem Trinkwasser aufgenommen werden. Natrium bindet im Körper Wasser, was besonders für Bluthochdruck-Patienten belastend ist.

KALKKATALYSATOREN

Der Kalkkatalysator fügt dem von ihm behandelten Wasser nichts hinzu, er entzieht ihm aber auch keinen Kalk. Sein Verfahren beruht darauf, dass er das im Wasser gelöste Kalzium und Magnesium physikalisch so verändert, dass diese auch bei Erhitzen im Wasser gelöst werden. Dies wird durch sogenannte Katalysatorgranulate erreicht, die in der gesamten Hauswasserleitung durchflossen werden. Diese Granulate bewirken die Bildung sogenannter Impfkristalle, die sich an gelöste Kalk- und Magnesiumionen lagern. Dadurch bilden sich Kristallhaufen, die schwebend im Wasser weitertransportiert werden, ohne sich an Oberflächen in Spülmaschinen und anderen Geräten oder in Rohrleitungen abzusetzen.

KALKUMWANDLUNG DURCH STARK MAGNETISCHE FELDER

Starke Magnetfelder, durch die kalkhaltiges Wasser fließt, beeinflussen den Kalk derart, dass er in Form kleiner Kristalle ausfällt. An diese Kristalle docken sich dann weitere, im Wasser gelöste Kalkbestandteile an, sodass Letztere als Schwebeteilchen erhalten bleiben.

Viktor Schauberger
(1885–1958)

Die Belebung des Wassers

Man unterscheidet nach mechanischen Belebungsverfahren und Belebung durch Naturenergie, wobei zuerst klarzustellen ist, dass alle Belebungsverfahren nichts mit einer Reinigung des Wassers zu tun haben. Es wird dem Wasser grobstofflich nichts entnommen und auch nichts hinzugefügt. Die chemisch-analytische Qualität des Wassers bleibt unverändert.

Das Problem der Definition einer energetisierten Wasserqualität liegt heute noch darin, dass es keine wissenschaftlich anerkannten Messmethoden gibt, mit denen man diese veränderten Eigenschaften des Wassers reproduzierbar qualitativ nachweisen kann. Die Zukunft wird hier auch wissenschaftlich noch viel für uns Erstaunliches zutage fördern. Rein qualitativ lassen sich auch heute keine Veränderungen von Wasser, das verschiedenen Einflussfaktoren ausgesetzt wurde, beweisbar feststellen wie bei der Kristallisationsmethode des japanischen Alternativmediziners Masaru Emoto oder die Trocknungsbilder von Wassertropfen im Dunkelfeldmikroskop des deutschen Ingenieurs Bernd-Helmut Kröplin. Man geht heute davon aus, dass Wasser die Fähigkeit besitzt, Informationen und Einflüsse von außen aufzunehmen und diese zu speichern.

Dazu Folgendes: Das Wassermolekül als eines der kleinsten Moleküle ist unsymmetrisch aufgebaut. An ein Sauerstoffatom lagern sich jeweils zwei Wasserstoffatome in einem Winkel von 120 Grad an, sodass ein sogenannter Dipol entsteht, der auf der Sauerstoffseite negativ und auf der Wasserstoffseite positiv geladen ist. Da sich grundsätzlich positiv und negativ geladene Teilchen anziehen, entstehen im Wasser aus solchen aneinander geketteten Molekülen sogenannte Cluster, deren Anordnung und Formen die Grundlage von Informationsspeicherungen im Wasser sind. Diese Cluster-Gebilde sind nicht sehr stabil und werden durch äußere Einflüsse beeinflusst und verbunden wie beispielsweise Magnetfelder, elektromagnetische Felder (Elektrosmog, Handy, WLAN, usw.) elektrostatische Felder (aufgeladene Möbelstoffe und Vorhänge oder auch synthetische Kleidung), zentrifugale und zentripetale Kräfte (Verwirbelung) und viele, für uns energetisch noch unsichtbare Vorgänge.

So hat man festgestellt, dass nach Beseitigung eines allergieauslösenden Stoffs mittels Umkehrosmose dieses Wasser immer noch allergische Reaktionen auslösen konnte. Letztere verschwanden aber nach Belebung des Wassers, was man auf die Löschung der Informationen zurückführt.

Das Schauberger-Verfahren

Viktor Schauberger selbst auf die Spur zu kommen ist oftmals schwierig, da die Aufzeichnungen dieser Naturbegabung stets unvollständig waren. Doch was das bewegte Wasser betrifft, sind die von Schauberger gedachten Vorgaben nachvollziehbar. Ausgehend von den Fließformen des Wassers mit seinen Verwirbelungen, Mäandern, Strudeln, Spiralen und Wellenbewegungen meinte der gelernte Förster, dessen lebensaufbauende Bewegung als Urgrund alles Lebendigen erkannt zu haben.
Für Schauberger stand fest: »In der Natur gibt es keine geraden Linien.« Doch wer sich heute die Ergebnisse der modernen Wasserwirtschaft ansieht, erkennt auch ohne Fachwissen, dass Flussbetten ebenso geradlinig angelegt werden wie Wasserrohre im Haushalt. In der Natur lässt sich jedoch beobachten, dass Wasser meist mäandert, also sich in Schlangenlinien fortbewegt. Nach Schauberger, der Wasser als »das Blut der Erde« bezeichnete, ist das die naturgegebene Fließform des Wassers, in der es sich energetisch aufladen kann, erfrischt und veredelt wird. Genau so wie in unserem menschlichen Körper das Blut fließt, den Körper reinigt und mit Nährstoffen versorgt, so tut dies das Wasser als Träger der Lebenskraft für die Erde. Wobei das Wasser seine energetische Kraft mit jedem Stein steigert, um den es fließt, mit jeder Kurve, in der es schwingen kann. Natürlich fließende Gewässer befinden sich auch immer im Schatten der das Ufer säumenden Bäume und Sträucher. Der Sonne ausgesetztes Wasser verändert sich, zerstört womöglich das Ufer. Beschattetes Wasser wird kühl, nähert sich dadurch der größten spezifischen Dichte bei +4 °C und bewegt sich in der Achsmitte

MECHANISCHE BELEBUNGSVERFAHREN

Zwei Forscher haben sich hier einen Namen gemacht: Viktor Schauberger und Wilfried Hacheney.

Viktor Schauberger konstruierte für seinen Auftraggeber Graf Schaumburg-Lippe mehrere innovative Holzschwemmanlagen. Schauberger war ein scharfer Beobachter der Natur und experimentierte mit Schwemmkanälen, die nicht geradlinig angelegt waren, was zum großen Erstaunen der Fachwelt eine hohe Fördereffektivität zur Folge hatte. Seine Erkenntnisse über die Verwirbelung des Wassers zum Erhalt bzw. zur Erhöhung von dessen Qualität haben sich jedoch auch nach hundert Jahren als haltbar erwiesen.

Wilfried Hacheney (1924–2010)

Wilfried Hacheney war nach seinem Physik- und Maschinenbaustudium unter anderem Vorstandsassistent bei den Rheinischen Stahlwerken. In seinen Büchern beschrieb er sein Anliegen, »die Naturwissenschaft zu einer wahren Menschenwissenschaft im Sinne von Paracelsus, Goethe und Rudolf Steiner zu entwickeln«.

LEVITATION NACH SCHAUBERGER

Viktor Schauberger ging davon aus, dass das Gegenstück zur Gravitation die Levitation sei genauso wie die Implosion das Gegenstück zur Explosion ist und wie beides zusammenziehend und strukturbildend wirkt. Nicht nur Schwere und Gewicht finden wir in der Natur, sondern auch Auftrieb und Erhebung. Aufbauend auf seinen Beobachtungen über das Fließverhalten des Wassers entwickelte Schauberger nach und nach verschiedene Maschinen, die sich des von ihm entwickelten »spiralisierenden Prinzips« zu Nutze machten. So brachte er in einem luft- und lichtabgeschlossenen Gehäuse entweder Wasser oder Luft in die zentripetale, »einspiralisierende« Bewegungsrichtung, indem er das jeweilige Medium über zwei aufeinanderliegende Scheiben, sogenannte Mäanderscheiben, führte. Letztere haben das Wellenprofil einer Wasseroberfläche, auf die ein Wassertropfen auftrifft und durch Spiralwendelrohre mit ovalem, eiförmigem Querschnitt weiter fließt. Nach einem von außen gegebenen Anstoß bewegte sich das Medium in einem Kreislauf durch diese Anlage, der – erst einmal in Gang gekommen

am schnellsten, während die organischen Kleinstschwebestoffe – organische Reststoffe und Spurenelemente –, vom Uferrand ausgeschwemmt werden, sich dort ablagern können und dadurch die Umgebung mit neuen Aufbaustoffen versorgen. Insbesondere der Kühlungseffekt, der primär aus der Spiralbewegung des Wassers hervorgeht, hat für Schauberger größte Bedeutung. Gute Quellen erkennt man deshalb daran, dass sie sowohl im Winter als auch im Sommer gleich stark fließen, egal ob Trockenheit oder starke Niederschläge herrschen.

Holzschwemmanlagen

Wie wichtig die richtige Fließform und Temperatur des Wassers ist, demonstrierte Schauberger mit durchschlagendem Erfolg an seinen Holzschwemmanlagen, die dazu dienten, Baumstämme aus den Hochwäldern ins Tal zu befördern. Normalerweise werden diese möglichst geradlinig angelegt, um das optimale Gefälle auszunutzen. Schauberger nun baute sie entlang der kleinen Gebirgsbäche, die sich mäandrierend ins Tal schlängelten. Die Fachwelt war überzeugt, dass eine derartige Anlage niemals funktionsfähig sein würde. Der erste Versuch erbrachte jedoch einen überwältigenden Erfolg, steigerte sich doch die Transportmenge des Holzes um ein Vielfaches.

Was war geschehen? Schauberger hatte die Rinne der Schwemmanlage mit einem eiförmigen Querschnitt konstruiert, in mäanderförmigen Kurven angelegt und zusätzlich mit kleinen »Flossen« versehen, die das Wasser zuerst spiralförmig nach innen führten, bevor sie es in eine achsiale Vorwärtsbewegung brachten. Zusätzlich wurde alle paar hundert Meter frisches, kaltes Wasser zugeführt. Alle diese Komponenten führten dazu, dass sich das Wasser in der Mitte der Rinne konzentrierte und dort einen Spiralsog bildete, der die Hölzer sehr schnell und ohne Berührung der Wände abschwemmte.

– ohne weitere Energiezufuhr oder Treibstoff immer schneller wurde und über Turbinenräder zur Energiegewinnung genutzt werden konnte.

Übertragen auf die Vitalisierung des Wassers meinte Schauberger, dass mit der Umwandlung vom Druck in der Wasserleitung in einen Sog genügend Sauerstoff in das Leitungswasser gelangt, um den Organismus zusätzlich zu beleben. Dabei wird das Wasser durch das Levitationsverfahren verwirbelt und wieder in seine ursprüngliche Form zurückgeführt. Das Wasser kann nun vom Körper wieder besser aufgenommen werden und darüber hinaus werden auch alle vom Wasser gespeicherten Informationen gelöscht. Man erhält quellreines Trinkwasser.

LEVITATION NACH HACHENEY

Bei diesem Verfahren wird das Wasser mithilfe der von Hacheney entwickelten und patentierten Geräte so verwirbelt, dass es starken Zentrifugal- und Zentripetalkräften sowie dazwischen einer kurzen Schwerelosigkeit unterzogen wird. Interessant ist, dass Hacheney als Ingenieur feststellte, dass Beton, der mit solcherart levitiertem Wasser hergestellt wurde, eine höhere Festigkeit bei sonst gleichen Herstellungseigenschaften aufweist. Er geht auch davon aus, dass durch dieses Verfahren die innere Oberfläche der Cluster wesentlich vergrößert wird und vorher vorhandene Informationen gelöscht werden können.

Bei der Levitation wird vorhandener Luftsauerstoff in das Wasser eingearbeitet, wie dies auch in der Natur bei springenden Bachläufen geschieht. Nachteil dieses Verfahrens sind die einmaligen Anschaffungskosten, Vorteile sind neben den Wirkungen, dass praktisch keine Wartung anfällt.

BELEBUNG DES WASSERS DURCH NATURENERGIEN

Diese sind schwerer nachvollziehbar. Teilweise sind sie durch die Forschungen von Masaru Emoto und Bernd-Helmut Kröplin nachgewiesen. Auch geschmacklich lassen sich Unterschiede feststellen.

Da sind zunächst einmal jene Verfahren, die mit reinen Naturinformationen arbeiten, das sind z.B. Zylinder, Platten oder andere Trägermaterialien, die natürliche Stoffe mit einer hohen positiven Informationsdichte enthalten.

Das Prinzip dieser Geräte ist, dass Brauchwasser an ihnen vorbeifließt und dabei die Informationen des gewählten Materials übernimmt. Als Ressourcen für die gespeicherte Energie können neben Wasser auch Steine, Kristalle oder besondere Erde dienen. Alle diese Materialien werden in ihrer Energiestärke und Informationsdichte nicht verbraucht. Am besten ist es, dieses Verfahren nur auf zuvor gereinigtes Wasser anzuwenden.

KRISTALLE UND HALBEDELSTEINE

Die Wirkung von Halbedelsteinen und Kristallen sind sicher da, jedoch wissenschaftlich nicht nachgewiesen.

Mischungen sind kritisch zu sehen, da wir nicht wissen, was jeweils im Körper unterstützt wird und was unseren Körper hemmt. Silizium hingegen ist ein Mineral aus der Gruppe der Quarze, das allgegenwärtig ist. Auf seiner Grundlage und mit ihnen in Kontakt haben wir uns menschheitsgeschichtlich entwickelt und am besten daran adaptiert. Hierzu gehören Kristalle und Halbedelsteine wie Quarzkristalle, Amethyst und Rosenquarz. Abgesehen von diesen Steinen sollte man sich gut informieren, um die Wirkungen und der individuellen gesundheitlichen Situation auseinanderzusetzen.

KÜNSTLICHE INFORMATIONSTRÄGER

Es gibt zudem Belebungsmaterialien auf der Grundlage von Kohlenstoffverbindungen, wie Kunststoffe, Silikate, aber auch Wasser mit Aluminium, auf die technische und künstliche Informationen zuerst aufgebracht und dann an das Wasser abgegeben werden. Hier ist es ratsam von den jeweiligen Herstellern die Informationen einzuholen, welche Informationen aufgebracht wurden.

DAS GRANDER-VERFAHREN

Die von Johann Grander entwickelten Geräte werden fast ausschließlich als Hausanlagen installiert und betreffen somit die gesamte im Haus verbrauchte Wassermenge. Grander kombiniert eine Informationsübertragung auf das Wasser mit einem starken magnetischen Feld, durch welches das Wasser fließen muss. Dadurch werden zwei Effekte erreicht:

- Es wird durch das Magnetfeld der im Wasser gelöste Kalk zum Teil so verändert, dass sich kleine Impfkristalle bilden, an die sich weitere Kalkmoleküle zu sogenannten Kalkhaufen binden können, die im Wasser in Schwebe bleiben. Das hat den Vorteil, dass sich dieser Kalk nicht mehr in Haushaltsgeräten, in denen das Wasser erhitzt wird, festsetzt und zur Verkalkung führt. Das Wasser fühlt sich z.B. beim Duschen wesentlich weicher und angenehmer an.
- Man muss sich dabei aber im Klaren sein, dass sämtlicher mitgelieferter Kalk im Trinkwasser enthalten bleibt und sich im Körper eher schädlich auswirkt. Und es wird durch die Informationsaufbringung dieser Grander-Anlagen die Clusterstruktur geändert und die Reinigungsfähigkeit des Wassers durchaus erhöht. Beim Waschen können dadurch Waschmittel und Entkalker eingespart werden. Dadurch werden eventuell auch Stoffe aus der Hausinstallation gelöst, die eine zusätzliche Belastung des Trinkwassers zur Folge haben. Ideal einsetzbar ist die Grander-Anlage in Kombination mit einer nachgeschalteten Umkehrosmose-Anlage, die dann mit einer Verwirbelung dafür sorgt, dass das zur Verfügung stehende Trinkwasser höchste Qualität an Reinheit und Vitalität besitzt.

Johann Grander (1930–2012)

Wasserversorgung Bludenz

Anhand der Wasserversorgung in meiner Heimatstadt Bludenz mit knapp 15.000 Einwohnern können wir uns einen Einblick verschaffen, wie Wasser gefasst, gefiltert und in ein vernetztes Rohrsystem eingeleitet wird, um schlussendlich beim Verbraucher anzukommen.

Die durchschnittlichen Versorgungsdaten für Bludenz:

- Wasserqualität (geologisch bedingt): mittelhartes Wasser (ca.12 GradH)
- Aufbereitung durch UV Entkeimungsanlage ohne jegliche Beimischungen (Chlor usw.)
- Täglicher Wasserbedarf: ca. 2.400–3.600 m^3
- Täglicher Wasserverbrauch pro Einwohner (inkl. Betriebe): ca. 200 l
- Jährliche Wasserförderung: ca. 1,3 Millionen m^3
- Durchschnittlicher Anteil an Quellwasser: ca. 85 Prozent im Jahresdurchschnitt aus den Quellen auf der Furkla, dem Muttersberg und am Kühberg (Bazola)
- Speicherkapazität aller Behälter: ca. 3.700 m^3
- Durchschnittlicher Anteil an Grundwasser: ca. 15 Prozent im Jahresdurchschnitt aus dem Grundwasserpumpwerk in Brunnenfeld
- Jährliche Stromerzeugung in eigenem Trinkwasserkraftwerk: ca. 800.000–1.100.000 Kilowattstunden
- Wasserverbrauchsgebühr 2018: EUR 1,45 inklusive Mehrwertsteuer pro m^3 (1000 l)

Insgesamt umfasst die städtische Wasserversorgung von Bludenz 32 Quellobjekte und ein Grundwasserpumpwerk, die durch Schutzgebiete gesichert sind. Vier Hochbehälter mit einem Gesamtfassungsvermögen von ca. 3.700 m³ zur Sicherung eines durchschnittlichen Tagesbedarfs, drei Zonenpumpwerke, zwei Trinkwasserkraftwerke, zwei UV-Entkeimungsanlagen, ca. 55 Kilometer Transport- und Versorgungsleitungen, ca. 2000 Hausanschlüsse und ca. 240 Löschwasserhydranten.

Der gesamte Betriebsablauf samt Protokollierung ist durch eine computergesteuerte Anlage automatisiert und kann im Bedarfsfall auch manuell gesteuert werden. Die Steuerungsanlage, die 2006 erneuert bzw. erweitert wurde, befindet sich im Gebäude des Neuen Bauhof Wasserwerkes in der Klarenbrunnstraße. Die Übertragung der Daten und Steuerbefehle erfolgt über eigene Steuerkabel bzw. über ein eigenes Funknetz.

Die qualitative Überprüfung des Trinkwassers wird durch die Vorarlberger Lebensmittelprüfanstalt in halbjährlichen Abständen vorgenommen.

Der Traum
vom sauberen Wasser

Wer träumt nicht vom Leben am Wasser? Das kühle Nass, das ein gutes Fünftel des Blauen Planeten bedeckt, ist aber nicht nur an den Küsten der Meere gefährdet – Verschmutzungen aller Art sind leider überall. Umso mehr sollten wir uns um unsere unmittelbare Umgebung sorgen und zumindest in den eigenen vier Wänden sauberes Wasser zur Verfügung haben. Ich zeige hier einige Projekte, die sich mit den sanitären Anlagen und den Ausstattungen der Küchen vorstellen.

Badezimmer mit integriertem WC in der Alpin Lodge Klösterle
↓

↑

Edel und schlicht:
Küchenblock im
Wohn-Ess-Bereich in
der Küche der
Familie Nöstler

↑

Wohlfühlen und entspannen: Freistehende Wanne, integriert in den Schlafbereich, Hotel Kronthaler, Achenkirch

Frohsinn und gute Laune verbreitet diese Duschwand: Hotel Alte Schule in Lindau ↓→

↑

Helligkeit sowie praktische und effiziente Raumaufteilung in einer Privatküche mit Granderwasser-Anlage

↑

Küche mit Aussicht: Quellwasser und Oberflächenwasser sind hier in das Resort Almdorf in Flachau eingeleitet worden. Dadurch wurde die Leitfähigkeit des Wassers verringert.

←

Aus der Praxis

Viele Haushalte versorgen sich heute zum Teil mit Flaschenwasser; eine teure und unbequeme Lösung, die zudem mit dem Transport und der Verpackung unnötig die Umwelt belastet. Zudem ist die Qualität des Mineralwassers oftmals sogar noch schlechter als die des Leitungswassers. Wenn Sie sich Gedanken über die Trinkwasserqualität in Ihrem Haus machen, dann sollten Sie zunächst einmal feststellen, welche Wasserqualität Ihnen vom Wasserwerk geliefert wird. Dazu kann man eine Wasseranalyse vom Wasserwerk oder Gesundheitsamt anfordern, die aber leider nicht alle Analysewerte enthält. Außerdem kann auf dem Weg des Wassers durch die örtlichen Wasserleitungen und ebenso von der Wasseruhr bis zum Zapfhahn noch einiges an Qualitätsänderungen passieren. Insofern ist es durchaus sinnvoll, eine Wasserprobe in der Küche zu entnehmen und genau analysieren zu lassen.

Generell stellt sich die Frage, ob Sie nur Ihre Geräte schützen oder ob Sie auch für Ihre Gesundheit etwas Gutes tun möchten. Für die Wasserentnahme in der Küche müssen Sie sich entscheiden, ob Sie zum Kochen, Trinken usw. vollkommen reines und vitales Wasser haben oder ob Sie sich nur auf die Beseitigung von belastenden Mineral- und Schadstoffen konzentrieren möchten. Dementsprechend sollten Sie die Auswahl der Wasserbehandlungsgeräte treffen.

Die einzig sinnvolle Alternative besteht in einer Aufbereitung des Wassers vor Ort an der Entnahmestelle zu Hause. Ich habe mich jahrelang mit den unterschiedlichsten Filtersystemen und Wasseraufbereitungsanlagen beschäftigt und kam zu dem Schluss: Nur die Umkehrosmoseanlage ist in der Lage, dauerhaft wirklich reines Wasser zu erzeugen. Sie bietet als einziges Filtersystem die Sicherheit, dass nahezu alle schadhaften Stoffe wirksam entfernt werden. Die Schadstoffe werden nicht angesammelt, sondern umgehend in das Abwasser abgegeben. Das so aufgewertete Wasser ist hervorragend geeignet für die Herstellung von Babynahrung. Allgemein kann man aber sagen, dass alle Nahrungsmittel, die mit diesem Wasser zubereitet und verarbeitet werden, sehr viel besser schmecken.

Umkehrosmoseanlagen haben sich weltweit in Jahrzehnten millionenfach bewährt. Das erzeugte Wasser ist in seiner Reinheit nur noch mit wenigen natürlichen Quellen vergleichbar und kann somit Nahrungsmittel besser zu den Zellen transportieren und Schlackenstoffe abtransportieren. Zu bedenken gilt, dass das Wasser bereits strukturlos, manche sagen tot, bei uns zu Hause ankommt. Eine Umkehrosmoseanlage reinigt zwar das Wasser hervorragend, aber genauso wichtig ist die Löschung der noch vorhandenen Informationen von Schad- und Fremdstoffen sowie die Wiederherstellung einer Struktur, die biologisch sinnvoll ist. Nach der Filterung sollte das Wasser durch eine Wasserbelebungsanlage mit neuer Energie aufgewertet werden.

Wichtige Ausstattungsmerkmale einer guten Umkehrosmoseanlage

- Das Wassersparmodul (Permeat-Pumpe). Dieses System kann rein hydraulisch (ohne Strom) arbeiten.
- Eine UV-Lampe dient der zusätzlichen Entkeimung.
- Materialien aus Edelstahl
- Vitalisierung – enthält meist Edelsteine, Quarze, Silizium oder sogenannte EM-Keramiken (mit effektiven Mikroorganismen). Diese Energetisierungsvorstufe entfernt negative Frequenzmuster von Schadstoffen, die noch im Wasser gespeichert sind. Für ein optimales Energieniveau sollte das Wasser anschließend zusätzlich mit positiven Frequenzen aufgeladen werden, was z.B. sehr wirkungsvoll mittels Magnetresonanzfeldern geschehen kann. Dabei wird die Information eines hochfrequenten Magnetfeldes, dessen Schwingungsfrequenz etwa im Bereich des Sonnenlichts liegt, auf das Wasser übertragen.
- Ein Auslaufschutzsystem mit eingebauter Auslaufstopp-Automatik

Empfehlenswerte Wasserfiltrierungsanlagen mit Umkehrosmose zum Einbau in Privatküchen

Wasserfiltrieungsgerät »Osmo Compact«. Diese Umkehrfiltrierungsanlage kann vorzugsweise in den Küchensockel eingebaut werden.

»Osmo Compact«

Der Einbau kann direkt ans Eckventil unter dem Spülbecken erfolgen. In der Regel löst man die Blende und verbaut die Anlage aufgrund der geringen Größe platzsparend direkt z.B. seitlich beim Müllsystem unter der Spüle oder im Küchensockel. So ist sie komplett aus dem Weg und nimmt keinen wertvollen Platz weg.

Wartung

Der Vorfilter ist ein Kohleblockfilter. Dieser besteht aus organischem Material und sollte alle 12 Monate ausgetauscht werden, bei großem Wasserverbrauch alle sechs Monate.
Das Intervall zum Austausch der Membranen bestimmt vorwiegend die vorherrschende Wasserqualität und die Qualität der Membranen selbst. In Mitteleuropa kann man davon ausgehen, dass die Membranen des empfohlenen Geräts alle drei bis sechs Jahre ausgetauscht werden sollten.

Innenleben der Wasserfiltrierungsanlage »Osmo Compact« mit dem Membranfilter und zwei Kohlefiltern sowie der Pumpanlage, die in gewissen Abständen das abgestandene Wasser spült und so die Anlage immer wieder reinigt.

»Aquanova Digital«

Die Funktionsweise ist grundsätzlich identisch mit der Wasserfiltrierungsanlage »Osmo Compact«. Die »Digital« verfügt über eine leistungsstärkere Pumpe, somit produziert sie etwas mehr Wasser. Die Elektronik ist ausgereifter und hat ein Display. Die Menge des produzierten Wasser wird aufgezeigt, die Qualität des erzeugten Trinkwassers wird überprüft, und auf die Wartungsintervalle wird hingewiesen.
Der Einbau ist identisch mit der Anlage »Osmo Compact«. Es sollten in der Küchenblende jedoch mindestens zwölf Zentimeter in der Höhe Platz vorhanden sein. Die Anlage kann liegend und stehend eingebaut werden und wird ab der Bestellung je nach Bedarf produziert.
Erwähnens- und bemerkenswert ist die Zusammenarbeit mit der Firma »Aquanova« aus Italien. Die Geräte werden komplett in Handarbeit in Mailand hergestellt. Sämtliche Bauteile bestehen aus hochwertigsten Materialien.

»Aquanova Digital«: Diese Umkehrfiltrierungsanlage kann sowohl in neue als auch in bestehende Küchen eingebaut werden. Wichtig ist, dass sich die Wasserinstallationen in der Nähe des Entleerungshahns befinden.

Empfehlenswerte Wasserbelebungsanlagen

»Aquaspin«

Der »Aquaspin Wasser Aktivator« baut auf jahrhundertelange Forschungsarbeit und Erfahrungen auf, wobei energieschwaches Leitungswasser in seinen ursprünglichen Zustand zurückgebracht wird und Schadstoffinformationen gelöscht werden. Durch ein vollkommen neues physikalisches Verfahren aus bestimmten Wellenlängen, Frequenzen, geometrischen Formstrahlungen, verschiedenen organischen und anorganischen Materialanordnungen, aber auch positiven Wasserinformationen werden gezielte Reaktionen im feinstofflichen Bereich ausgelöst.

Q_2O Quellwassersysteme nach Schauberger

Hier wird das Quellwasser filterlos nach dem Schauberger-Prinzip bereitet. Eine spezielle Anordnung von Permanentmagneten und Wirbelkammern wandelt Kalzit in Aragonit um. Das hat zur Folge, dass Kalkkristalle nicht mehr anhaften und vom Wasser ausgeschwemmt werden. Zusätzlich bringt dieses System den Vorteil, dass durch den Verzicht von Strom und Elektromagneten technische Störfelder vermieden werden.

Wasserbelebungsanlage »Aquaspin«: Dieser Wasseraktivator ist ein in sich geschlossenes, selbsterzeugendes Energiesystem, das weder Strom noch Wartung benötigt. Hinzu kommt die originale Schauberger Verwirbelungstechnik, die das Wasser, so wie es die Natur auch macht, verwirbelt, kombiniert mit mehrschichtigen Bio-Energie-Akkumulatoren nach Wilhelm Reich.

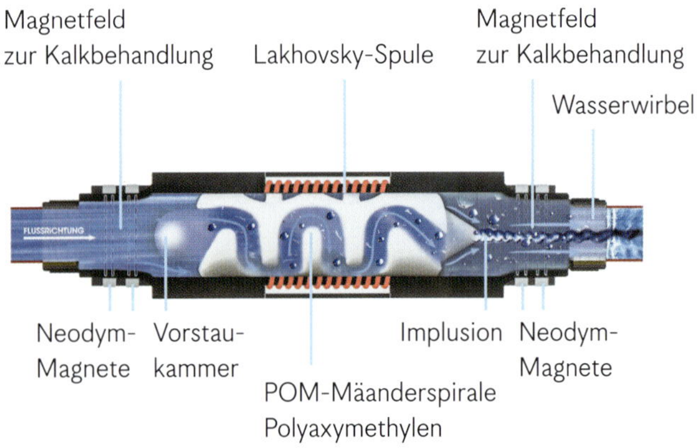

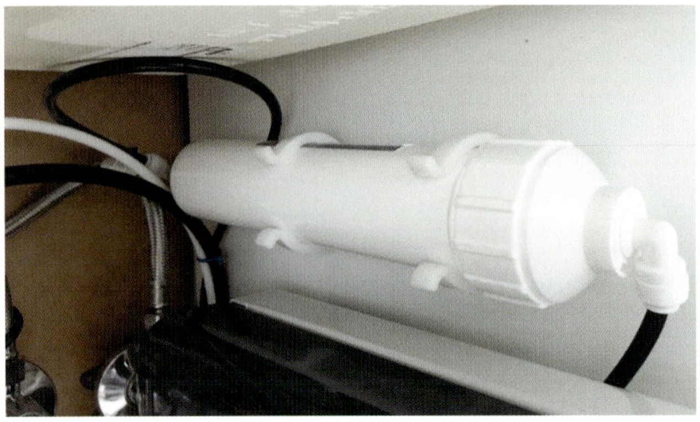

Küche: Hier wurde unterhalb des Beckens und neben dem Boiler die »Osmo Compact« Wasserfiltrierungsanlage und die Wasserbelebungsanlage »Aquaspin« eingebaut.

Wasserhahn mit zwei Entnahmestellen: Läuft die Filtrierungsanlage, kann das filtrierte und belebte Wasser entnommen werden.

Der Premium Duschkopf

Diesen Duschkopf gibt es als Deckenbrause und als Duschkopf mit 90 und 120 Millimeter Durchmesser. Er ist einzigartig konzipiert, mit vielen Vorzügen ausgestattet und lässt sich ganz einfach in einzelne Bestandteile zerlegen. Das hat zwei große Vorteile: Alle Teile sind leicht zu reinigen und für die Spülmaschine geeignet. Und: alle Teile können ganz einfach kostengünstig nachbestellt und ausgetauscht werden.

Der Premium Duschkopf besteht aus mehreren austauschbaren Teilen, was aus gesundheitlicher Sicht erwähnenswert ist:

- Der »Aroma-Vital-Gelfilter« ist standardmäßig mit Vitamin C aus der Zitrone ausgestattet (erhältlich auch in anderen Aromadüften wie Pinie, Lavendel, Sport, Neutral, Eukalyptus, Rose, Jasmin und Vanille-Cocos). Dieser Gelfilter bringt durch seinen Einsatz Ihre Dusche zum Duften (Vitamin-C-Abgabe an das Wasser 2,2 mg/cm^3). Zudem beseitigt dieser Gelfilter nachweislich das Chlor im Wasser. Die bei der Aromatherapie angewendete Methode hat eine besonders günstige Wirkung auf unsere Gesundheit. Sie beseitigt unangenehme Gerüche, unterstützt den Stressabbau positiv und kann Ihre Konzentration wesentlich verbessern. Der Vitamin-C-Anteil im Wasser entspricht jenem von ca. 3000 Zitronen. Auf biologischem Weg wird das Aroma der Blätter und Stängel des Zitronenbaums gewonnen und als Vitamin-C-Extrakt mit Hilfe eines geschützten Verfahrens im Gelfilter gespeichert.

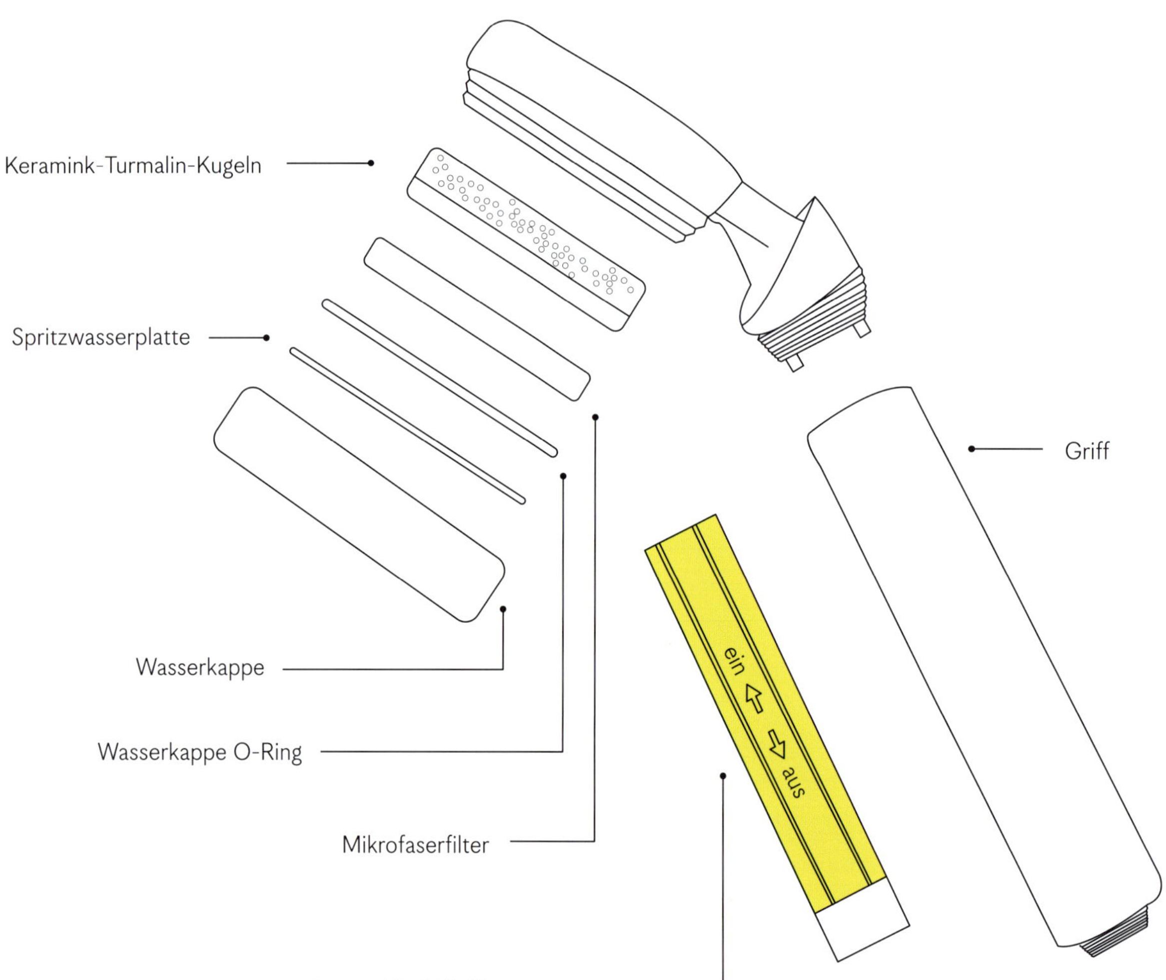

Tests haben ergeben, dass im Duschwasser 1,2 mg Vitamin C pro Kubikznetimeter Wasser enthalten sind. Es werden Kollagene gebildet, die Ihre Haut vor Beschädigung schützen. Dabei kann das Hautbild wesentlich verbessert werden. Die Feuchtigkeit spendenden Substanzen können sowohl vorbeugend als auch heilungsunterstützend bei Neurodermitis, Juckreiz, Ekzemen, usw. wirken und schützen die Haut vor schädlichen freien Radikalen und Schimmelbakterien. Je nach eingesetztem Aroma können verschiedene positive Effekte beim Menschen wirken (Aromalehre). Für Personen mit Aroma-Allergien werden spezielle Gelfilter ohne Aromastoffe angeboten.

- Die 240 konischen 3D-Triangel-Poren im Duschkopfsieb (421.000 Stück/cm^3), durch die das warme Wasser durchfließt und auf Ihre Haut trifft, sorgen für einen 1,5-fachen Wasserdruck. Feinste Massagestrahlen ergeben einen Spa-Effekt und mehr Duschnebel mit anregenden Ionen. Der Duschkopf reduziert den Kalk (unabhängig vom Kalkanteil) und löst das oft auftretende Kalkproblem durch den Kräuseleffekt der Wasserstrahlen. Dabei werden die Kalkstrukturen aufgelöst. Ein weiterer Vorteil ist die leichte Reinigung von Fliesen, Armaturen, etc. Außerdem spart man dank der kleineren Löcher auf der Duschplatte bis zu 50 Prozent an Wassermenge, in Einzelfällen sogar mehr (bis zu 36.000 l Wasser gegenüber einem normalen Duschkopf). Die Duschkopfplatte erhöht den Wasserdruck auf etwa das 1,5-Fache im Vergleich zu herkömmlichen Duschköpfen. Die Austrittsgeschwindigkeit beträgt beim Premium-Duschkopf 40 km/h im Vergleich zu 25 km/h von anderen Duschköpfen. In der Kombination durch die Bildung von negativen Ionen (Verwirbelungsinfrarot) und Vitamin C wird dadurch die Aufnahme von Vitamin C über die Haut erleichtert. Das Einatmen von Luft mit negativen Ionen, die durch den Wasserfalleffekt entstehen (also Hydro-Ionen in Form einer kurzen täglichen Inhalation), regen die Körperzellen an, auch den neutralen, also den biologisch »toten« Sauerstoff, verstärkt zu verwerten. Es wurde festgestellt, dass nach drei- bis vierjährigem Einsatz die Zellen eines alten Menschen den neutralen Sauerstoff so gut verwerten können, wie es bei einem sehr jungen Menschen der Fall ist. Das ist der Start zur Regeneration, für die niemand zu alt ist. Auch hat das Institut für Umwelthygiene der Medizinischen Universität Wien unter der Leitung von Michael Kundi den Einfluss der Luft-Ionen in Innenräumen auf das Wohlbefinden und auf die Gesundheit sowie Leistungsfähigkeit von Menschen untersucht und festgestellt, dass eine höhere Konzentration an negativen Luft-Ionen vitalisierende, aktivierende und leistungssteigernde Wirkung besitzt. Ebenso fand man heraus, dass die geistige Leistungsfähigkeit sich hochsignifikant steigerte.
- Der porenfeine Mikrofaserfilter entfernt Rost, Schmutz, und sonstige Schadstoffe und lässt sich leicht reinigen.
- Die antibakteriellen Keramik-Turmalin-Kugeln beseitigen Bakterien und Keime. Außerdem geben diese langwellige Infrarotstrahlen ab und machen das Wasser weicher.
- Die Keramik-Turmalin-Kugeln können 0,06 mA Bioelektrizität im Wasser freigeben und brechen größere Molekülgruppen von Wasser in kleinere um, damit das Wasser aktiviert wird. Streuungen von mehr als 85 bis 90 Prozent FIR (Infrarotstrahlung) bilden einen pH-Wert von 7,5 bis 8,5 und haben eine antibakterielle Wirkung. Ein Nebeneffekt der Turmalin-Keramik-Energiekugeln sind zwei negative Ionen (Hydroxyl-Ionen und Hydronium), die den roten Rost in schwarzen Rost verwandeln können, um Wasserrohre zu schützen. Kalzium, Magnesium und Silizium können sich nicht mehr an den Innenwänden des Warmwassersystems anreichern. Zusätzlich können diese Turmalin-Keramik-Kugeln atopische Dermatitis beim Baden verbessern.
- Eine weitere erwähnenswerte Eigenschaft ist die energieeffiziente Funktion durch den geringeren Ausstoß von CO_2. Die Einsparung von Wasser, Abwasser und Erhitzung von Wasser ist enorm.

Zu Besuch in der Wohnung einer Kundin

Wie alle meine Kunden so habe ich auch jene Kundin, deren Wohnung ich hier beispielgebend vorstellen möchte, von Anfang an bei der Ausstattung ihres Heims begleitet. Zum Thema Wasser sagt sie:

»Wir haben in Österreich aufgrund seiner inneralpinen Lage im Vergleich zu anderen Ländern zwar qualitativ hochwertiges Trinkwasser zur Verfügung, allerdings konnte mir niemand Auskunft geben, ob bzw. welche Medikamenten- und Hormonrückstände im Trinkwasser zu finden sind. Da ich sehr viel Wasser und Tee trinke und auch hier gesundheitsbewusst leben möchte, ließ ich das Wasser am Standort meiner neuen Wohnung messen. Diese Wassermessung ergab einen Wert von ca. 570 Mikrosiemens. Ich ließ deshalb in der Küche eine Wasserfiltrierung mit Umkehrosmose installieren. Ein Kohle- und ein Membranfilter filtern hier die Medikamenten- und Hormonrückstände und sogar Viren aus dem Trinkwasser, also alle Stoffe, die nicht ins Wasser gehören. Nach der Reinigung wird das Wasser durch eine Veredelungsanlage nach dem Schauberger-Prinzip verbessert. Dabei werden alte Informationen gelöscht und das Wasser in den ursprünglichen Naturzustand versetzt. Ich habe nun in meiner Wohnung Trinkwasser in jener Qualität, wie sie an der Quelle zu finden ist: Ein lebendiges, gesund machendes Lebenselixier.«

Licht und Farbe

die Energie- und Informationsträger

Licht ist kurz gesagt Energie, zugleich aber auch Transporteur sowie Träger von Informationen und eine Form der elektromagnetischen Strahlung. Aber wussten Sie, dass natürliches, von der Sonne abgestrahltes Licht in unseren Breitengraden während des Sommers zur Mittagszeit die Kraft von 100.000 Lux, im Hochwinter dagegen von nur 500 Lux erreicht? Und wussten Sie, dass man mittels Lichttechnik die Personen, die das Licht erreicht, so beeinflussen kann, dass sie länger schlafen und sich erholen können? Oder dass man durch Lichtsteuerung den Tag früher und munterer beginnen kann? Durch die Einwirkung von Licht können Sie auch länger aktiv sein, ohne zu ermüden. All dies sollten Sie bei der Planung Ihrer Wohnung einberechnen.

Denken Sie aber daran, dass die Intensität des Lichts als Helligkeit, die spektrale Zusammensetzung dagegen als Farbe wahrgenommen wird. Deshalb ist das Spiel von Licht und Farbe so wichtig für unser Wohnumfeld. Mithilfe eines gläsernen Prismas können Sie die im Licht enthaltenen Farbinformationen als Farbspektrum sehen. Und dass Sonnenlicht Energie transportiert, lernt jedes Schulkind im Unterricht zum Thema Fotosynthese. Ohne Licht also kein Leben, wobei wir nicht vergessen dürfen, dass im menschlichen Organismus einige Hormone durch Lichtenergie gesteuert werden, was sich auf unsere Körperfunktionen und letztlich unsere Gesundheit wesentlich auswirkt. Das Thema Licht und Farbe ist daher nicht nur wichtig für die Gestaltung der eigenen vier Wände, sondern auch sehr umfassend, wenn wir versuchen wollen, das Ausmaß seines Einflusses auf unser Wohlbefinden zu verstehen. Wir werden also versuchen, diesem Anspruch gerecht zu werden, indem wir auf die unterschiedlichen Aspekte der Auswirkungen von Licht und Farbe auf unseren Alltag eingehen.

Über die Erforschung des Lichts

Der englische Naturforscher Michael Faraday (1791–1867) führte die Beschreibungsbegriffe des elektrischen und magnetischen Feldes ein, innerhalb dessen die Kräfteverteilungen durch Kraftlinien vorstellbar und darstellbar sind. 1831 entdeckte er die elektromagnetische Induktion, wonach Magnetismus elektrischen Strom erzeugen kann.
Etwa zur gleichen Zeit hatte der dänische Physiker Hans C. Oersted (1777–1851) folgende Beobachtung gemacht: Wird eine Magnetnadel in die Nähe eines stromdurchflossenen Drahtes gebracht, wird sie aus ihrer natürlichen Nord-Süd-Ausrichtung abgelenkt. Demnach kann Strom auch Magnetismus erzeugen. Es war nicht mehr wegzudiskutieren, dass Elektrizität und Magnetismus irgendwie miteinander verknüpft sein müssen. Darüber hinaus wurde immer evidenter, dass sowohl elektrische als auch magnetische Felder durch den Raum wirken, ohne dazu ein wie immer geartetes Medium zu benötigen. Faraday seinerseits vermutete nun, dass die hypothetischen elektrischen und magnetischen Kraftfelder real existent sind und in ihrer Gesamtheit magnetische und elektrische Felder bilden, die sich gegenseitig bedingen. Außerdem mutmaßte er, dass die Kraftlinien die Eigenschaft hätten, Schwingungen auszuführen. Demzufolge stelle er seine damals kühne Hypothese zur Diskussion, wonach Lichtquellen Schwingungen der Kraftlinien seien. Er zeigte im Zuge seiner Suche nach dem Zusammenhang zwischen Elektrizität, Magnetismus und Licht ein Phänomen auf, das nach ihm benannt ist: Den Faradayeffekt. Er besteht darin, dass ein starkes Magnetfeld die Polarisationsrichtung des Lichts verändert.
Dem schottischen Physiker James Clerk Maxwell (1831–1879) gelang es schließlich, aufbauend auf den Erkenntnissen Oersteds und Faradays, das Licht als reine elektromagnetische Welle zu beschreiben, die zu ihrer Fortpflanzung kein Medium benötigt. Die geschlossenen Integrale in seinen Gleichungen weisen darauf hin, dass sowohl die elektrischen als auch die magnetischen Felder, die sich gegenseitig erzeugen, ringförmig ineinander greifen.
Abschließend noch zu Max Planck (1858–1947) und Albert Einstein (1879–1955): Max Planck befasste sich mit den Strahlungseigenschaften sogenannter Schwarzer Körper und deren emittierter Strahlung. Dabei kam er offenbar nicht um die Annahme herum, dass Strahlung nicht in einem kontinuierlichen Fluss, sondern in diskreten Paketen abgegeben wird, deren Energiemenge von der Frequenz – respektive Wellenlänge – der Strahlung abhängt. Diese Quantelung des Energieaustausches zwischen den Oszillatoren der Materien und des elektromagnetischen Feldes ist Grundlage des Planck'schen Strahlungsgesetzes.
Wir sprechen noch nicht von Licht. Planck interpretierte diese Quantelung nicht als Eigenschaft der Strahlung, sondern als solche der Materie. Aus der besagten Wechselwirkung zwischen Strahlung und Materie ergab sich jedoch, dass auch das Licht nur in diskreten Portionen Energie mit Materie austauschen kann. Das heißt, dass die Energiemenge eines Quantums Licht proportional zur Lichtfrequenz steht. Um aber die Quantenenergie mit der Strahlungsfrequenz in einem konkreten mathematischen Zusammenhang zu bringen, musste Planck die Hilfsgröße »h« einführen, die die physikalische Dimension einer Wirkung (Energie mal Zeit) hat. Somit ergab sich für die Quantenenergie E und die Frequenz der Strahlung (des Lichts) v der Zusammenhang.
Ist nun das Licht wieder von einer Welle zum Teilchen geworden? Nicht ganz, der Dualismus bleibt weiter bestehen. In der Physik werden besondere oftmals neu entdeckte Phänomene als Effekt bezeichnet (z.B. der erwähnte

Michael Faraday

Hans C. Oersted

James Clerk Maxwell

Max Planck

Albert Einstein

Licht ist nicht sichtbar

Licht ermöglicht Leben. Licht führt uns zum Sehen, vermittelt uns Anschauung und Erkenntnis. Ohne Licht sehen wir nicht. In der Dunkelheit gibt es keine Farben, keine Schatten, keine Kontraste, keine Bilder und auch keine Vorstellung davon, denn unsere Welt stellen wir uns als sichtbar vor. Unabhängig vom Licht könnten wir uns nichts Sichtbares denken. Licht ist das Medium, mit dem wir nicht nur sehen, sondern uns und unsere Welt beobachten und real erkennen, also »wahr«-nehmen.

Auf unserer Erde bildet die Strahlkraft der Sonne all jene Energie, die zur Entwicklung und Aufrechterhaltung aller ökologischen und ökonomischen Regelkreisprozesse des pflanzlichen, tierischen und menschlichen Lebens unabdingbar notwendig ist. Das erkannten die alten Ägypter ebenso wie die Menschen in anderen Zeiten und Kulturen. Mittelbar beziehen wir sogar unser heutiges Kunstlicht von der Sonne, weil etwa eine Glühbirne auch nur mittels einer Energiequelle strahlt, die wir uns durch die moderne Technologie zwar erschlossen, aber dennoch erst über die Sonne verfügbar gemacht haben. So ahmt auch der atomare Fusionsprozess in Kernkraftwerken nur nach, was die Sonne in ihrem Inneren schon seit Jahrmilliarden vollzieht.

Wann sagen wir, etwas sei sichtbar? In stockdunkler Nacht oder in einem fensterlosen Raum ist erfahrungsgemäß nichts außer Dunkelheit. Doch genau damit wird die Abwesenheit von Licht erst sichtbar. Wenn sogenanntes sichtbares Licht hinzutritt, treten Objekte mehr oder weniger hervor. Aber ist dann auch das Licht an sich zu sehen? Warum erscheint uns außerhalb der Erdatmosphäre der Weltraum lichtlos schwarz, wo er doch vom Licht der irdischen Sonne und der kosmischen Sonnen (Sterne) erfüllt ist? Wir glauben, das Licht selbst zu sehen, sobald wir irgendetwas sehen. Wenn wir die Quelle des Lichts nicht sehen und das Licht aus dieser Quelle nicht in unserem Gesichtsfeld auftrifft und somit nicht in unser Auge gelangt, können wir dieses Licht, obwohl es im aktuellen Gesichtsfeld vorhanden ist, nicht wahrnehmen. Erst wenn Licht auf Material trifft und von dort in unser Auge reflektiert wird, erscheint das Material, respektive der Raum, sichtbar. Das heißt: Licht an sich ist nicht sichtbar, Licht macht sichtbar. Das können Sie selbst ausprobieren: Nehmen Sie eine lichtdichte Kiste mit einer kleinen Lichtquelle (z.B. LED) und einem Loch, das Sie mit einer Stecknadel stechen können. Nun gehen Sie damit in einen Raum, der absolut dunkel ist, also kein Licht von irgendwo eindringen kann. Schalten Sie Ihre LED-Lichtquelle abwechselnd an und aus: Sie werden nur ab und zu weiße Punkte sehen.

Faradayeffekt). Ein solcher Effekt, der schon lange beobachtet wurde, ist der fotoelektrische oder auch lichtelektrische Effekt, Fotoeffekt. Er besteht darin, dass vorzugsweise kurzwelliges Licht in der Lage ist, unter bestimmten Bedingungen Elektronen aus einer Metalloberfläche herauszulösen, sodass diese elektrisch (positiv) aufgeladen wird.
Albert Einstein erhielt den Nobelpreis 1921 für seine Erklärung des bereits bekannten, aber nicht verifizierten fotoelektrischen Effekts. Ihm aber gelang es nun nachzuweisen, dass nicht nur – wie nach Max Plank – die Energie innerhalb der Materie in Form von diskreten Paketen (Quanten) strahlt, sondern genauso das Licht selbst in frequenzabhängigen Portionen auftritt, die seither »Photonen« genannt werden. Der Energiebeitrag der Photonen ist durch die Planck'sche Beziehung $E= h\nu$ bestimmt. Mit einem bestimmten Energiebeitrag sind die Photonen in der Lage, diesen an die Elektronen zu übertragen, sodass sie aus dem Metallverbund herausgerissen werden. Der fotoelektrische Effekt ist also mit der klassischen Wellentheorie des Lichts nicht erklärbar, sondern postuliert nur, dass ein Lichtstrahl aus unteilbaren Energiekontingenten besteht, deren numerische Energie von der Frequenz respektive Wellenlänge abhängt. Die Photonen sind nämlich masselose Energiepakete, die sich je nach Beobachtungssituation einmal als Welle und ein anderes Mal mit einer Teilchennatur zeigen.

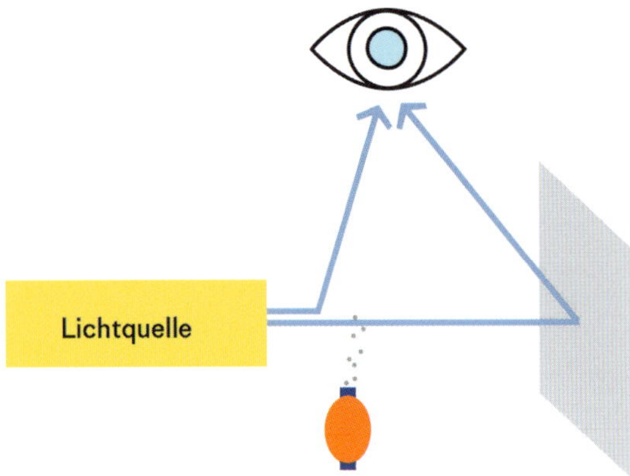

Dabei handelt es sich um Staub, auf den das Licht auftrifft, aber keinen Lichtstrahl. Was wir also wahrnehmen, ist die Interaktion von Licht und Material, nicht aber das Licht selbst.

Das elektromagnetische Spektrum

Wenn wir von Strahlung sprechen, ist elektromagnetische Strahlung gemeint. Die Erde wird fortlaufend mit Energie in Form von elektromagnetischen Wellen geradezu bombardiert. Aber nicht alles, besonders nicht die harte Strahlung aus den Weiten des Kosmos, erreicht auch die Erdoberfläche. Ein Teil jener unsichtbaren Strahlung, die uns umgibt, ist sogar hausgemacht, wie etwa Radio- und Fernsehwellen – die übrigens die Atmosphäre durchdringen, sonst wäre eine Kommunikation in der Raumfahrt nicht möglich. Elektromagnetische Wellen unterscheiden sich physikalisch gesehen voneinander hauptsächlich in ihrer Wellenlänge bzw. reziprok dazu in ihrer spezifischen Frequenz, woraus sich mit ihrer Intensität, also mit ihrer Wellenamplitude, die ihnen innewohnende Energie bestimmen lässt.

Hier wird das gesamte Energiespektrum veranschaulicht, das heißt die volle Bandbreite der bekannten elektromagnetischen Wellen. Diese reicht von den mehrere Kilometer langen Radiowellen über die Sonnenstrahlung bis zu den Femtometer kurzen Wellen der lebensfeindlichen kosmischen Strahlung – das ist ein unvorstellbarer billiardstel Meter. Würden wir die Antenne unseres Auges, beginnend am langwelligen Ende, am gesamten Energiespektrum vorbeiführen, dann wäre die Empfangsbreite unseres Auges nur ein winziger, aufblitzender Spalt.

Was meinen wir nun, wenn wir von sichtbarem Licht sprechen? Gab es sichtbares Licht, bevor es Augen gab? Wohl nicht. Denn die Gegenpole »sichtbar« versus »unsichtbar« im Zusammenhang mit Licht sind keine systemimmanenten Eigenschaften einer bestimmten elektromagnetischen Strahlung. So kann UV-Strahlung für eine Biene sichtbar, für den Menschen, aber unsichtbar sein. Fällt Sonnenlicht durch ein gläsernes Prisma, wird das kurzwellige Licht stärker gebrochen als das langwellige, wodurch die einzelnen spektralen Anteile in Form der Regenbogenfarben hervortreten. Bei der Wiedervereinigung der spektralen Aufspaltung durch eine Sammellinse entsteht erneut der Eindruck von weißem, also farblosem Licht. Isaac Newton (1643–1727) hat dieses Phänomen als erster systematisch untersucht und damit eine neue naturwissenschaftliche Betrachtung des Lichts eingeleitet.

Die einzelnen Wellenlängen innerhalb des sichtbaren Spektralbereichs interpretiert unser optisches System, also Auge und Sehzentrum im Gehirn, als unterscheidbare Farbeindrücke in Form des kontinuierlichen Farbspektrums. Wellen, die gerade noch länger sind als 780 Nanometer, sehen wir noch nicht, empfinden sie jedoch als Wärmestrahlung. Dabei handelt es sich um den sogenannten Infrarotbereich. Manche Amphibien, z.B. Schlangen, besitzen ein Infrarotauge, mit dem sie ihre Beute über deren Wärmestrahlung ausmachen und dabei Temperaturunterschiede von einigen tausendstel Grad wahrnehmen können. Für die Schlange ist Wärmestrahlung also sichtbares Licht. Eine tote Maus kann

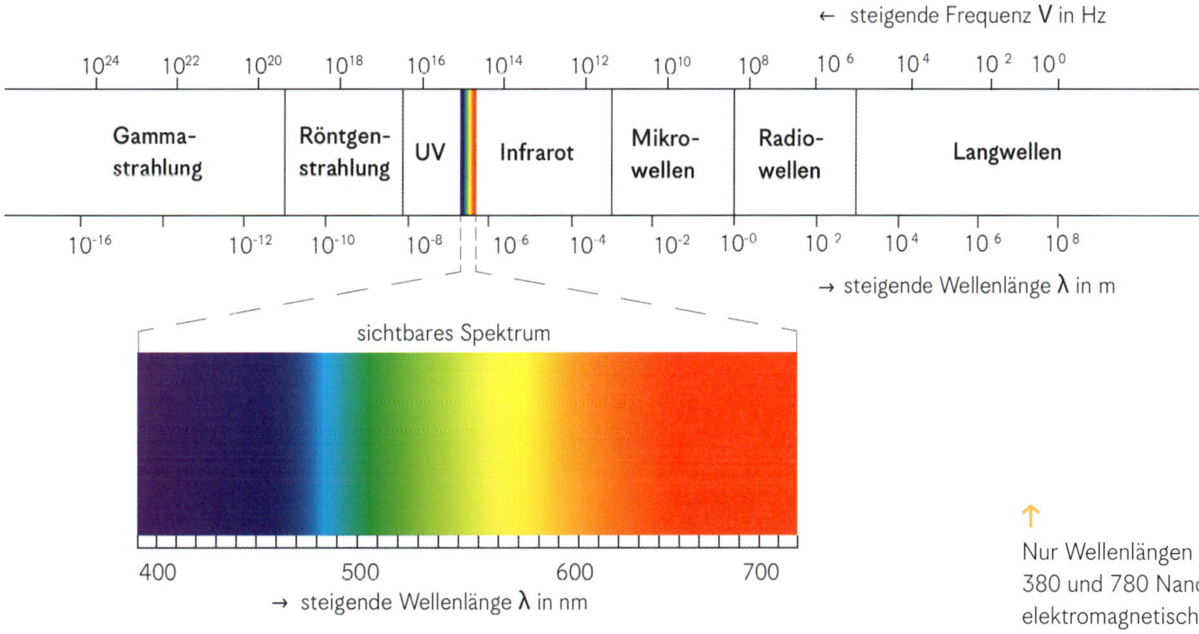

↑
Nur Wellenlängen im Bereich zwischen 380 und 780 Nanometern (nm) der elektromagnetischen Strahlung sieht der Mensch als Licht und Farbe

sie praktisch nicht sehen, weil das leblose Tier die Temperatur der Umgebung annimmt und somit der Wärmekontrast verloren geht. Landlebende Reptilien wiederum brauchen – da sie Wechselwarmblüter sind – die infrarote Wärmestrahlung, um ihren Kreislauf und Stoffwechsel in Schwung zu bringen. Reptilien würden unter kaltem Leuchtstofflampenlicht praktisch erfrieren, auch wenn es noch so hell ist.

Am anderen Ende des sichtbaren Wellenlängenspektrums, bei etwa 380 Nanometern, entzieht sich die elektromagnetische Strahlung wieder unserer visuellen Wahrnehmung. Dort befinden wir uns im ultravioletten Bereich. Besonders interessant ist eine Studie aus 2017 von Ronald Douglas, Biologe an der City University London in Großbritannien, wonach die Linsen von deutlich mehr Tieren als bisher angenommen ultraviolettes Licht durchlassen, auch jene von Hund und Katze. Beobachten Sie einmal Ihr Haustier, wenn es immer wieder an eine bestimmte Stelle im Haus zurückkehrt oder lange Zeit darauf starrt: Es sieht womöglich etwas, was Sie nicht sehen können! Menschen dagegen sind gut darin, Details zu sehen, weil sie eine hohe Dichte von farbempfindlichen Zellen oder Zapfen in ihrer Netzhaut haben, die mit nur wenig Licht qualitativ hochwertige Bilder erzeugen. Im Gegensatz dazu haben nachtaktive Tiere Augen, die so viel Licht wie möglich einlassen, einschließlich ultraviolettes, obwohl sie keinem besonderen Zweck dienen können.

Die Jahrmillionen dauernde Evolution hat es offenbar geschafft, unser optisches Sichtfenster auf jene Wellenlängen zu schieben, die im Energiemaximum der Globalstrahlung liegen, wodurch das Auge etwa 51 Prozent der Sonnenstrahlung für die optische Wahrnehmung ausschöpft. Daraus folgt einerseits, dass das visuelle System bei niedriger Lichtintensität die relativ gesehen energiereichste Strahlung nutzt und damit entsprechend empfindlich bleibt – das nennt man Dunkeladaptation –, während andererseits der Mechanismus der Helladaptation dafür sorgen muss, dass massive Lichtmengen über

Wie viel Energie wir von der Sonne bekommen – die Solarkonstante

Man könnte meinen, dass sich die Menge an Energie, die wir von der Sonne hier auf Erden bekommen, ständig ändert. Immerhin ist es im Sommer warm und im Winter kalt. Also kommt vielleicht auch im Winter weniger Energie von der Sonne zu uns? Bei näherer Betrachtung kann das aber nicht sein, denn wenn bei uns Winter herrscht, hat die Südhalbkugel der Erde gerade Sommer. Die unterschiedlichen Temperaturen verdanken wir den Eigenschaften der Erde. Das Sonnenlicht muss einmal mehr, ein anderes Mal weniger Atmosphäre durchqueren. Außerdem sorgt die Erdachse dafür, dass die Sonne unterschiedlich lang am Himmel steht, das Licht daher unter verschiedenen Winkeln auf die Erdoberfläche fällt. All das beeinflusst die Temperatur auf der Erde. Von außerhalb der Atmosphäre gesehen, gibt es aber keinen Unterschied in der einfallenden Sonnenstrahlung. Das Sonnenlicht wird von der Sonne abgestrahlt, durchquert 150 Millionen Kilometer leeres All und erreicht die Erde. Die Menge an Sonnenenergie, die uns so erreicht, nennt man »Solarkonstante«. Sie beträgt 1367 Watt pro Quadratmeter. Und trotz ihres Namens ist sie natürlich nicht völlig konstant. Das wäre nur der Fall, wenn die Erde immer denselben Abstand zur Sonne hätte, also bei einer exakt kreisförmigen Bahn. Die Erdbahn schwankt aber doch ein wenig, weshalb sich ihr Abstand zwischen 147 und 152 Millionen Kilometern ändert – was zu Schwankungen in der Solarkonstante zwischen 1325 und 1420 Watt pro Quadratmeter führt. Die 1367 Watt pro Quadratmeter sind daher ein offiziell festgelegter Mittelwert.

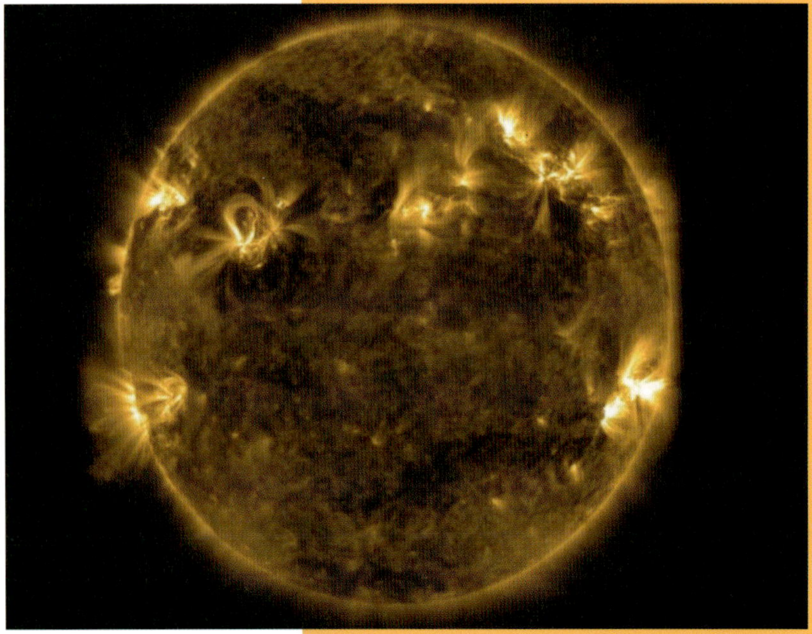

Wenn wir also wissen, wie viel Sonnenenergie bei uns ankommt, und wenn wir wissen, wie weit die Sonne entfernt ist, dann können wir auch berechnen, wie hoch die Leuchtkraft der Sonne ist. Die Sonne strahlt ihre Energie in alle Richtungen gleich stark aus. Wenn wir auf der Erde demnach unsere 1367 Watt pro Quadratmeter messen, dann gilt das auch für jeden anderen Quadratmeter, der sich auf einer gigantischen Kugel mit dem Radius der Erdbahn befindet. Wir müssen also nur die Fläche dieser Kugel mit der Solarkonstante multiplizieren. Die Kugel hat einen Radius von 150 Millionen Kilometern bzw. 150 Milliarden Metern. Die Oberfläche einer Kugel entspricht dem Radius zum Quadrat, multipliziert mit 4*Pi. Das ergibt 282,7 Trilliarden Quadratmeter! Und in jedem dieser Quadratmeter messen wir 1367 Watt. Insgesamt ergibt das also für die Leuchtkraft der Sonne einen Wert von gigantischen 386 Quadrillionen Watt.

eine sinkende Hellempfindlichkeit des Auges gewissermaßen »entwaffnet« werden. Dadurch wird eine Schädigung des Sehapparates verhindert: Wir können ein Objekt sehen, allerdings mit herabgesetzter Detailerkennung. So hat sich das Auge jedenfalls auf die optimale Ausnützung des Tageslichts eingestellt.

Das Tageslicht wiederum hängt von der Globalstrahlung ab. Darunter versteht man die gesamte an der Erdoberfläche auf eine horizontale Empfangsfläche auftreffende Solarstrahlung, die sich aus der Direktstrahlung und der Diffusstrahlung ergibt. Dieses Licht erreicht die Erdoberfläche über Streuung durch Wolken, Wasser- und Staubteilchen. Im Unterschied dazu sprechen wir von der klimatologisch wichtigen Nettostrahlung, die die absorbierte Sonnenstrahlung angibt. Tatsächlich nämlich absorbiert die Erdatmosphäre ca. 19 Prozent der in sie eindringenden Strahlung, was zur übergebührlichen Erwärmung der Lufthülle führt, wofür vor allem das in die Atmosphäre emittierte Kohlendioxid (CO_2) die Ursache ist. Mit zunehmender CO_2-Belastung werden auch die Ozeane und Landmassen als Folge des sogenannten Treibhauseffektes immer wärmer. Die Messwerte zeigen, dass bis etwa 1970 die Erdtemperatur mit den Schwankungen der Solarkonstante konform ging, danach aber infolge des Treibhauseffektes erschreckend zunahm – und bis heute zunimmt.

Interessanterweise weist nicht nur die Erdatmosphäre ein für die elektromagnetische Strahlung im sichtbaren Bereich durchlässiges Fenster auf, sondern ebenso das Wasser der Ozeane. Wenn wir bedenken, dass die Entwicklung des Lebens vor ca. 3,5 Milliarden Jahren im Wasser dieses Planeten begann und sich ganze drei Milliarden Jahre ausschließlich dort weiterentwickelte, so wird klar, dass der biochemische Prozess der Fotosynthese, durch den die Pflanzen ihre Lebensenergie erzeugen, auch dort seinen Anfang nahm. Andererseits haben die aquatischen Tiere ihre Lichtempfindlichkeit in diesen Ausschnitt eingepasst. Die Eindringtiefe der elektromagnetischen Strahlung ist indessen nicht für alle Strahlungsanteile gleich, sondern – ähnlich wie in der Atmosphäre – von der Wellenlänge abhängig.

Darüber hinaus hängt die Eindringtiefe des Sonnenlichts vom Sonnenstand ab. Wenn bei senkrechtem Sonnenstand z.B. oranges Licht 15 Meter unter die Wasseroberfläche eindringt, dann erreicht es bei einem Sonnenstand von 45 Grad nur mehr eine Tiefe von effektiv 10,6 Metern und bei 30 Grad Einfallwinkel morgens oder abends nur mehr die halbe Eindringtiefe von 7,5 Metern. Das warme Infrarotlicht der Sonne gelangt nur bis in eine Tiefe von ein bis zwei Metern, sodass das Wasser (ohne Strömung) eigentlich nur an der Oberfläche aufgeheizt wird. Dies bemerkt man an Küstengebieten des Meeres, wo das Wasser mit zunehmender Tiefe sehr schnell kälter wird. In diesem Zusammenhang stellt sich hin und wieder die Frage, warum das Meer besonders in Küstennähe so bezaubernd türkisblau erscheint. Beim Durchgang des Sonnenlichts durch das Wasser werden die Spektralfarben nicht nur nach und nach absorbiert, sondern an den Wassermolekülen und gewissen Schwebeteilchen wie grünen Algen auch gestreut. Dabei erfahren die kurzwelligen blau-grünen Spektralanteile eine wesentlich stärkere Streuung als die langwelligen rot-orange-gelben. Dieses blau-grüne Streulicht wird nun bei relativ geringen Tiefen und hellsandigem Grund zum Teil reflektiert, sodass nur dieser Lichtanteil an der Wasseroberfläche wieder austritt und so die türkisblaue Farbe des Wassers hervorbringt. Durch den blauen Himmel, der sich am Wasser spiegelt, wird dieser Effekt

Jenseits von Rot und Blau

Im Jahr 1800 entdeckte der deutsch-englische Astronom und Physiker Wilhelm Herschel (1738–1822), dass bei der Zerlegung des Sonnenlichts mittels eines Glasprismas ein Thermometer außerhalb der langwelligen, roten, sichtbaren Strahlung einen unerwarteten Temperaturanstieg zeigt. Mit dieser Beobachtung wurde er zum Entdecker der Infrarotstrahlung. Die Existenz einer ultravioletten Strahlung hat er stets bestritten, bis sein Zeitgenosse, der deutsche Physiker und Philosoph Johann W. Ritter (1776–1810), die Wirkung des Sonnenlichts auf diverse chemische Substanzen untersuchte und schließlich 1801 feststellte, dass sich ein Papierstreifen, den er mit feuchtem Silberchlorid (AgCl) tränkte, im unsichtbaren Bereich neben dem violetten Ende am schnellsten schwärzt. Damit wurde Ritter die Ehre zuteil, die UV-Strahlung entdeckt zu haben.

Johann W. Ritter

Wilhelm Herschel

noch unterstützt. Je tiefer der Meeresgrund liegt und/oder je dunkler er ist, umso dunkelblauer erscheint das Wasser, weil sich der Reflexionsanteil stark reduziert. In manchen Gebieten erscheint das Meerwasser nicht bläulich, sondern rötlich, weil gewisse Schwebeteilchen nahe der Oberfläche den Rotanteil des Spektrums reflektieren wie z.B. im Roten Meer.

Empfindung und Licht

Die spektrale Empfindlichkeit des Auges ist nicht für alle Lichtfarben dieselbe, sondern das Resultat einer wellenlängenabhängigen Helligkeitsbewertung der physikalischen Strahlungsleistung. Am hellsten wird eine Strahlung mit der Wellenlänge von 555 Nanometern als gelb-grün empfunden. Je mehr die Wellenlänge des Lichts davon nach oben oder nach unten abweicht, umso stärker sinkt die spektrale Hellempfindlichkeit des Sehapparats, um schließlich bei 380 Nanometern als Blau bzw. bei 780 Nanometern als Rot den Wert null zu erreichen. Aus dieser physiologischen Gesetzmäßigkeit leitet sich die spektrale Hellempfindlichkeitskurve ab, die aufgrund vieler experimenteller Untersuchungen bereits 1924 durch die Internationale Beleuchtungskommission (Comission internationale d'Éclairage, CIE) normiert und standardisiert wurde. Sie wird als V'(λ)-Kurve bezeichnet.

Mit abnehmender Gesichtsfeldleuchtdichte wird das Auge für kurze Wellenlängen empfindlicher als für langwelliges Licht. Diese Verschiebung der spektralen Empfindlichkeit ist die Ursache des »Purkinje-Phänomens«. Blaue und rote Gegenstände, die bei Tag etwa gleich hell erscheinen, ändern ihre Helligkeit mit Einbruch der Dämmerung und in der Nacht: Während der blaue Gegenstand jetzt hellgrau erscheint, wirkt der rote beinahe schwarz. Mithin würdigt das Auge nicht jede sichtbare energiegleiche Wellenlänge auch mit gleicher Empfindungsintensität, sondern bewertet die spektralspezifische Strahlung entsprechend den genannten Empfindlichkeitskurven. Für die Praxis bedeutet dies, dass z.B. blau gefärbte unbeleuchtete Gebäudefassaden in der Dämmerung bzw. nachts heller erscheinen als rotgefärbte unbeleuchtete Fassaden.

Beispiel für photopisch-skotopisch-mesopisches Sehen ↓

Das Phänomen Farbe

Wie wir also erfahren haben, ist der Mensch zum Farbsehen in der Lage und kann dabei unter günstigen Lichtbedingungen Millionen von Farbnuancen visuell differenzieren. Jeder farbtüchtige Mensch kann sich vorstellen, was ihm entginge, würde er die Welt nur in Graustufen wahrnehmen, anstatt hin und wieder in der Buntheit der Welt regelrecht zu schwelgen. Aber was ist nun eigentlich Farbe? Ist es eine Materialeigenschaft, eine Lichteigenschaft oder gar eine Illusion? Wie bereits ausgeführt, ist Farbe keine Objekteigenschaft per se, sondern vielmehr eine psycho-physiologische Empfindung, die uns über das Auge vom Gehirn vermittelt wird. Trotzdem sind Farben in jedem Fall an ein Material im weitesten Sinn gebunden. Denn wenn wir von Objektfarben sprechen, meinen wir die Oberflächenfarbe des Materials und nicht in erster Linie die Farbe des Lichts selbst. Beide Farbarten stehen jedoch in einem unmittelbaren Zusammenhang zueinander. Die vielfältige Erfassbarkeit unserer Umwelt besteht zum Hauptteil in den farblichen Unterschieden der in unserem aktuellen Gesichtsfeld statisch oder dynamisch angeordneten Materialien. Zwei oder mehrere Materialoberflächen mit gleicher Helligkeit oder Leuchtdichte könnten wir ohne Farbunterschiede inklusive Schwarz-Grau-Weiß-Nuancen nicht visuell auseinanderhalten.

Die Farbmischung

Die Frage, was Farbe eigentlich ist, haben wir bisher noch nicht hinreichend beantwortet. Dazu müssen wir zwei Qualitätskategorien unterscheiden: erstens die Lichtfarbe, die aus dem Primärspektrum resultiert, und zweitens die Oberflächenfarbe respektive Körperfarbe eines Objekts im weitesten Sinn.

Evangelista Purkyně

Unsere Farbwahrnehmung beruht auf dem sogenannten trichromatischen Sehen, weil wir auf der Netzhaut der Augen drei Rezeptortypen besitzen, die jeweils für Rot, Grün und Blau (RGB) eine Empfindungspräferenz aufweisen. Wenn wir von Objektfarben sprechen, meinen wir die pigmentierte Oberflächenfarbe des Materials und nicht die Farbe des Lichts selbst. Beide Farbkategorien stehen jedoch in einem unmittelbaren Zusammenhang zueinander, denn um die Oberflächenfarbe eines Materials wahrzunehmen, muss entsprechend »farbiges« Licht in unser Auge treffen, das dem reflektierten Spektrum entspricht. Die hier gesetzten Anführungszeichen haben ihre volle Berechtigung, denn:

- Der Lichtstrahl selbst hat, wie bereits ausgeführt, keine Farbe, sondern lediglich eine oder mehrere bestimmte Wellenlängen, die unser Gehirn als Farbe interpretiert.
- In der Regel besteht farbiges Licht aus keiner singulären Wellenlänge des sichtbaren Spektrums, sondern aus einem Gemisch mehrerer spektraler Anteile, woraus die enorme Vielfalt der Farbempfindungen resultiert.

Das Purkinje Phänomen

1825 beschrieb Jan Evangelista Purkyně (1787–1869) jene physiologische Erscheinung, bei der zwei verschiedenfarbige Flächen, die bei Tageslicht gleich hell erscheinen, bei Dämmerlicht unterschiedlich hell empfunden werden. Dies beruht darauf, dass bei niedrigen Lichtintensitäten mit den Stäbchen im menschlichen Cortex gesehen wird, die eine andere Spektralempfindlichkeit für das Farbensehen aufweisen als die für das Lichtsehen zuständigen Zapfen. Dieses Phänomen tritt beispielsweise bei Schildkröten nicht auf, weil sie eine reine Zapfenretina haben.

Die additive Farbmischung

Die nachfolgende Abbildung zeigt das Prinzip der additiven Farbmischung, die auch als Lichtfarbenmischung bezeichnet wird. Wenn wir die spektralen Primärfarben Rot, Grün und Blau isoliert mit drei Lichtspots, z.B. LED, auf eine weiße Fläche führen und überlagern, ergeben sich an den additiven Überschneidungsflächen neue Sekundärfarben, die jeweils heller sind als die angrenzenden Primärfarben, weil sich die Intensitäten der Lichtfarben addieren – deshalb der Begriff additiv.

Prinzip der additiven Farbmischung

Die Abbildung zeigt die additiven Sekundärfarben, wenn jeweils zwei Primärfarben gemischt werden. So ergeben Grün und Blau die Mischfarbe Cyan, Grün und Rot die Mischfarbe Gelb sowie Rot und Blau die Mischfarbe Magenta. Werden alle drei Primärfarben (RGB) zusammengeführt, ergibt sich die Tertiärfarbe Weiß, die definitionsgemäß am hellsten erscheint. Das additive Mischverfahren findet dann Anwendung, wenn farbiges Licht ohne Reflexion, das heißt direkt ins Auge gelangen soll. Sobald Sie am Bildschirm arbeiten oder sich eine Fernsehsendung anschauen, kommen Sie in den Genuss der additiven Farbmischung. Die Pixel des Monitors sind im Prinzip alle gleich aufgebaut. Nämlich nur mit den drei Leuchtstoffen Rot, Grün und Blau. Wenn Sie sehr nahe oder mit einer Lupe an den Bildschirm herangehen und eine weiße Fläche betrachten, werden Sie beobachten, dass alle Pixel fraktioniert sind und nicht weiß, sondern die winzigen Teilflächen jedes Pixels in gleicher Intensität in den Farben RGB leuchten. Durch deren räumliche Verschmelzung, also deren physiologische Addition im Auge entsteht der Eindruck von Weiß. Je nach Intensitätsverhältnis der drei RGB-Fraktionen in den einzelnen Pixeln können auf diese Weise Millionen von Farbillusionen erzeugt werden.

LED-Beleuchtung

Mit der neuen LED-Technik lassen sich nicht nur funktionale, sondern auch dekorative Deckenelemente gestalten, mit denen man sich der additiven Farbmischung bedienen kann, um trotz RGB-farbigen Teilelementen auf der Nutzebene weißes Licht zu erhalten.

Die subtraktive Farbmischung

Bei additivem Lichtfarbenmischen auf trichromatischer Basis sind Rot, Grün und Blau die Primärfarben und Cyan, Magenta und Gelb die Sekundärfarben. Besitzen Sie einen farbfähigen Tintenstrahldrucker? Wenn ja, dann werden Sie beim Wechsel der Farbpatronen bemerkt haben, dass diese nicht mit R (Rot), G (Grün), und B (Blau) beschriftet sind, sondern mit C (Cyan), M (Magenta) und Y (Yellow) – und K. Das K stammt von der Verwendung einer Key plate (Schlüsselplatte) im Druck. Das heißt: Die Sekundärfarben der additiven Farbmischung sind die Primärfarben der subtraktiven Farbmischung.

Daraus resultiert das CMY-Farbsystem. Der Tintenstahldrucker übermischt die drei Grundfarben C, M und Y, sodass durch Absorption, also Subtraktion, und Reflexion von

Der Farbkreis

Das sichtbare Spektrum des Tageslichts oder einer Kunstlichtlampe ist in der Regel linear ausgerichtet. Es beginnt im kurzwelligen Bereich mit Blau und führt über Grün, Gelb und Orange zu Rot, mit dem das sichtbare Spektrum im langwelligen Bereich endet. Wenn wir hypothetisch das lineare Spektrum an seinen Enden zusammenführen, entstehen ein Farbkreis und eine neue Farbe, die im Linearspektrum nicht vorkommt, nämlich Violett bzw. Magenta.

Ordnen wir die Lichtfarben des oberen Bildes auf einer Kreislinie an, ergeben sich die drei Primärfarben Rot, Grün und Gelb sowie die drei Sekundärfarben Cyan, Magenta und Gelb, die jeweils in einem Winkel von 60 Grad zueinander stehen. Die Peripherie und die Fläche des Farbkreises stellen für die meisten Farbsysteme bzw. Farbräume die Basis dar.

Im unteren Bild sind die Farben kontinuierlich gefächert und man sieht, dass die Mischfarben Gelb, Cyan und Magenta nach dem additiven Modell heller sind als ihre angrenzenden Primärkomponenten. Außerdem wird evident, dass im Mittelpunkt, wo sich alle Primär- und Sekundärfarben mischen, das unbunte Weiß resultiert – nicht identisch mit dem Weißpunkt im CIE-Farbdreieck.

← Farbkreis, diskret

← Farbkreis, kontinuierlich

↑ Subtraktive Farbmischung

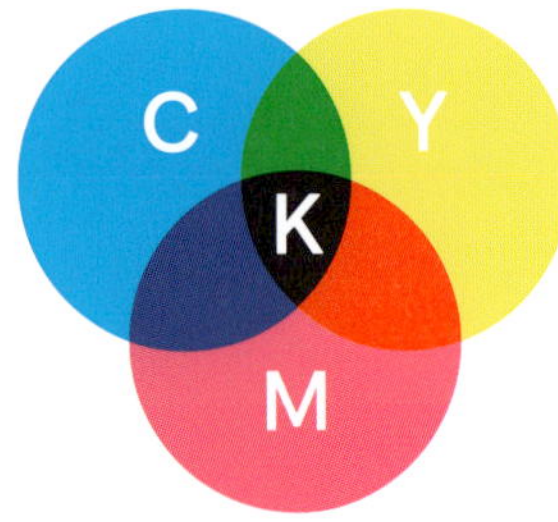

↑ CMYK

Farbanteilen, die die CMY-Farben enthalten, fast jede gewünschte Farbe generierbar ist.

Die Grafik zeigt das Grundprinzip der subtraktiven Farbmischung, die auch als Pigmentfarben- oder Filtermischung bezeichnet wird. Das Ergebnis der subtraktiven Farbmischung sind also immer Körperfarben, weil sie auf einen Untergrund, z.B. eine Wand oder ein Blatt Papier, aufgebracht werden müssen.

Die Mischung kann dabei sowohl vor als auch im Zuge der Aufbringung erfolgen. Im Gegensatz zur additiven Farbmischung erscheint das Mischprodukt zweier CMY-Grundfarben immer dunkler als dessen Komponenten. Werden alle drei CMY-Farben übereinander- bzw. zusammengemischt, müsste Schwarz herauskommen. Da dies in der Praxis nur ein dunkles Grau und kein tiefes Schwarz wäre, wird noch echtes Schwarz – z.B. durch eine separate Farbpatrone im Drucker – hinzugemischt, weshalb man in der Regel nicht von CMY-, sondern vom CMYK-Farben spricht.

Auch der Laserdrucker arbeitet mit CMYK-Tonerfarben. Diese werden elektrostatisch schrittweise auf die Bildtrommel aufgebracht, wo sie sich partiell entsprechend der Finalfarbe mischen. In der Folge wird der Farbmix der Bildtrommel auf elektrostatischem Weg auf das Papier übertragen, wo er durch Hitze mit ca. 200 °C fixiert wird, um schließlich das Druckergebnis auszuwerfen.

Eine Sonderform der subtraktiven Farbmischung ist die sogenannte Filtermischung, weil hier statt der Reflexion die Transmission zum Tragen kommt. Ein weißer Untergrund reflektiert alle Farben (sowohl RGB als auch CMY) zu gleichen Anteilen. Legen wir auf ein weißes Blatt Papier eine gelbe Folie, so wird nur Rot und Grün durchgelassen, während das Blau absorbiert, also subtrahiert wird.

Legen wir sodann über die gelbe Folie eine cyanfarbige Folie, wird nur mehr das Grün durchgelassen und das Rot absorbiert, weil Cyan nur Grün und Blau transmittiert. Wenn wir nun diese beiden Folien, die nur mehr das Grün in unser Auge führen, mit einer magentafarbigen Folie überdecken, dann wird kein Licht mehr transmittiert, weil Magenta das restliche Grün absorbiert. Das Ergebnis ist also Grau bis Schwarz, je nachdem, wie eng die Transmissionsspektren oder Folien sind.

Komplementärfarben

Keine additive Mischung von Lichtfarben kann also Schwarz ergeben und keine subtraktive Mischung von Pigmentfarben kann in weiterer Folge Weiß erlangen. Der Maler braucht also für Weiß einen separaten Farbtopf. Diese eher triviale Aussage führt uns zu den sogenannten Komplementärfarben. Sie sind definiert durch jene Gegenfarben, die bei der additiven Mischung ein weißes und bei der subtraktiven Mischung ein schwarzes Ergebnis liefern.

Im Falle der additiven Lichtmischung ergeben sich alle drei RGB-Komponenten zu Weiß, wenn sie im exakt gleichen Intensitätsverhältnis übereinander strahlen, und zeigen indessen, dass weißes Licht auch mit nur zwei Lichtfarben, z.B. mit Blau und Gelb, herstellbar ist. Beide Farben liegen auf dem Farbkreis genau gegenüber. Dies gilt nun für alle Komplementärfarben, egal ob es sich um additive Licht- oder subtraktive CMY-Pigmentmischungen handelt. Zu welchem Farbtopf müsste ich greifen, um bei roter Farbe die Metamorphose zu Schwarz zu vollziehen? Ich müsste das Rot mit Cyan mischen und etwas reines Schwarz hinzugeben. Prinzipiell liegen an den beiden Endpunkten jeder beliebigen Durchmesserlinie des Farbenkreises die jeweiligen Komplementärfarben, sodass theoretisch unendlich viele Farbpaare zu Weiß bzw. Schwarz führen.

Das zuvor dargestellte Prinzip der additiven Farbmischung zeigt uns die elementaren bzw. reinen RGB- und CMY-Primärfarben, die zeilenweise mit ihren komplementären Anteilen angeordnet sind. Die in einer Zeile stehenden Farben ergeben als Lichtfarben das additive Weiß und als Körperfarben das subtraktive Schwarz.

Weiß ist als subtraktive Pigmentmischung natürlich nicht herzustellen. Dazu bedarf es eines gesonderten Farbtopfs. Der konventionelle Tintenstrahldrucker kann Weiß nicht widergeben. Er kann für Weiß nur nichts drucken. Auf farbigem Papier verbleibt deshalb Weiß die Grundfarbe des Papiers.

Die Sättigung

Der Buntheitsgrad einer Farbe wird als Sättigung bezeichnet. Sie ist bestimmt durch den Weiß- bzw. Schwarzanteil, der einer reinen Farbe beigemischt wird. Dadurch werden die reinen Farben abgewandelt (moduliert). Bei der Abwandlung nach Weiß ergeben sich die sogenannten Pastellfarben. Sie wirken hell, freundlich und harmonieren untereinander ästhetischer als ihre stark gesättigten Pendants. Bei der Abwandlung nach Schwarz bzw. Grau werden erdfarbene Töne produziert.

Im Zuge der additiven Farbmischung z.B. am Bildschirm erreicht man Pastelltöne durch entsprechend starke Reduktion der Farbwertanteile im CMYK-System und die Modulation nach dunklen Varianten durch mehr oder weniger Zugabe von K (reines Schwarz). Die meisten Programme errechnen daraus die RGB-Werte.

Unter Erdfarben versteht man streng genommen solche Farben, die – wie der Name sagt – aus der Erde stammen. Sie waren die ersten Farben, die der Mensch bereits in prähistorischer Zeit zur Schaffung künstlerischer Werke verwendete. Übrigens sind die ältesten bekannten Höhlenmalereien jene von Chauvet in Südfrankreich mit einem Alter von ca. 35.000 Jahren. Erdfarben bestehen aus anorganisch-mineralischen Pigmenten, die durch Vermahlen und/oder Brennen ihr kennzeichnendes Aussehen erhalten. Farblich variieren sie zwischen Dunkelbraun und Schwarz, zwischen Hellbraun bis Gelb, zwischen Rot und Violett und zwischen Grün bis Blaugrün. Sie sind lichtecht und teilweise säureunempfindlich. Es ist noch nicht geklärt, ob die heute produzierten synthetischen Varianten auch diese Eigenschaften haben – die Antwort wird in 35.000 Jahren vorliegen. Typische Erdfarben sind Ocker, Grünerde, Rötel, Terra di Siena (gebrannte Siena-Erde), Umbra und Zinnober.

Der L*a*b*-Farbraum

Um eine konkrete Farbe genau zu definieren, braucht es ein systematisches Ordnungsprinzip, das es erlaubt, jede vom Auge wahrnehmbare Farbe nach drei Grundparametern eindeutig zu bestimmen. Die kennzeichnenden Größen einer Farbe sind:

- Farbton (Buntton-Chrominanz)
- Buntanteil/Buntheit (Sättigung)
- Helligkeit (Weiß-Schwarz-Anteil)

Der Farbton ist sozusagen die Farbe selbst. Sie ist auf dem Farbkreis an einem Punkt der Peripherie mit maximaler Sättigung lokalisiert bzw. wird durch eine Radiusrichtung repräsentiert. Der Buntanteil oder die Sättigung einer Farbe entspricht ihrer Farbkraft. Sie weicht von der maximal gesättigten Farbe insofern ab, als sie proportional mit dem Weißanteil abnimmt: kein Weißanteil – reine Farbe; mehr Weißanteil; Pastellfarbe. Schwach gesättigte Farben müssen nicht automatisch auch heller sein. Deshalb steht für die Helligkeit der dritte farbmetrische Parameter.

Als die CIE im Jahr 1931 das CIE-Farbdreieck als Basis für den CIE-Farbraum einführte, war bereits evident, dass gleiche Farbabstände im Farbdreieck der wahrgenommenen Abstandsempfindung nicht entsprachen. Das CIE-XYZ-Farbmodell kann Farben zwar mathematisch exakt beschreiben, hinsichtlich der Wahrnehmung sind sie jedoch – wie man es ausdrückt – »nicht gleichabständig«. Anders formuliert: Im CIE-Farbdreieck werden verschieden große Abstände bzw. Areale als gleichfarbig wahrgenommen. Oder: Zahlenmäßig gleich große Farbabstände werden bei unterschiedlichen Farbtönen vom Menschen nicht als gleich groß empfunden. So empfinden wir größere Farbortabstände z.B. im relativ großen grünen Bereich der CIExy-Farbsohle eher als gleichfarbig als im relativ kleinen Blaubereich.

In der Folge wurde versucht, Farbräume zu konzipieren, die dieses Manko mehr oder weniger ausgleichen. Das heißt, man war bestrebt, den CIE-Farbraum in einen sogenannten »gleichabständigen« Farbraum überzuführen. Aus diesen Bemühungen resultierte 1948 der Hunter-Lab-Farbraum und das CIE 1960 UCS. Schließlich veröffentlichte die CIE 1976 das CIE-L*a*b*-System. Die Sterne in der Bezeichnung besagen, dass damit eben dieses Modell von 1976 gemeint ist.

Zwei Farbsysteme

Angenommen, jemand will sich einen Raum als »blaues Zimmer« gestalten. Er konsultiert einen Innenarchitekten mit der Frage, welches Blau oder welche Blautöne abhängig von der Geometrie und Nutzung des Raumes am besten passen würden. Aber Blau ist nicht gleich Blau! Der farbenkundige Architekt rät ihm vielleicht zu Madonnenblau und Lagunenblau. Oder zu Victoriablau und Fayenceblau. Der Auftraggeber wird fragen: »Wie sehen diese Farben aus?« Dem Architekten wird es extrem schwer fallen, sie nur verbal zu beschreiben, sodass ein Farbmuster in Form einer Farbkarte für beide am dienlichsten sein wird.

Analog zum obigen Beispiel könnte ein Architekt einem Malerbetrieb den Auftrag geben, diese oder jene Wand oder Decke in einem Gebäude in Ägyptischblau zu streichen. Um keine Missverständnisse aufkommen zu lassen, müssen sich beide – der Architekt und der Maler – auf ein Farbsystem einigen, das auch ohne Verbalbeschreibung und möglichst ohne Farbmuster eine eindeutige Codierung der gewählten Farbe zulässt. Nicht zuletzt die Hersteller von Farben brauchen für ihre Produktpalette eine wortunabhängige Nuancen-Kennzeichnung.

Es bedarf also systematisierter Farbordnungsprinzipien – im Folgenden »Systeme« genannt –, die diesem Erfordernis entsprechen. Nur so ist die Kommunikation über Farben unmissverständlich möglich.

RAL-Farbsystem

So gut wie jeder Architekt, Raumgestalter, Designer usw. verwendet zur farblichen Gestaltung von Gebäuden sowie Räumen RAL-Farbkarten, die auch jedem Maler und Anstreicher vertraut sind. Die RAL-Farben wurden 1927 vom »Reichsausschuss für Lieferbedingungen« (deshalb RAL) durch Farbnamen standardisiert, um den Austausch von Farbangaben zwischen Lieferanten und Kunden zu erleichtern. Ursprünglich umfasste das RAL-Farbregister nur 40 Farben. Heute beinhaltet das klassische RAL-Farbenset »RAL Classic« 213 Farbtöne, denen seit den 1940er Jahren neben ihrem Namen vierstellige Zahlen zugewiesen sind. Es muss erwähnt werden, dass das Ordnungsprinzip der RAL-Classic-Palette keinem Farbsystem im strengen Sinn entspringt, weil ihm kein systematischer, symmetrischer Farbraum unterlegt wurde. Die RAL-Classic-Kollektion ist in Tausender-Kategorien geordnet, wobei die Tausenderziffer die Grundfarbe und die zwei letzten Ziffern die jeweiligen Abwandlungen der Grundfarbe kennzeichnen.

Da heute und in Zukunft für Computersimulationen das Erfordernis besteht, die Farben der RAL-Classic-Karten auf dem Bildschirm möglichst getreu darzustellen, werden im Fachhandel und im Internet diverse Listen bereitgestellt, auf denen zu jeder RAL-Classic-Nummer mit Farbnamen die CMYK-Werte angeführt sind. Jede professionelle Grafiksoftware errechnet dazu automatisch die RGB-Werte und die L*a*b*-Werte werden dargestellt.

Bei der Wiedergabe von Farben auf Bildschirmen oder Ausdrucken ist natürlich zu beachten, dass nicht alle Geräte (Monitore, Drucker, andere Displays) die gleichen Farbräume benützen und daher Farben mit gleicher Codierung da und dort etwas anders aussehen können. Auch bei Herstellung und Druck von Farbmustern ist es nicht immer möglich, den Farbton genau zu treffen.

Da wie erwähnt die 113 RAL-Classic-Farben nur eine pragmatische Farbenkollektion sind, der kein systematischer Farbraum zugrunde liegt, hat man daher sehr bald versucht, die zunehmend breiter werdende Farbpalette in das L*a*b*-Farbmaßsystem der CIE von 1976 zu integrieren, um auch ohne Farbnamen eine national und international kommunizierbare Kodierung der RAL-Farben zur Verfügung zu stellen. Aus diesen Bestrebungen ging das RAL-Design-Farbsystem hervor, das 1993 eingeführt wurde und nun 1625 Farbabstufungen enthält.

Die Basisgrößen des RAL-Design-Systems sind wie im L*a*b*-Maßsystem der Farbton H (Hue), der Bunt-ton C (Chroma, Sättigung) und die Helligkeit L (Lightness). Daraus wird der RAL-Design-Farbkörper konstruiert, der aus 1625 diskreten Blöcken aufgebaut ist, die jeweils eine Musterfarbe repräsentieren. Es sei betont, dass der besagte Farbkörper nur ein quasi doppelkegelförmiges Gebilde darstellt, weil die RAL-Design-Farben asymmetrisch sortiert sind. Dennoch lassen sich die Farbtöne im Kreis anordnen und sie werden gegen den Uhrzeigersinn in Winkelgraden angegeben; rechts Rot = 0°; oben Gelb = 90°; links Grün = 180°; unten Blau = 0°. Die senkrechte Richtung im Farbkreismittelpunkt steht für die Helligkeit einer bestimmten Farbe (0 = Schwarz; 100 = Weiß) und die radiale Richtung auf den Helligkeitsebenen steht für den Buntheitsgrad, also die Sättigung der Farbe (bei r = 0 ist C = 0; Unbuntachse). Für jeden der 36 Bunttöne bietet das RAL-Design-System ein Farbdreieck an, das für die in dieser Ebene verfügbaren Farben sowohl die Buntheit (von der Achse nach außen zunehmend) als auch deren Helligkeit (von oben nach unten abnehmend) anzeigt. Somit ist jede RAL-Design-Farbe mit einem Zahlentripel eindeutig identifizierbar. Die vorangestellte dreistellige Zahl gibt in der Regel in Zehnerschritten den Farbton auf dem Farbkreis an. Die zweite zweistellige Zahl verweist auf die Helligkeit und die dritte zweistellige Zahl bestimmt den Buntheitsgrad bzw. die Sättigung oder Chrominanz der Farbe.

Dieselbe RAL-Farbe kann in einem anderen Farbraum bzw. Farbsystem (z.B. NCS) aufgefunden werden, sofern dies die Anwenderprogramme nicht automatisch vornehmen. Im Internet gibt es eine Unzahl von Konvertierungshilfen, wobei allerdings zu beachten ist, dass nicht jede Farbe in jedem Farbraum ihr genaues Äquivalent hat.

Natural-Colour-System (NCS)

Das menschliche Auge kann etwa 10 Millionen Farbdifferenzen und damit Einzelfarben wahrnehmen. Unsere Fähigkeit, eine bestimmte Farbe mit Sicherheit zu erkennen (oder wiederzuerkennen), ist hingegen wesentlich geringer und liegt je nach Sehbedingungen bei etwa 10.000 bis 20.000. Da es unmöglich ist, allen diesen Farben einen Namen zu geben, hat man im schwedischen Farbzentrum schon seit 1960 versucht, eine Ordnungssystematik zu entwickeln, mit deren Hilfe praktisch jeder wahrnehmbaren Farbe eine eindeutige Codierung in Form von Zahlen und Buchstaben zugewiesen werden kann. Die Bezeichnung »natürliches Farbsystem« geht auf die Gegenfarbentheorie von Ewald Hering (1834–1918) zurück, der sich besonders mit dem Raumsinn und der Farbwahrnehmung beschäftigte. Die Young-Helmholtz'sche Dreifarbentheorie hat Hering durch seine Vierfarbentheorie insofern ersetzt, als diese der Natur der Farbwahrnehmung eher gerecht wird. Seine Forschungen führten zu der Erkenntnis, dass physikalische Messmethoden nicht ausreichen, um das Phänomen Farbe befriedigend zu erfassen, sondern die Messwerte in wahrnehmbare Eigenschaften übersetzt werden müssen. Seine Vision hat sich im Lauf der Jahrzehnte verwirklicht, woraus schließlich das heute international verwendete Natural-Colour-System (NCS) hervorging.

Lasst die Farben sprechen!

Haben Sie schon einmal rot gesehen? Pessimisten sehen häufig schwarz. Optimisten und Extravertierte sehen die Welt durch die rosarote Brille. Viele behaupten von sich, eine weiße Weste zu haben. Jedermann hat sich schon einmal grün und blau geärgert. Ein notorischer Lügner kann einem das Blaue vom Himmel erzählen. Wie viele Menschen mit einer braunen Vergangenheit gibt es noch? Die Geschichte schreibt auch ihre schwarzen Kapitel. Rot ist die Liebe, Grün ist der Neid, Gelb ist die Eifersucht, Weiß ist die Unschuld usw. Sie alle sind Metaphern aus unserem Sprachgebrauch und zeigen, dass wir Farben nicht nur physikalisch verstehen, sondern ihnen nicht minder eine Symbolik zuschreiben, die sich zum Teil aus den Anfängen der Menschheit, ja sogar aus dem Tierreich herleitet. Der Mensch gab und gibt den Farben Bedeutung. Die Farbsymboliken und Farbassoziationen der Menschen waren und sind so vielfältig, vielschichtig und tiefgründig, dass darin eine breite Kulturgeschichte der Farben begründet liegt. Farben gestalten unsere äußere und ergreifen unsere innere Welt. Sie beeinflussen unsere Stimmungen und Gefühle.

Farbgestaltung ↓

Wenn der Mensch eine durch ein substantiviertes Adjektiv ausgedrückte Eigenschaft, wie z.B. »das Weibliche«, mit einer Farbe assoziiert, also kognitiv verknüpft, dann entspringen diese Zuschreibungen immer einem sozio-kulturellen Kontext, der von Region zu Region völlig anders gefärbt sein kann. Mit den Begriffen »Tod« und »Trauer« werden Sie wahrscheinlich Schwarz verknüpfen. Wären Sie in Indonesien beheimatet, würden Sie dieselben Begriffe mit Weiß assoziieren.

Farbassoziation und -symbolik sind Aneignungen, die so gut wie ausschließlich ontogenetisch begründet sind, also auf Erfahrung, Lernen und Wissen beruhen, wobei interkulturell gesehen einerseits große Unterschiede und andererseits relativ

Vom Umgang mit Farben

Wie ich schon sagte: Der Einsatz von Farben ist nicht immer nur Geschmackssache, es bedarf meist eines Rates von einem Fachmann, um Farben richtig einsetzen zu können. Ich möchte hier einige Beispiele für das Zusammenspiel von Farben mit Licht bringen, um Ihnen zu veranschaulichen, wie man die unterschiedlichsten Effekte mit dem Einsatz der richtigen Farben erzielen kann.

Wachheit und Aufmerksamkeit vermittelt dieser in Blau- und Grautönen gehaltene Warteraum: Hotel Alte Schule in Lindau ↓

Rot und Grün sind hier vorherrschend und bringen das Zimmer zum Schwingen: Hotel Alte Schule in Lindau

←↑

↑

Pastellgrün und Holz bilden eine harmonische Einheit: Balkon im Hotel Herolerhof, Lünsen/Südtirol

Erdtöne vermitteln Wärme und Behaglichkeit: Hotel Urezza, Familie Jehle, Ischgl

→

↑

Farbtupfer in von Holztönen dominierten Räumen ziehen die Aufmerksamkeit des Auges auf sich: Zwei Beispiele aus der Alpin Lodge, Klösterle

↓

↑
Rottöne in der Empfangshalle des Hotels Alpenfeuer in Gortipohl bringen Behaglichkeit in einen sehr großen Raum …

… während metallische Goldtöne Kraft und Konzentration ausstrahlen.
→

↑
Allein der rote Fußabstreifer auf dieser verglasten Terrasse bringt Leben in dieses sonst von Holz und Stein dominierte Ambiente.

Grautöne bieten Ruhe und Entspannung und passen bestens in eine Kuschelecke.
←

Farbsynästhesie

Da unser Gehirn ein immens komplexes Netzwerk von Zellverbindungen ist, arbeiten die verschiedenen Sinneszentren nicht isoliert voneinander, sondern regen sich je nach der zerebralen Disposition mehr oder weniger gegenseitig an, wobei Gedächtnis und Erfahrung auf diesen Prozess zusätzlich einwirken.

Beispielsweise sprechen wir von einem »giftigen Grün« oder von einem »schreienden Gelb«, wenn es eine hohe Sättigung aufweist und im Kontrast zu dunkleren Farben steht. Wenn wir von »warmer« und »kalter« Farbe sprechen, verschmelzen wir zwei Sinnesempfindungen, nämlich den Temperatursinn und den optischen Sinn. Allein das Bild einer Speise oder z.B. von Holz kann bewirken, dass wir den Geschmack der Speise bzw. den Geruch des Holzes tatsächlich empfinden, also wahrnehmen. Eine derartige Vermischung von Sinnesebenen nennt man Synästhesie (altgr. Synaisthanomai = mitempfinden oder zugleich wahrnehmen). Die Synästetiker sind für multisynchrone Sinnesempfindungen überdurchschnittlich empfänglich. Es gibt Menschen, bei denen der Anblick einer Farbe gleichzeitig akustische Empfindungen auslöst – und umgekehrt.

Grellgelb	→	hohe Trompetentöne
Helles Blau	→	Flöte
Dunkles Blau	→	Cello
Tiefer gehendes Blau	→	Ton eines Kontrabasses
Tiefes, feierliches Blau	→	tiefer Klang einer Orgel

Der deutsche Philosoph Arthur Schopenhauer (1788–1860), der die Newton'sche Optik diffamierte und Goethes Farbenlehre wertschätzte, meinte, Architektur sei »gefrorene Musik«. Der russische Maler und Kunsttheoretiker Wassily Kandinsky (1866–1944) sah die Figur- und Farbarrangements seiner Bilder auch als akustisch-musikalische Komposition, indem er »Farbklänge« zu Farbsymphonien gestaltete, die, wie in der Musik, Harmonie- oder Dissonanzgefühle evozieren.

Nicht unerwähnt soll bleiben, dass synästhetische Wahrnehmungen unbestreitbar geschehen können, aber sehr stark individuell geprägt sind und deswegen nur sehr bedingt einer wissenschaftlichen Generalisierung standhalten.

Die psycho-emotionalen bzw. kognitiven Verknüpfungen von Eigenschaften, Merkmalen und Wesenszügen mit bestimmten Farben sind auf keinen Fall einheitlich, sondern individuell sehr heterogen, sodass eine einigermaßen allgemein verbindliche Farbempfehlung für diverse Anforderungen nur dann zu geben ist, wenn die Farbwahl, respektive das Farbarrangement auf der Basis wissenschaftlicher Untersuchungen vorgenommen wird, die eine statistisch begründbare Aussage ermöglichen. Dazu bedarf es natürlich einer möglichst großen Anzahl von Probanden und eines wissenschaftlich durchdachten Versuchsplans, der die Objektivität und Gültigkeit der Ergebnisse sicherstellt. Leider gibt es diesbezüglich nur sehr wenige Studien, die diesem Anspruch ohne Scheinbeweise gerecht werden.

Eine der wenigen Untersuchungen, die diese Kriterien weitgehend erfüllt, ist jene von Eva Heller (1948–2008). Sie war Soziologin und Psychologin und hat die Ergebnisse ihrer breit angelegten Studie in ihrem Buch »Wie Farben wirken. Farbpsychologie. Farbsymbolik. Kreative Farbgestaltung« 1989 im Rowohlt Verlag, Reinbek bei Hamburg, veröffentlicht.

konstante Verknüpfungen von Farbe und deren Symbolik auftreten wie beispielsweise die Farbe der Liebe, der mehr oder weniger global Rot zugeschrieben wird. In jedem Fall werden solche Assoziationen vom Menschen durch den traditionellen Druck verinnerlicht und im Sprachgebrauch in Form von Metaphern ausgedrückt.

Wo Farben eine ganz eigene symbolische Bedeutung erfahren, ist der politische Bereich. Die um Wählerstimmen werbenden Parteien in einer Demokratie versuchen ihre Abgrenzung voneinander durch ihre programmatische Färbung zu erreichen. So vertreten die »Schwarzen«, die »Roten«, die »Blauen« usw. eine jeweils andere sozialpolitische Grundposition. Jede Nation hat ihre eigene Nationalflagge, deren Farbkombination die historisch-politische Charakteristik des Landes versinnbildlicht. So ist Rot die Farbe der Revolution, weshalb sich alle kommunistisch-sozialistischen Staaten das Rot in ihren Fahnen zu eigen machen. Das Braun der NS-Zeit war Ausdruck des Diktats der Verbundenheit mit Blut und Boden. Ebenso das Schwarz der Faschisten usw. In der Heraldik des Mittelalters spielte die Symbolik der Farben in den Wappen der Herrscherhäuser eine tragende Rolle für deren hoheitsrechtliche Identifikation. Wer aufgefordert ist, »Farbe zu bekennen«, hat sich in einer bestimmten Sache der Wahrheit zu stellen. Im sakralen Feld kommt keine Mythologie bzw. Religion ohne Farbsymbolik aus. Man denke an die liturgischen Farben Violett, Weiß, Rot, Grün und Schwarz, die das katholische und evangelische Kirchenjahr einteilen. Die heilige Farbe des Islam ist Grün – vorzugsweise Smaragdgrün –, weil man sich das Paradies im Gegensatz zur lebensfeindlichen Wüste als die freudenreiche blühende Oase Allahs vorstellt. Auch im alten Ägypten war der Gott des Jenseits, Osiris, von grüner Farbe, weil er gemeinsam mit seiner Schwestergattin Isis das wieder erwachende Leben repräsentierte. Im Buddhismus ist Orange die Farbe der Erleuchtung und daher hoch spirituell besetzt. Im Hinduismus ist die schwarze Kali die Rächerin, die Bestraferin des Bösen, daher auch auf das schrecklichste mit den Attributen der Vernichtung ausgerüstet.

Farbassoziationen können durchaus gegensätzlich gebraucht und verstanden werden. Das beste Beispiel dafür ist Rot: Es ist die Farbe der Liebe, aber auch die Farbe der Aggressivität und des Hasses. Grün ist einmal die Farbe der Gesundheit und Erholung – »ins Grüne fahren« – und ein anderes Mal giftig, sauer, unreif – »Greenhorn«.

Kornblumenblau ist meine Lieblingsfarbe. Ihre ist wahrscheinlich eine andere. Warum? Die Präferenz respektive Ablehnung von Farben lässt angeblich auf die Persönlichkeit eines Menschen schließen. Da der Mensch nicht nur rational, sondern in vielen Situationen auch emotional reagiert und Farben sowohl Stimmungen als auch Gefühlsregungen beeinflussen, werden aus dieser These heraus nicht selten fragwürdige Farbtests und -therapien angeboten. Seriöser hingegen sind kundige Farbberatungen, bei denen es darum geht, die Farbgestaltung von Gebäuden und/oder Innenräumen sowie deren Ausstattung abzustimmen, um die bestmögliche Farbharmonie zu finden. Farben und Farbarrangements haben eben nicht nur eine physikalische, sondern auch eine psycho-emotionale Ausstrahlung.

Wie sich das Licht auf den Hormonhaushalt auswirkt

Melatonin ist ein Hormon, das von den Pinealozyten in der Zirbeldrüse – einem Teil des Zwischenhirns – aus Serotonin produziert wird und den Tag-Nacht-Rhythmus des menschlichen Körpers steuert. Tagsüber wird weniger, am Abend mehr Melatonin produziert mit der Auswirkung, dass wir müde werden. Daher bezeichnet man Melatonin umgangssprachlich auch als Schlafhormon. Jedoch kann es passieren, dass dieser Ablauf durch verschiedene Einwirkungen gestört wird und das Zwischenhirn zu einer falschen Zeit zu viel Melatonin produziert. Daraus resultierend können dann Formen von Schlafstörungen entstehen, die ihrerseits Auswirkungen auf die Psyche und die Gesundheit der Menschen haben.

Die Frage, die sich nun stellt: Was hat Licht mit den Melatoninwerten zu tun? Es gibt viele verschiedene Studien, die sich dem Thema »Falsche Lichtsignale beeinträchtigen unseren Schlafrhythmus« genauer gewidmet haben. Hier liegen die Meinungen und die Ergebnisse jedoch weit auseinander. Viele Experten sind der Meinung, dass falsche Lichtsignale eine Auswirkung auf die Gesundheit haben.

Vergleichen wir unsere heutige Zeit, wo wir künstliches Licht herstellen können, mit einem früheren Zeitalter, wo es noch kein künstliches Licht gab. In der Frühgeschichte war der Tagesablauf vom Aufgang der Sonne bis zum Einsetzen der Dunkelheit bestimmt. Das heißt, das Lichtspektrum wechselt zuerst von Rot zu Blau, bis sich dieser Verlauf abends umkehrt, und das blaue Licht wieder zu einem rötlichen Licht wechselt, bis schließlich die Dunkelheit eintritt. Dieser Tatsache kann nun Rechnung getragen werden, indem man Leuchtdioden mit verschiedenen Farbausstrahlungen produziert.

Laut Mitteilung einiger Hersteller, werden nun Leuchten angeboten, welche die Eigenschaft besitzen, zwischen bläulichem und rötlichem Licht zu wechseln. Es gibt einige Lampensysteme, wie z.B. Leuchten der Firma Solbach (SO-U-L) und Licht, welche die Möglichkeit bieten, in den diversen Räumen den natürlichen Tagesverlauf des Lichts zu generieren, um somit die bestmögliche Atmosphäre wie in der freien Natur zu schaffen.

Beleuchtung mit Berücksichtigung des Tagesverlaufes der Sonne

Für das Wohlbefinden von Mitarbeitern im Büro empfehle ich die LED Leuchten Modell »Duobus Micro EBCR 300-50«, die bildschirmtauglich sind und je nach Befindlichkeit jedes Einzelnen gut selbst gesteuert werden können. Für mehr Energie sorgt die Beimischung von kaltweißem, gegen Unruhe mehr warmes Licht (Farbtemperatur 2700 Kelvin). Der Leuchtenwirkungsgrad beträgt hier 95 Prozent (2 x 50 Grad, 2 x 30 Grad).

Pflanzen und lichttechnische Wachstumshilfen

Die biologische Evolution brachte es offenbar mit sich, dass verschiedene Lebensarten nicht nur für unterschiedliche Bandbreiten des elektromagnetischen Spektrums empfindlich sind, sondern dass sie darüber hinaus – sozusagen auf sekundärer Ebene – innerhalb der artspezifischen Bandbreite auch unterschiedliche Maxima der Hellempfindlichkeit aufweisen. So deckt sich etwa bei vielen Pflanzen das Maximum ihrer Hellempfindlichkeit nicht mit dem des menschlichen Auges, sondern liegt bei zwei Spitzen bei etwa 450 und 650 Nanometern, also an den Randbereichen des Spektrums. Den gelb-grünen Mittelbereich des sichtbaren Spektrums verschmähen die meisten Pflanzen, sodass ihre Blätter das grüne Licht reflektieren: Und genau deshalb sind sie grün! Durch ihren mehrere hundert Millionen Jahre andauernden Anpassungsprozess hatten die meisten primitiven Organismen gelernt, sich von ihrer begrenzten chemisch-thermischen Energieversorgung loszulösen, um in zunehmendem Maße eine externe Energiequelle für ihren Stoffwechsel zu nutzen, die als unerschöpfliches Reservoir zur Verfügung stand, nämlich das Licht der Sonne. Der biochemische Vorgang, bei dem das Licht der Sonnenstrahlen die energetische Nahrung liefert, ist der Prozess der Fotosynthese, aus dem letztlich die imposante Vielfalt des Lebens auf diesem Planeten erwuchs und bis heute gedeiht.

Die für Pflanzen typische Absorptionskurve, die sich von der des Menschen hinsichtlich der absorbierten, das heißt brauchbaren Wellenlängen so sehr unterscheidet, hat natürlich Konsequenzen für die Architekten und Lichtplaner. Überall dort, wo Pflanzen hinter Glas optimal gedeihen sollen – in Glashäusern, Wintergärten, Schutzfolien im Freiland und dergleichen –, ist darauf zu achten, dass die Transmissionseigenschaften (Transmissionsspektrum) des Glases nicht in erster Linie dem menschlichen Auge, sondern vor allem den spektralen Nutzbereichen der Pflanzen entgegenkommen. Eine Verglasung, die nur das menschliche Auge gemäß die λ-Kurve bedient, wäre für das Pflanzenwachstum schwer beeinträchtigend. Für die Kunstlichtbeleuchtung von Pflanzen hat die Leuchtenindustrie entsprechende Leuchtmittel mit dem adäquaten Emissionsspektrum anzubieten.

Die Pflanzen nutzten das Licht nahezu von Anfang an passiv ausschließlich als Energiequelle für ihren autotrophen Stoffwechsel, also für ihr Wachstum und ihre Vermehrung, woran

Worin besteht der Prozess der Fotosynthese?

Ihre chemische Grundreaktion besteht im Wesentlichen darin, dass aus Kohlenstoffdioxid und Wasser unter Einwirkung von Licht nach der folgenden Reaktionsgleichung Traubenzucker (Glucose) und freier Sauerstoff gebildet werden: $6CO_2 + 6H_2O + \text{LICHT} \rightarrow C6H_{12}O6 + 6O_2$
Eine essenzielle Schlüsselrolle bei der Umwandlung von Lichtenergie in chemische Energie spielt dabei jener Stoff, der den Blättern der Pflanzen ihre grüne Farbe gibt: das Chlorophyll. Licht, das für das menschliche Auge die höchste Hellempfindlichkeit evoziert (555 nm) und von vielen Pflanzen als beinahe dunkel empfunden wird, ist in diesem Sinne für ihr Gedeihen nahezu wertlos. Pflanzen bevorzugen vielmehr die roten und blauen Anteile des sichtbaren Spektrums, was in der Konsequenz andere Lichtquellen mit einem für Pflanzen empfindlichkeitsgerechten Spektrum erfordert. Das bei Menschen so beliebte Licht der Natriumdampflampe würde die meisten Pflanzen in verderblicher Dunkelheit nicht leben, sondern ableben lassen.

Was bedeutet eigentlich »sehen«?

Wenn man als fundamentalste Definition des Sehens gelten lässt, dass es die Reaktion von Lebewesen auf Licht ist, dann muss man natürlich auch den Pflanzen die Fähigkeit des Sehens zugestehen. Denn sie waren es, die das elementare Sehen, also die Reaktion auf Licht, erfunden haben. Die entwicklungsgeschichtlich ersten und somit primitivsten Formen der visuellen Wahrnehmung sind die Hinwendung zum Licht und/oder die Abwendung vom Licht. Bezogen auf das Pflanzenreich, wird diese Reduktion als Fototropismus bezeichnet (griechisch phos = Licht; tropos = Wendung). Wenden sich Pflanzen bzw. Pflanzenteile dem Licht zu, spricht man von positivem Fototropismus, und Pflanzen, die sich vom Licht abwenden, folgen einem negativen Fototropismus. Diese Gegenpolarität des Wachstums hat die Pflanzen bei ihrer Eroberung des Festlandes vor ca. 450 Millionen Jahren befähigt, Wurzeln in den kargen Boden zu treiben, um den nötigen Halt zu finden. Im Laufe der Evolution haben die Pflanzen ihre Sensibilität für Licht nicht grundlegend verändert, sondern lediglich differenziert.

Ein Sonderfall des Fototropismus ist der Skototropismus, der Pflanzen z.B. Lianen, befähigt, in den Schatten zu wachsen, um an anderen Pflanzen Halt zu finden. Eine zweite Reaktion vieler Pflanzen besteht nicht primär in einem Längenwachstum zum Licht oder vom Licht weg, sondern in ihrer motorischen Reaktion auf Licht bzw. ihrer Ausrichtung zum Licht. Diese Fähigkeit von Pflanzen nennt man Fotonastie, wonach Pflanzen bei Veränderung der Lichtintensität – bei manchen genügt schon eine Wolke – ihre Blüten öffnen bzw. schließen oder ihre Blätter heben und senken. Ein sehr schönes Beispiel dafür ist eine Pflanze mit dem bezeichnenden Namen »Mittagsblume«. Sie öffnet ihre rosaroten Blüten nur bei direkter Sonneneinstrahlung und schließt sie bei bedecktem Himmel, bzw. sobald sie beschattet ist.

Eine negative Fotonastie beobachtet man z.B. beim Leimkraut, das in der Nacht seine weißen Blüten in der Erwartung öffnet, dass sie von nachtaktiven Insekten bestäubt werden. Den Umstand, dass es wesentlich weniger nachtaktive als tagaktive Bestäuberinsekten gibt, macht das Leimkraut eben dadurch wett, dass es in seinem Habitat so gut wie die einzige Pflanze ist, die in der Nacht ihre Blüten öffnet.

Eine Besonderheit der Fotonastie ist die Helionastie, die Pflanzen, z.B. Sonnenblumen, veranlasst, ihre Blüten dem Lauf der Sonne nachzuführen. Selbstverständlich reagieren Pflanzen nicht nur auf Licht, sondern auch auf andere physikalische Außenreize wie z.B. Erschütterung oder Berührung, wofür die Mimose das sprichwörtliche Vorbild ist.

Pflanzen verhalten sich gegenüber dem Licht nicht vollkommen passiv, sondern orientieren sich in ihrem Vorkommen, bei ihrem Wachstum und ihren Bewegungen am Licht. Ihre Reaktion auf Licht hängt dabei von zwei Hauptfaktoren ab: Zum einen von der Dosis, das heißt von der Intensität der Bestrahlung mal der Zeitdauer der Lichteinwirkung und zum anderen von der spektralen Zusammensetzung des Lichts. Das Reizmengengesetz (Intensität mal Zeit) gilt natürlich nicht unbegrenzt, sondern nur in gewissen Bandbreiten, sodass eine zu hohe Lichtdosis den fototropischen Effekt auch umdrehen kann, wonach Pflanzen sich bei zu starker, respektive zu langer Belichtung durchaus auch vom Licht abwenden können. Der Schweizer Botaniker Augustin-Pyrame de Candolle hat schon 1809 festgestellt, dass Licht mit einer Wellenlänge oberhalb von 540 Nanometern (grün-gelb-rot) in der Regel keine fototropische Wirkung hat, während blaues, violettes und ultraviolettes Licht die gleich starke Wirkung wie Weißlicht hervorruft. Vielleicht ist diese Präferenz des kurzwelligen Lichts ein uraltes Erbe der Pflanzen aus jener archaischen Zeit, zu der der Blauanteil im natürlichen Licht noch viel höher war als heute. Auch Charles Darwin muss die Frage, wie und warum Pflanzen auf Licht reagieren, offensichtlich bis an sein Lebensende interessiert haben, denn sein vorletztes Buch trug den Titel »The Power of Movement in Plants« (1880).

sie bis heute im Wesentlichen festhalten. Im Gegensatz dazu erwarben die Tiere bereits in der Urzeit ihrer Evolution in zunehmendem Maß die Fähigkeit, das Licht als Mittel zur Informationsentnahme aus ihrer angestammten Umwelt zu instrumentalisieren. Kurzum: Sie entwickelten Augen, um zu sehen.

Licht und Tiere

Die Anliegen des Tier- bzw. Artenschutzes und im weiteren Sinn des Umweltschutzes sind in zunehmendem Maß tägliches Brot auch für Architekten und Lichtplaner. Wie wir bereits erwähnten, nutzen nicht alle Tiere den gleichen spektralen Ausschnitt für das Sehen wie der Mensch, weshalb eine artspezifische Lichtversorgung insbesondere mit Kunstlicht bei der Tierhaltung und nicht zuletzt -erhaltung ein Gebot der Stunde ist. Der kurzwellige blaue bis ultraviolette Anteil eines Lampenspektrums, z.B. von Hochdruckmetalldampflampen (HQI), wirkt besonders für nachtaktive Insekten sehr anziehend. Deshalb beobachtet man häufig, dass sie in der Nacht die Leuchtkörper von Straßenbeleuchtungen zuhauf umschwirren. Wenn sie der Lichtquelle beim Anflug zu nahe kommen, war es ihr letzter Flug, denn solche Leuchtmittel werden sehr heiß, sodass der Nachtschwärmer auf der Stelle verbrennt. Dies hat zur Folge, dass nicht nur dem Artensterben Vorschub geleistet wird, sondern die Leuchten schneller verschmutzen und daher mit höherem Aufwand gereinigt und gewartet werden müssen. Durch den Einsatz von alternativen Lichtquellen wie z.B. Natriumdampflampen kann dieser Missstand erwiesenermaßen erheblich eingeschränkt werden. Nicht nur Insekten, sondern auch Zugvögel können durch die hohe Dichte der Beleuchtungsanlagen besiedelter Gebiete und Ballungszentren in ihrer Orientierung irritiert werden.

Nicht nur das: Auf einer Bohrinsel in der Nordsee hat man festgestellt, dass die in der Nacht fliegenden Zugvögel die Plattform bis zur Erschöpfung umfliegen, weil sie das weiße Licht der Beleuchtungspunkte offenbar für Sterne hielten. Daraufhin hat man die weißen Leuchtmittel durch gelb-grüne ersetzt und schon flogen die Zugvögel an der Bohrinsel vorbei. Die sogenannte Lichtverschmutzung ist aus dieser Sicht also mehr als nur ein Schlagwort, sie ist vielmehr eine echte Herausforderung für alle, die mit Licht und Beleuchtung vor allem im öffentlichen Raum zu tun haben.

Am langwelligen Ende des elektromagnetischen Spektrums liegt – wie schon mehrfach erwähnt – der Infrarotbereich, den nicht nur wir Menschen, sondern auch die Tiere als Wärmestrahlung wahrnehmen und manche von ihnen sogar zum Sehen benützen. Bei der Beleuchtung z.B. von Terrarien reicht allerdings die wärmende Infrarotstrahlung nicht aus und würde zu erheblichen Farbverfälschungen führen, was dem Liebhaber von Reptilien sicher nicht zusagen würde. Die Leuchtenindustrie bietet daher für die Beleuchtung von Terrarien zahlreiche Leuchtmittel an, die neben Weißlicht mit guter Farbwiedergabe auch UV-B-Strahlung in moderatem Maße erzeugen, was für die Gesundheit und Entwicklung der Tiere maßgeblich ist. Da die allermeisten Terrarien auch mit tropischen Pflanzen besetzt sind, ist ein derartiges Lichtspektrum unentbehrlich. Bei größeren Anlagen wird man in der Regel mehrere Lampentypen einsetzen, um einmal reine Wärmenischen mit Infrarotlicht und andererseits freie Bewegungs- und Beobachtungszonen mit Weißlicht (+UV-B) voneinander zu trennen. Da in der Praxis Architekten und Lichtplaner mit dem gleichen Begriffsverständnis über Licht und Beleuchtung kommunizieren und einschlägige Normen beachten müssen, sollen hier einige wichtige lichttechnische Grundgrößen und relevante Fachausdrücke erläutert werden, die nicht selten zu Missverständnissen führen.

Physikalische Erklärungen zum Licht

Das menschliche Auge ist nicht in der Lage, objektiv zu bestimmen, ob etwa ein Raum hell oder dunkel ist, weil es seinen Empfindlichkeitsstandard nicht konstant hält, sondern im Zuge der Adaptation an das jeweils vorherrschende Lichtniveau anpasst. Auf der Basis dieses aktuellen Empfindlichkeitsniveaus relativiert das Auge die physikalisch gegebene Helligkeit, was bedeutet, dass beim Wechsel des Empfindlichkeitsniveaus die gleiche physikalische Helligkeit vom Auge als heller oder dunkler quantifiziert wird. Die Begriffe »hell« und »dunkel« sind also wie die Begriffe »kalt« und »warm« relative Empfindungsgrößen, die ohne numerische Skala keinen Absolutsvergleich zulassen. Die Lichttechnik ist indessen auf absolut vergleichbare Messdaten angewiesen, also auf Lichtmessgeräte, die im Gegensatz zum Auge adaptationsfrei messen. Alles, was in der Physik einer numerisch-quantitativen Messung zugänglich sein soll, muss aber einer definierten Grundgröße und einer Maßeinheit zugrunde liegen. Denn letzten Endes bedeutet Messen, dass einem subjektiv-empirischen Relativ, in diesem Fall hell-dunkel, ein objektiv-numerisches Relativ, in diesem Fall Lumen, Lux, Candela pro Quadratmeter, eindeutig zugeordnet wird. So auch hinsichtlich der Bestimmungsgrößen des Lichts.

Die wichtigsten physikalischen Grundgrößen der Lichtmessung

- Raumwinkel
- Lichtstrom
- Lichtstärke
- Beleuchtungsstärke
- Leuchtdichte

Allerdings wird sich zeigen, dass der physikalische Messvorgang die physiologischen Gesetzmäßigkeiten der Hellempfindlichkeit des Auges berücksichtigt. Das Licht und dessen Quantifizierung erzwingen somit einen Brückenschlag zwischen Physik und Mensch.

Raumwinkel Ω

Da die Ausbreitung des Lichts aus einer primären oder sekundären Lichtquelle (Reflexion) praktisch nie in einer Ebene, sondern räumlich erfolgt, muss zur quantitativen Beschreibung der Lichtausbreitung in der Regel mit Raumwinkeln gerechnet werden. In einer Ebene kann ein Winkel entweder im Gradmaß null bis 360 oder im Bogenmaß angegeben werden. Der ebene Winkel im Bogenmaß ist das Verhältnis von Bogenlänge zu Radius. Er wird mit Klein Omega (ω) bezeichnet. Die Einheit des Bogenmaßes ist 1 Radiant (rad). Der Einheitskreis mit dem Radius r=1 hat somit den Bogenmaßwinkel von 2 rad Raumwinkel. Groß Omega (Ω) leitet sich vom Bogenmaß des ebenen Winkels insofern ab, als der Kreis durch eine Kugel und der Bogen durch eine sphärische Fläche A auf der Kugeloberfläche ersetzt wird. Der Raumwinkel ist dabei durch einen Kugelsektor, an dessen Spitze (Kugelmittelpunkt) sich z.B. eine Lichtquelle oder das Auge befindet, und durch die zugehörige Fläche auf der Kugel definiert. Der Raumwinkel Ω ist somit, analog zum ebenen Winkel, der Quotient aus der Fläche A auf der Kugeloberfläche und dem Quadrat des Radius r.

Lichtstrom Φ

Vorweg wollen wir auf eine essenzielle Unterscheidung hinweisen, die in der praktischen Lichttechnik nicht immer streng eingehalten wird und daher manchmal zu Missverständnissen führt. Gemeint ist die Unterscheidung zwischen Lampe und Leuchte. Die Bezeichnung »Lampe« ist gleichbedeutend mit der Bezeichnung »Leuchtmittel«, das heißt mit der frei strahlenden Primärlichtquelle selbst, ohne irgendwelche das Licht lenkenden Zusatzvorrichtungen. Erst dann, wenn ein Leuchtmittel in ein in der Regel metallisches Gehäuse mit spezifischen Zusatzmodulen wie Reflektoren, Spiegelraster, Verkabelungen usw. eingebaut ist, spricht man von einer »Leuchte«. So gesehen ist die Nachttischlampe eigentlich eine Leuchte und der Kerzenleuchter eine ein- oder mehrflammige Lampe. Die Bezeichnung »Lichtquelle« trifft für beide Benennungen zu, sodass nicht immer klar ist, ob eine Lampe oder eine Leuchte gemeint ist.

Welcher Anteil des gesamten energetischen Strahlungsflusses einer primären und/oder sekundären Lichtquelle zum Sehen bzw. zur Beleuchtung einen Beitrag leistet, hängt davon ab, wie viel dieses Strahlungsflusses auf den sichtbaren Bereich des elektromagnetischen Spektrums entfällt und wie er dort verteilt ist. Um vom Strahlungsfluss zum augen-

und beleuchtungsrelevanten Lichtstrom (griechisch Φ = »Phi«) zu gelangen, muss in weiterer Folge die spektrale Hellempfindlichkeit des Auges berücksichtigt werden. Der Lichtstrom Φ ist die gesamte, von einer Lichtquelle in alle Richtungen ausgehende Strahlungsleistung, bewertet nach der internationalen Hellempfindlichkeitskurve, der V-Lambda-Kurve, bezeichnet mit V (λ).

Der Lichtstrom einer Lichtquelle wird also umso größer, je mehr Strahlung in der Nähe der maximalen Augenempfindlichkeit emittiert wird. Die Randbereiche des sichtbaren Spektrums werden entsprechend geringer bewertet und Strahlungen des ultravioletten und infraroten Bereiches liefern keinen Beitrag zum Lichtstrom und damit auch keinen Beitrag zum Sehen und zur Beleuchtung. Die messtechnische Einheit des Lichtstroms ist das Lumen (lm).

Es gibt keine künstliche Lichtquelle, die die gesamte zugeführte (elektrische) Leistung in sichtbares Licht umwandelt. Ein mehr oder weniger großer Anteil wird als Wärme oder unsichtbare Strahlung emittiert, die zur Beleuchtung keinen Beitrag leistet.

Um den Lichtstrom einer Lichtquelle zu bestimmen, muss der spektrale Strahlungsfluss der Lichtquelle mit der Hellempfindlichkeitskurve des Auges bewertet werden. Dazu wird bei jeder Wellenlänge des sichtbaren Spektrums (380–780 nm) der spektrale Strahlungsfluss mit dem jeweiligen Hellempfindlichkeitswert multipliziert, um den lambda-spezifischen Strahlungsfluss zu erhalten. Die integrative Summe über den gesamten sichtbaren Spektralbereich ergibt folglich die gesamte lambda-bewertete Strahlungsleistung der Lichtquelle in Watt.

Um daraus den Lichtstrom zu erhalten, muss die Strahlungsleistung von Watt (W) in Lumen (lm) transformiert werden. Dazu muss man wissen, wie viele Lumen in einem Watt Strahlungsleistung enthalten sind. Das heißt, dass dem Transformationsfaktor die Dimension Lumen pro Watt (lm/W) zukommen muss, was wiederum bedeutet, dass jedes Watt lambdabewertete Strahlungsleistung mit einem Lichtstromäquivalent gewichtet wird. Dies geschieht durch das maximale photometrische Strahlungsäquivalent (K_m). Es beträgt für das photopische (Tages-)Sehen 683 lm/W. Wird die gesamte V-(λ)-bewertete Strahlungsleistung mit K_m multipliziert, erhält man den Lichtstrom Φ in Lumen [lm].

Die lichttechnischen Grundgrößen lassen sich mit einem Gießkannenmodell weitgehend veranschaulichen. So auch der Lichtstrom. Der Vergleich hinkt zwar an einigen Punkten, wie es bei Analogievergleichen meistens der Fall ist. Dennoch: Stellen wir uns den Ausgusstrichter einer Gießkanne mit feinen Löchern vor, aus denen das Wasser unter einem bestimmten Druck allerdings geradlinig herausfließt. Dem Wasserdruck entspricht dann die einer Lampe zugeführte physikalische Leistung in Watt. Dadurch erhalten wir auf einer gedachten Ebene unterhalb des Trichters eine bestimmte Durchflussmenge an Wasser, die dem Lichtstrom entspricht.

Lichtausbeute (W)

Der Lumenwert eines Leuchtmittels sagt per se noch nichts darüber aus, wie viel Leistung (Watt) man zuführen muss, um den in diversen Leuchtmittelkatalogen angeführten Lichtstrom zu erzielen. Denn bei gleicher zugeführter elektrischer Leistung kann die Lichtleistung zwischen verschiedenen Leuchtmitteln erheblich schwanken. Für die Beurteilung der Wirtschaftlichkeit einer Lichtquelle ist es indessen von maßgebender Bedeutung, wie viel sichtbares Licht (gemessen in Lumen) pro zugeführte elektrische Leistungseinheit (gemessen in Watt) diese Lichtquelle liefert. Man spricht dann von der Lichtausbeute der Lichtquelle, angegeben in Lumen pro Watt. So hat etwa eine moderne Natriumdampflampe eine mehr als zehnfache Lichtausbeute gegenüber einer konventionellen Glühlampe. Da die energiewirtschaftlichen Aspekte von Beleuchtungsanlagen nicht selten die Grundlage für die Entscheidungsfindung für ein Lichtsystem sind, ist die Lichtausbeute hierfür ein wichtiges Kriterium. Allerdings müssen die Vorteile einer hohen Lichtausbeute nicht selten auch mit erheblichen Nachteilen, z.B. einer stark herabgesetzten Farbwiedergabe, erkauft werden. Das klassische Beispiel dafür ist die Natrium-Dampf-Lampe, die zwar eine hohe Lichtleistung bei 550 Nanometern hat,

Die Kombination des Lichts von offenem Feuer mit jenem von Kunstlicht bedarf eines ausgeklügelten Lichtkonzepts: Lounge im Hotel Löwen, Schruns

Mit der richtigen Lichtausbeute lässt sich der Eingangsbereich als Willkommensgruß gestalten: Ausblick auf die Zugspitze vom Hotel MOHR life resort in Lermoos, Tirol

Lichtausbeute gängiger Leuchtmittel

Die untenstehende Tabelle gibt Informationen zum Lichtstrom ausgewählter gängiger Leuchtmittel. Auf den ersten Blick überraschend ist die relativ geringe Lichtausbeute der Sonne mit nur 93 lm/W. Da sie jedoch der Temperaturstrahler par excellence ist, liefert sie – so wie die Glühbirne – nur verhältnismäßig wenig sichtbare Strahlung zwischen 380 und 780 Nanometer Wellenlänge.

	Leuchtmittel	**Typenbeispiel**	**Lampenleistung (W)**	**Lichstrom (lm)**	**Lichtausbeute (lm/W)**
	Kerze	Kerze	-60	-12	-0,2
	Glühlampe*	Glühlampe 75W	75	935	12
	Halogenglühlampe	Halostar Standard 35W/12V	35	600	17
	Halogenglühlampe	Halostar ECO 35W/12V	35	860	25
	Leuchtstofflampe	Lumilux T5 HE 35W/840	35	3650	104
	Leuchtstofflampe	Lumilux T5 HO 80W/840	80	7000	88
	Kompaktleuchtstofflampe	Dulux D/E 18W/840	18	1200	67
	Kompaktleuchtstofflampe	Dulux L 55W/840	55	4800	87
	Halogenmetalldampflampe	Powerball HCI-T 70W/830	70	7300	104
	Halogenmetalldampflampe	Powerball HCI-TS 70W/830	70	6800	97

Natriumdampflampe	Vialox NAV-T 250 Super	250	33.200	133
Natriumdampflampe	Vialox NAV-T 600 Super	600	90.000	150
LED** Stand 2015	Citizen, 13W/3000	13	960	74
LED**Stand 2015	Citizen, 13W/4000	13	1160	89
LED Stand 2018 	LED Duobus Micro EBCR 300-50	17	2481	145
 LED	LED TUBE Leuchten	8	783	98
 LED Stand 2018	Downlight Duobus BA 3x3 rund	25	3553 – 3956	148
 LED Stand 2018	Downlight Duobus 4R Single Duobus 4Q Single	13	1763 – 1963	142
 LED Stand 2018	Downlight LFO Fascis 2x2	12	1350	112
 LED Stand 2018	Downlight 18 MIHI50	10	956	96
 LED Stand 2018	Downlight 18 MIHI 30	18	2412 – 2610	140
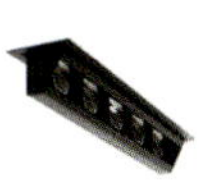 LED	LED Wallwasher RDB HB 5	20	1901	95
Sonne	Sonne	3,87.10^{26}	3,63.10^{28}	93

* Seit 1.9.2012 verboten
** Stand 9.2012, Tendenz Lichtausbeute weiterhin steigend

aber dafür sehr schlechte Farbwiedergabequalitäten aufweist. Die Ermittlung des Lichtstroms einer Lichtquelle (Lampe, Leuchte) ist ein technisch recht aufwendiges Messverfahren, weshalb die Lampenhersteller im Allgemeinen in Katalogen und Produktbeschreibungen zu jedem ihrer Leuchtmittel den Lichtstrom angeben. Allerdings sollte man diese Werte nicht immer unkritisch hinnehmen, weil in der Praxis die in den Normen angeführten Grenzwerte nicht eingehalten werden. Dasselbe gilt etwa auch für die Lebensdauer von Leuchtmitteln.

Lichtstärke (I)

Wird aus dem Gesamtlichtstrom einer Lichtquelle nur ein Ausschnitt in Bezug auf einen bestimmten Raumwinkel betrachtet, gelangt man zur Lichtstärke I als Verhältnis aus diesem Teillichtstrom und dem Raumwinkel, in den dieser Lichtstrom ausgestrahlt wird.

Die Einheit der Lichtstärke ist die Candela (cd). Die Lichtstärke ist also eine richtungsabhängige Größe, weil der Raumwinkel mit Scheitelpunkt und Grundfläche eine bestimmte Lage im Raum hat.

Beleuchtungsstärke (E)

Die Beleuchtungsstärke ist neben der Leuchtdichte die gebräuchlichste Messgröße in der Lichtplanung. Sie ist definiert als der Quotient aus Lichtstrom und der davon getroffenen, also beleuchteten Fläche A. Sie wird mit dem Buchstaben E bezeichnet.

Die Beleuchtungsstärke wird in Lux (lx) angegeben und ist das Maß für das auf eine Fläche auftreffende Licht, gleichgültig, ob dieses Licht von einer Primärlichtquelle kommt oder von den Reflexionseigenschaften verschiedener Oberflächenmaterialien herrührt.

Die Beleuchtungsstärke von 10 lx liegt beispielsweise vor, wenn der Lichtstrom von 50 Lumen auf die Fläche von fünf Quadratmetern auftrifft oder wenn man eine Fläche von 50 Quadratmetern mit einem Lichtstrom von 500 Lumen bestrahlt. Da der Lichtstrom meistens nicht gleichmäßig auf der bestrahlten Fläche verteilt ist, repräsentiert ein solcher Lux-Wert eine mittlere Beleuchtungsstärke, sodass punktuelle Werte stark davon abweichen können.

Aus wahrnehmungspsychologischer Sicht ist zu betonen, dass die Beleuchtungsstärke als solche nicht direkt sichtbar ist, sondern lediglich über den Reflexionsgrad des Materials die wahrnehmbare Leuchtdichte einer Oberfläche bestimmt.

Leuchtdichte (L)

Aus wahrnehmungspsychologischer Sicht ist die Leuchtdichte L (Einheit: 1 Candela/m^2) die wichtigste lichttechnische Grundgröße, da sie für den optisch-visuellen Helligkeitseindruck von Lichtquellen und materiellen Oberflächen steht. Denn: Die Leuchtdichte ist die einzige fotometrische Grundgröße, die vom Auge direkt wahrgenommen wird. Sie wird definiert als jener Lichtstromanteil, der in eine vorgegebene Richtung in ein Raumwinkelelement, bezogen auf die scheinbar leuchtende Fläche, einfällt. Da nun der mathematische Ausdruck die Lichtstärke bezeichnet, ist die Leuchtdichte L einer Fläche A in einer bestimmten Richtung des Verhältnisses ihrer Lichtstärke I in dieser Richtung zur vom Auge gesehenen scheinbaren Fläche A. Dabei entspricht die scheinbare Flächengröße A der Projektion der Fläche A auf die Ebene senkrecht zur Blickrichtung. Die Leuchtdichte von 1 cd/m^2 liegt vor, wenn das Verhältnis der (mittleren) Lichtstärke einer gesehenen Fläche zu deren Flächeninhalt gleich eins ist, also wenn die Flächenlichtstärke in die betrachtete Richtung und der Flächeninhalt aus der betrachteten Richtung den gleichen numerischen Zahlenwert haben.

Dadurch, dass die Leuchtdichte über die Lichtstärke definiert ist, wird auch die Leuchtdichte bewertet. Dieses Faktum ist besonders wichtig, weil sie eben als Maß für den psycho-physiologischen Helligkeitseindruck einer Lichtquelle oder eines Materials in eine bestimmte Richtung steht. Mit der Bewertung stellt sich somit die isometrische Beziehung zwischen der numerischen Messzahl und der Empfindung her.

Ein konstanter Lichtstrom kann durch unterschiedlich große Leuchtflächen mit unterschiedlicher Leuchtdichte erzeugt werden. Dazu vergleichen wir eine 100-Watt-Klarglasglühlampe mit einer 100-Watt-Trübglasglühlampe. Im ersten Fall geht das Licht nur von der relativ kleinen Wolframwendel aus, die eine sehr hohe Flächenleuchtdichte (ca.106 cd/m^2) aufweist. Bei der Trübglasglühlampe wird hingegen die Leuchtfläche auf die Kolbenoberfläche vergrößert, sodass die Leuchtdichte bei (fast) gleich bleibendem Lichtstrom wesentlich geringer wird (5*104 cd/m^2)

Übertragen auf unser Gießkannenmodell der lichttechnischen Grundgrößen kann man sich die Leuchtdichte folgendermaßen vorstellen: Die Fläche A sei gelocht und der auf sie auftreffende Wasserstrom fließe dadurch zum Teil durch die Fläche durch (Transmission) oder in sie hinein (Absorption) und zum Teil über die Fläche hinaus. Der über die Fläche hinaus- bzw. abströmende Wasserstrom würde dann der Leuchtdichte und der Lochanteil dem Kehrwert des Reflexionsgrades entsprechen.

Messung der Leuchtdichte

Definitionsgemäß ist die Leuchtdichte jene mittlere Lichtstärke pro Fläche, die diese selbstleuchtende, reflektierende oder transmittierende Fläche in die Richtung des Beobachters aufweist – bezogen auf die in diese Richtung effektiv gesehene Fläche. Den Raumwinkel zur Messfläche bilden dabei ihre Größe und die Distanz zum Beobachter bzw. zum Messgerät. Wenn nun der Raumwinkel konstant ist, wird man mit zunehmender Distanz eine immer größere Fläche erfassen, deren mittlere Lichtstärke das Maß für die Leuchtdichte ist. Um aber die Leuchtdichte analog zur Beleuchtungsstärke möglichst punktförmig zu erfassen, muss also der Messraumwinkel möglichst klein – theoretisch infinitesimal klein – gehalten werden. Ein handelsübliches Leuchtdichtemessgerät erfasst die mittlere Leuchtdichte innerhalb eines ebenen Winkels von einem Grad, was einem Raumwinkel von einem tausendstel Steradiant entspricht. Dennoch: Je weiter das Messobjekt vom Beobachter und dem Messgerät entfernt ist, umso umfassender und dadurch immer weniger punktförmig wird aufgrund des konstanten Raumwinkels das im Okular sichtbare reale Messfeld, in dem die durchschnittliche Leuchtdichte festgehalten wird. Falls demnach über lange Strecken möglichst genaue punktuelle Leuchtdichten gemessen werden müssen, gibt es Geräte, die den ebenen Messwinkel auf ein Drittel Grad, also auf einen Raumwinkel von einem zehnwtausendstel Steradiant reduzieren. Die Forderung nach dem Bezug der Leuchtdichte auf die gesehene Fläche ist dabei erfüllt, weil die Messfläche im Messgerät immer senkrecht zur Blickrichtung steht.

Der Lambert-Strahler

Ein Gegenstand kann aus unterschiedlichen Richtungen unterschiedliche Leuchtdichten aufweisen, vor allem dann, wenn eine Oberfläche keine homogenen Reflexionseigenschaften besitzt. Bei glänzenden oder inhomogen strukturierten und texturierten Materialen sowie Oberflächen mit heterogenen Farben ist dies auch bei konstanter Beleuchtung der Regelfall.

Dennoch werden hauptsächlich in der Architektur Materialien verwendet, die das Licht mehr oder weniger diffus abstrahlen. Dies muss nicht nur durch Reflexion, sondern kann auch durch Transmission geschehen. Wenn eine Teilfläche solcher Oberflächen in alle Richtungen des Halbraumes die gleiche Leuchtdichte, also die gleiche Helligkeit, aufweist, dann spricht man vom »Lambert-Strahler«, benannt nach dem deutschen Physiker Johann Heinrich Lambert (1728–1777). Das lichttechnische Charakteristikum des Lambert-Strahlers bedeutet, dass die sichtbare, gemessene Fläche im gleichen Verhältnis wie die Lichtstärke in der Messrichtung abnimmt.

Ist dies der Fall, dann liegt eine ideal diffus reflektierende Fläche vor, deren wahrnehmbare und messbare Helligkeit (Lichtdichte L) neben der Menge des auftreffenden Lichts (Beleuchtungsstärke E) natürlich auch vom Reflexionsgrad p des Materials abhängt. Nicht ganz korrekt werden solche Materialien auch als Licht streuende Stoffe eingestuft. In der Architektur sind sie zuhauf im Einsatz: z.B. Sichtbeton, Sand, verputzte Wände und Decken, trockener Asphalt, Dispersionsanstriche (auch farbige) usw. Auch Licht transmittierende Flächen (z.B. Mattglas) mit gutem Streueffekt können einem Lambert-Strahler sehr nahe kommen.

Wirkungsgrade

Lampenwirkungsgrad

Auf die hin und wieder genannte Bezeichnung »Lampenwirkungsgrad« könnte man eigentlich verzichten, denn sie ist begrifflich und numerisch identisch mit dem lambdabewerteten Lichtstrom einer Lampe bzw. eines bestimmten Leuchtmittels. Im Zusammenhang mit energiewirtschaftlichen Belangen könnten der Lampenwirkungsgrad und die Lichtausbeute auch als »ökonomischer Nutzeffekt« der Lampe bezeichnet werden, weil beide Größen ein Maß für die effektive Lichtleistung sind.

Den visuellen Nutzeffekt mit der Lichtausbeute gleichzusetzen ist nicht korrekt. Während sich die Lichtausbeute des Lichtstroms, gemessen in Lumen, auf die elektrische Leistung, gemessen in Watt, bezieht, ist der visuelle Nutzeffekt ein strahlungsbezogener Wert, und zwar der lambdabewertete Lichtstrom, relativiert an der Strahlungsleistung der Lichtquelle. Die integrative Summe aus dem gesamten Bereich ergibt dann den visuellen Nutzeffekt.

Der visuelle Nutzeffekt ist also die für das menschliche Auge verwertbare Strahlung im Verhältnis zur gesamten physikalischen Strahlungsleistung einer Strahlungsquelle. Würden wir den Wellenlängenbereich außerhalb des sichtbaren Bereiches mitberücksichtigen und den Quotienten aus dem Lichtstrom und dem Strahlungsfluss für theoretisch jede Wellenlänge von null bis unendlich aufsummieren, erhielten wir nicht nur den Lichtstrom (380–780 nm), sondern den visuellen Nutzeffekt.

Leuchtenwirkungsgrad

Dieser Terminus hat für den Bauherrn, Architekten und Lichtplaner eine beträchtliche Bedeutung, denn er bezieht sich auf jede Art von Beleuchtungskörpern – eben Leuchten, die bei der Planung bzw. Ausführung einer Beleuchtungsanlage eingesetzt werden. Durch die Bauart und Zusatzelemente (Reflektoren, Raster, Glasabdeckungen, Linsen usw.) geht freilich ein Teil des Primärlichtstroms der eingebauten Lampe(n) verloren, sodass nur ein gewisser Anteil davon als Sekundärlichtstrom, das heißt Leuchten-Lichtstrom, tatsächlich aus der Leuchte austritt und genutzt werden kann. Wenn man den Lampenwirkungsgrad (entspricht dem Gesamtlichtstrom der Lampe) auf den Wert 1 bzw. 100 Prozent normiert, ist der Leuchtenwirkungsgrad in aller Regel kleiner als 1, weil jede Leuchte einen mehr oder weniger großen Anteil des Primärlichtstroms für sich behält. Rechnerisch ist der Quotient aus dem Austrittslichtstrom der Leuchte und der Summe der Lichtströme aller Lampen zu ermitteln, die sich in einer Leuchte befinden.

Da sich die Leistungsaufnahme der Leuchtmittel in den Stromkosten niederschlagen, könnte man in diesem Sinne beim Leuchtenwirkungsgrad auch vom »ökonomischen Nutzeffekt« einer Leuchte sprechen. Zudem können Alterung und Verschmutzung der Leuchten wie beispielsweise in Straßentunnels zu einer erheblichen relativ schnellen Verringerung des Leuchtenwirkungsgrades führen und deshalb den Wartungsaufwand für ein Beleuchtungssystem erhöhen, was die Betriebskosten zusätzlich belastet. Da die Lichtleistung von Leuchten und Leuchtensystemen bis zu einem gewissen Grad auch von der Temperatur innerhalb der Leuchte und in ihrer Umgebung abhängt, hat man zudem einen sogenannten »Betriebswirkungsgrad« definiert, wobei zu seiner Bestimmung eine Umgebungstemperatur von 25 °C vorgeschrieben ist.

Raumwirkungsgrad

Diese Größe bezieht sich im Gegensatz zum Lampen- und Leuchtenwirkungsgrad ganz allgemein auf eine bestimmte bauliche Situation, die beleuchtet werden soll. In aller Regel handelt es sich dabei um Innenräume von Gebäuden, aber auch um Räume außerhalb von genutzten Gebäuden, wie z.B. öffentliche Plätze, Straßen, Parks, Atrien oder Innenhöfe, Stadien usw. Da wie dort muss der Architekt und Lichtplaner in Bezug auf das Lichtsystem eine sogenannte Nutzebene definieren, die vorzugsweise

beleuchtet werden soll. Die besagte Nutzebene – besser: Fläche der Nutzebene – ist nicht immer jede Neigung bis zur Vertikalausrichtung wie beispielsweise die Wände mit Bildern in Museen oder Fassaden in Außenräumen. Im Zuge der Konzeption einer Beleuchtungsanlage ist man natürlich bestrebt, einen möglichst hohen Anteil des gesamten Leuchten-Lichtstroms auf die Gebrauchsflächen der Nutzebene zu bringen. Je besser dies gelingt, desto besser ist der Raumwirkungsgrad des Beleuchtungssystems. Es zählt also Verhältnis des Lichtstroms auf der Nutzfläche zum gesamten Leuchten-Lichtstrom.
Aus dem oben Gesagten wird klar, dass der Raumwirkungsgrad von mehreren lichttechnischen und baulichen Faktoren abhängt. Vornehmlich sind dies:

- Anordnung und Anzahl der Leuchten
- Systemtechnik der Beleuchtung (direkt, indirekt, direktndirekt)
- Lichtstromverteilung der Einzelleuchten und deren Verbund
- Raumabmessungen
- Reflexionsgrad der Raumbegrenzungsflächen

Wenn beispielsweise ein hoher Raum mit relativ dunklen Wänden mit einer breitstrahlenden Direktbeleuchtung ausgestattet ist, wird die Nutzebene bzw. Nutzfläche weniger Lichtstrom erreichen und die Beleuchtung einen geringeren Raumwirkungsgrad aufweisen, als wenn ein niedriger Raum mit hellen Wänden mit der gleichen Beleuchtungsanlage ausgestattet ist. Jener Lichtstromanteil, der auf die Nutzebene bzw. Nutzfläche trifft oder treffen muss, wird in diversen Regelwerken häufig als »Nennlichtstrom« bezeichnet.

Beleuchtungswirkungsgrad

Wie viel Licht aus einer Beleuchtungsanlage letzten Endes die Nutzfläche erreicht, ist also zum einen von der Strahlungscharakteristik der Leuchte(n) abhängig und zum anderen von der Dimensionierung und Gestaltung des Raumes selbst. Der aus allen lichttechnisch relevanten Variablen resultierende Nutzlichtstrom resultiert somit aus beiden Komponenten: dem Leuchtenwirkungsgrad und dem Raumwirkungsgrad. Werden beide Parameter multiplikativ verknüpft, so erhält man den finalen Beleuchtungswirkungsgrad.

Bedeutung für die Praxis

Für den Praktiker reicht häufig eine antizipative Abschätzung des Raumwirkungsgrades bei vorgefundener Raumgeometrie und prospektiv einzusetzenden Leuchten aus. Dazu dienen eine einfache mathematische Formel zur Berechnung des sogenannten Raumindex k und anwendungsspezifische Tabellen, die aus der Fachliteratur und/oder von den Leuchtenherstellern beziehbar sind. Der Raumindex k berücksichtigt die Seitenlängen a und b des Raumes sowie eine spezifische Höhe h, die normalerweise nicht mit der Rohbauhöhe identisch ist. Die Höhe h ist nämlich der vertikale Abstand zwischen der Nutzebene und der Leuchtenebene. In Büroräumen wird die genutzte Arbeitshöhe neuerdings auf 75 Zentimeter über der Bodenfläche angesetzt. Im Bereich von Verkehrsflächen, also Gänge in Gebäuden oder bei der Straßenbeleuchtung im Freien, nimmt man die Nutzebene bei 20 Zentimeter über dem Boden an. Die zweite Grenzebene für die Festlegung von h ist die Beleuchtungsebene, das heißt jene Höhe, auf der sich die Leuchten befinden. Bei abgehängten Pendelleuchten und abgehängter Raumdecke mit Einbauleuchten liegt also die Leuchtenebene um die Pendellänge unterhalb der endfertigen Raumdecke. ◦

Eine Lichtquelle erzeugt in zunehmender Entfernung Beleuchtungsstärken, die mit der Distanz zur Lichtquelle quadratisch abnehmen, weil die bestrahlte Fläche, die ein Raumwinkel einschließt, mit dem Quadrat der Entfernung zum Scheitelpunkt zunimmt). Betrachten wir einen Lichtkegel mit dem Raumwinkel, in dessen Richtung die Lichtquelle die Lichtstärke aufweist: Mit zunehmender Entfernung stellen wir uns die gesehene Grundfläche wiederum als Lichtquelle mit entsprechend größerer Fläche vor, wobei die Lichtstärke dieser Flächen in Richtung des Beobachters jener der Primärlichtquelle entspricht, also konstant bleibt. Die mittlere Leuchtdichte wird sich – da die Fläche mit dem Quadrat der Entfernung zunimmt – in gleichem Maße reduzieren.

Leuchtdichte und Ergonomie

Sieht man von der absoluten Dunkelheit (dicht verschlossener Raum ohne jeglichen Lichteinfall) ab, gibt es praktisch nichts, was keine Leuchtdichte hätte. Selbst bei stockdunkler Nacht bei Neumond und völlig bewölktem Himmel hat dieser noch eine Leuchtdichte von etwa 0,0001 cd/m^2. In aller Regel jedoch sind wir umgeben von vielen sehr unterschiedlich reflektierenden und/oder selbstleuchtenden Objekten mit dementsprechend heterogenen Leuchtdichten, die unser aktuelles Gesichtsfeld durch partielle Helligkeitszonen prägen. Alle Teilausschnitte aus dem Gesichtsfeld mit ihren je eigenen Leuchtdichten tragen gemäß ihren Raumwinkeln in Summe und Überlagerung dazu bei, am bzw. im Sehorgan des Beobachters eine bestimmte aktuelle vertikale Beleuchtungsstärke zu generieren. Und genau sie ist es, die das aktuelle Adaptationsniveau des Sehorgans determiniert. Davon hängt nun ab, inwieweit die wesentlichen Sehfunktionen (Scharfsehen, Farbsehen, Kontrastsehen, Tiefensehen, Bewegungssehen) beeinträchtigt und optimiert sind. Zum Thema »Adaptation«: Eine Fehladaptation durch zu hohe Leuchtdichten im Gesichtsfeld kann nämlich auf jedem Adaptationsniveau zum unangenehmen Effekt der Blendung führen, weil dadurch das visuelle Leistungsvermögen stark gestört werden und die psycho-physiologische Ermüdung rapid ansteigen kann.

Da der Effekt der Blendung sehr stark vom aktuellen Adaptationsniveau des Sehorgans abhängt, ist es nicht einfach, tabellarische Normen für einzuhaltende Leuchtdichten in Bezug auf bestimmte Tätigkeiten anzugeben. Dennoch liegt es auf der Hand, dass in ergonomischer Hinsicht die Leuchtdichteverteilung z.B. an einer Theke in Bezug auf das vorherrschende Gesichtsfeld der dort tätigen Person eine gewisse Ausgewogenheit aufweisen soll, um beim Blickwechsel am Arbeitsplatz bzw. im Raum keine zu großen Adaptationssprünge zu riskieren. Will man das Gesichtsfeld in den Bereich der Sehaufgabe wie beispielsweise den Bildschirm und der Raumumgebung dichotomisieren, dann ist es zweckmäßig, zwischen »Infeld« und »Umfeld« zu unterscheiden. Die Konzeption des theoretischen Leuchtdichtemodells erlaubt es, Bereiche von Leuchtdichteverhältnissen zwischen dem In- und dem Umfeld zu evaluieren, innerhalb derer sogenannte stabile Wahrnehmungsbedingungen wahrscheinlich sind.

Farbtemperatur

Stellen wir uns eine massive Hohlkugel mit einer kleinen Öffnung vor. Nun wird Licht, das in diese Öffnung eindringt, im Kugelinneren durch Mehrfachreflexion vollkommen absorbiert, sodass keinerlei Licht wieder austritt und uns daher die Öffnung vollkommen schwarz erscheint. Diese Vorrichtung nennt man einen schwarzen Hohlraumstrahler oder Planck'schen Strahler. Wenn wir nun diese Hohlkugel erhitzen, bis sie zu glühen beginnt, wird aus der vorher schwarzen Öffnung Licht strahlen. Darüber hinaus werden wir feststellen, dass die Farbe bzw. die spektrale Zusammensetzung des Lichts aus der Öffnung von der Temperatur des glühenden Hohlkörpers abhängt. Je mehr wir ihn erhitzen, umso mehr verändert sich das Licht von Rot über Orange nach Gelb, Weiß und Blau. Die Farbe des Strahlungslichts dieses Temperaturstrahlers steht also in einem festen Verhältnis zu seiner Temperatur, sodass man Rückschlüsse von der Lichtfarbe bzw. vom Spektrum des Lichts auf die Temperatur der

Lichtquelle ziehen könnte. Genau das tun wir, wenn wir einer Lichtstrahlung eine sogenannte »Farbtemperatur« zuschreiben. Zur spektralen Qualifizierung einer Lichtfarbe wird also eine Temperaturskala, und zwar eine Kelvin-Skala mit ihrem absoluten Nullpunkt bei -273,15 °C verwendet.

Ob rotes oder blaues Licht, ob »warmes« oder »kaltes« Licht, hängt von der Farbtemperatur der Strahlung ab. Speziell im Zusammenhang mit der Lichtfarbe sind nun – um die üblichen Fehldeutungen, die erfahrungsgemäß damit verbunden sind, zu vermeiden – einige Erläuterungen notwendig.

Temperaturstrahler

Die Farbe des Lichts – vornehmlich aus Entladungslampen – wird physikalisch als Farbtemperatur definiert und damit beginnt die Verwirrung. Eine hohe Temperatur wird gewöhnlich für wärmer als eine niedrige befunden. Licht mit hoher Farbtemperatur ist aber bläulich bis weiß und wirkt daher psychologisch, also aufgrund evolutionsbedingter Prägungen eher kalt. Stellen wir uns einen abgewandelten Fall des Hohlraumstrahlers vor: Ein Stück theoretisch unschmelzbares Metall erhitzen wir nach und nach auf eine immer höhere Temperatur. Bei Zimmertemperatur möge uns dieses Metall völlig schwarz erscheinen, das heißt, es gibt keine sichtbare Temperaturstrahlung ab. Bei weiterer Erhitzung auf 2500 °C wird es zuerst sichtbar rot glühen, bis es bei 5000 °C weiß und bei 8000 °C bläulich glüht, also bläuliches Licht abstrahlen wird. Die Oberflächentemperatur dieses Temperaturstrahlers determiniert das Spektrum, also die Farbe bzw. die Farbtemperatur des abgestrahlten Lichts. Ein Körper mit niedriger Temperatur gibt warmes Licht mit niedriger Farbtemperatur ab (2773K), ein Körper mit hoher Temperatur kaltes Licht mit hoher Farbtemperatur (8273K).

Die Eigenschaft des Planck'schen Temperaturstrahlers besteht nicht nur darin, dass mit steigender Temperatur die Farbe des emittierten Lichts im Sinne der Farbtemperatur erhöht wird, sondern auch die sichtbare Lichtmenge progressiv und zwar mit der vierten Potenz seiner Temperatur ansteigt. Da-

Lichtfarbe und Farbtemperatur

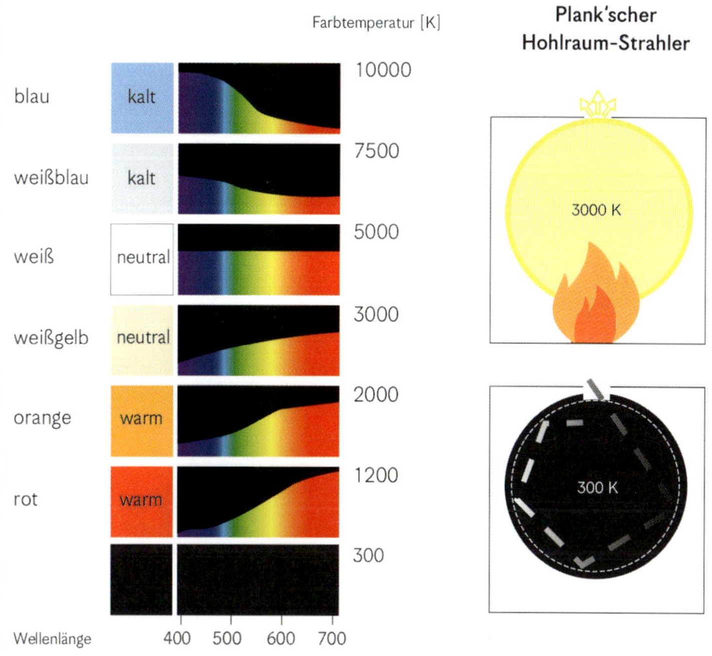

Vulkanrot

Ein musterhaftes Beispiel für die Abhängigkeit der Lichtfarbe von der Temperatur lässt sich sehr beeindruckend in der Natur beobachten, und zwar an der glühenden Lava bei Vulkanausbrüchen. Je mehr sich der Lavastrom nach dem Auswurf beim Abfluss über den Vulkankegel abkühlt, umso mehr ändert die Lava ihre Lichtfarbe von Gelb zu Dunkelrot, bis sie schließlich keine sichtbare Temperaturstrahlung mehr abgibt und deshalb dunkelgrau bis schwarz erscheint.

bei verschiebt sich das Intensitätsmaximum immer weiter zu kürzeren Wellenlängen, sodass auch die visuelle Nutzleistung der Strahlung erheblich zunimmt. Dieses Faktum beschreibt das Wien'sche Verschiebungsgesetz, benannt nach dem deutschen Physiker und Nobelpreisträger Wilhelm Wien (1864–1928).

Die Ursache dafür, dass wir Licht mit niedriger Farbtemperatur als warm und solches mit hoher Farbtemperatur als kalt empfinden, liegt sicher in den Jahrtausende zurückliegenden Anfängen des Kunstlichts in Form des Feuers. Es war und ist untrennbar mit seiner wärmenden Eigenschaft verbunden. Weil aber mit diesem Prinzip der Lichterzeugung größere Helligkeiten, die nur annähernd den Intensitäten des Tageslichts entsprochen hätten, nicht aufzubringen waren, hat sich unser visuelles System bei geringen Intensitäten an Wärme gewöhnt.

Der wichtigste Temperaturstrahler, der uns tagtäglich mit Licht versorgt, ist die Sonne. Sie weist auf ihrer Oberfläche, der Fotosphäre, nur eine relativ geringe effektive Temperatur von 5778 K (= 5505 °C) auf. Im Inneren der Sonne herrschen übrigens mehr als 15 Millionen Grad, wodurch die Kernfusionsprozesse für die permanente Erzeugung ihrer gewaltigen Energiemenge in Gang gehalten werden. Der genannte Wert entspräche der reinen Sonnenstrahlung, aber während bzw. nach ihrem Durchgang durch die Erdatmosphäre kann sich ihr Spektrum vielfältig verändern, sodass das Sonnenlicht zu Zeiten und an verschiedenen Orten hinsichtlich seiner Farbtemperatur sehr stark schwanken kann. Die Gründe dafür liegen unter anderem an der Streuung und Absorption in der Luft, an der Tageszeit, an der Himmelsrichtung, an der Meereshöhe usw. Deswegen hat man ein Norm-Kunstlicht eingeführt, das für spezifische Tätigkeiten wie Farbvergleiche in Druckereien die Farbtemperatur und Farbwiedergabe des mittleren Tageslichts wirklichkeitsgetreu simuliert. Hierzu zählen die Normlichtarten D50 (Daylight 5000 K) und D65 (Daylight 6500 K).

Das Blau des wolkenlosen Tageshimmels kommt dadurch zustande, dass die kurzen Wellenlängen, also die Blauanteile des sichtbaren Spektrums in der Erdatmosphäre viel stärker gestreut werden als längerwelliges Licht. Man spricht in diesem Zusammenhang von der sogenannten »Rayleigh-Streuung«, die hier mit der vierten Potenz der Strahlungsfrequenz zunimmt.

Hätte die Erde keinerlei Atmosphäre, dann wäre der Mittagshimmel tiefschwarz mit einer Farbtemperatur von nur etwa 3 K. Tatsächlich aber verändert sich die Farbe bzw. die Farbtemperatur der auf der Erdoberfläche ankommenden Strahlung und der Sonnenscheibe mit dem Stand der Sonne über die Tages- und Jahreszeit. Entscheidend dafür ist die Weglänge, die das direkte Sonnenlicht durch die Atmosphäre nimmt. Bei hohem Sonnenstand, also mittags durchläuft das Sonnenlicht einen relativ direkten, kurzen Weg durch die Atmosphäre, die allerdings nur etwa 120 Kilometer dick ist, sodass die Abstreuung der Blauanteile verhältnismäßig klein ist gegenüber dem Tiefstand der Sonne morgens und abends. Dann nämlich sind die Blauanteile aufgrund des längeren Weges wesentlich umfangreicher. Im ankommenden Licht überwiegen somit die Rotanteile, sodass bei Sonnenauf- und -untergang die Sonnenscheibe rot aussieht und die bestrahlten Objekte in warm-rotes Licht getaucht werden.

Ganz anders als beim Kunstlicht, das in vielen Fällen gnadenlos konstant leuchtet, erfahren wir die Schwankungen des natürlichen Tageslichts. Nicht nur mit der Tageszeit, mit der Jahreszeit und dem Bewölkungsgrad des Himmels ändert sich dessen Farbtemperatur und spektrale Zusammensetzung, sondern auch mit der Himmelsrichtung, bezogen auf eine konkrete geografische Breite. Auf der Nordhalbkugel nimmt die Farbtemperatur des Himmels von Süden nach Norden und auf der Südhalbkugel gegen Süden zu, bis sie bei klarem Himmel den Wert von 10.000 K erreichen kann. Die geringste Farbtemperatur hat der Himmel in der Umgebung der Sonne. Für die Praxis der Lichtplanung lässt sich daraus ableiten, dass auf der Nordhalbkugel nach Norden ausgerichtete Räume im Falle einer Tageslicht-Ergänzungsbeleuchtung eine etwas höhere Farbtemperatur brauchen als nach Süden ausgerichtete Räume.

Eine andere, damit allerdings nicht zusammenhängende Naturerscheinung ist die der »Blauen Stunde«. Vor dem Sonnenaufgang und nach dem

Die »Blaue Stunde« ist ein Wiederbild der Ozonschicht, in der die unsichtbare UV-Strahlung in kürzerwelliges, sichtbares blaues Licht umgewandelt wird. Die Farbtemperatur beträgt dann zwischen 9000 und 12.000 K, weil das direkte Sonnenlicht (6500K) nicht sichtbar ist.

Licht mit niedriger Farbtemperatur empfinden wir als warm, was sicher in den Jahrtausende zurückliegenden Anfängen des Kunstlichts in Form des Feuers liegt. Es war und ist untrennbar mit seiner wärmenden Eigenschaft verbunden.

Sonnenuntergang kann man bei klarem Himmel beobachten, dass er sich tiefblau färbt. Dieses Phänomen hat mit der Rayleigh-Streuung nichts zu tun, sondern ist sozusagen ein Wiederbild der Ozonschicht, in der die unsichtbare UV-Strahlung in kürzerwelliges, sichtbares blaues Licht umgewandelt wird. Die Farbtemperatur des Himmels in der Blauen Stunde beträgt zwischen 9000 und 12.000 K, weil das direkte Sonnenlicht (6500K) nicht sichtbar ist.

Lichtquelle	Farbtemperatur
Kerze	1500 K
Natriumdampflampe (SON-T)	2000 K
Glühlampe (40 W)	2600 K
Glühlampe (60 W)	2700 K
Glühlampe (100 W)	2800 K
Halogenlampe (Hochvolt, Eco-Halogen)	2700–2800 K
Glühlampe (200 W)	3000 K
Halogenlampe (Niedervolt)	3000-3200 K
Fotolampe Typ B, Halogenglühlampe	3200 K
Fotolampe Typ A bzw. S, Spätabendsonne kurz vor Dämmerungsbeginn	3400 K
Leuchtstofflampe (Neutralweiß)	4000 K
Xenon-Lampe, Lichtbogen	4500–5000 K
Morgen-/Abendsonne, D50-Lampe	5000 K
Vormittags-/Nachmittagssonne	5500 K
Elektronenblitzgerät	5500–5600 K
Mittagssonne, Bewölkung	5500–5800 K
Bedeckter Himmel	6500–7500 K
Nebel , starker Dunst	7500–8500 K
Blauer (wolkenloser) Himmel auf der beschatteten Nordseite, kurz nach Sonnenuntergang oder kurz vor Sonnenaufgang, Blaue Stunde	9000–12.000 K
Klares blaues, nördliches Himmelslicht	15.000–27.000 K
(Mittagshimmel OHNE Atmosphäre)	(3K)

Spektrale Zusammensetzung von Lichtquellen

Eines ist klar: Kunstlicht ist nicht gleich Kunstlicht. Diese etwas triviale Aussage fällt indessen ins Gewicht, wenn man die spektrale Verteilung im sichtbaren Bereich verschiedener Leuchtmittel näher betrachtet. Die spektrale Gewichtung einzelner Wellenlängenabschnitte nämlich verleiht dem betreffenden Leuchtmittel tatsächlich seine spezifische Farbtemperatur und seinen eigenen Farbwiedergabeindex.

Die Spektren lassen erkennen, dass zum Teil große Unterschiede bestehen, was die Lichtfarbe und die Qualität der Farbwiedergabe betrifft. Zusätzlich sei betont, dass die von diversen Leuchtmittelherstellern bereitgestellten Spektren nicht bewertet sind, sondern lediglich den abschnittsweisen physikalischen Strahlungsfluss innerhalb des sichtbaren Bereichs darstellen.

LEDs werden immer interessanter nicht nur als Signalgeber, sondern auch für verschiedene Beleuchtungszwecke, weil ihre Lichtausbeute in den letzten Jahren fast verzehnfacht werden konnte. Neben farbigen LEDs mit monochromatischem Spektrum gibt es inzwischen auch solche, die warmweißes bis weißes Licht abstrahlen, also den Großteil des sichtbaren Spektrums erfassen. Sie geben weder im UV- noch im IR-Bereich Strahlung ab, wodurch sie nicht nur in der Raumbeleuchtung, sondern auch bei der Beleuchtung empfindlicher Objekte immer mehr Anwendung finden, wo insbesondere konservatorische Aspekte zu berücksichtigen sind.

CIE-Farbdreieck

Das elektromagnetische Spektrum im sichtbaren Bereich zeigt uns die reinen Spektralfarben mit maximaler Sättigung, genannt Buntheit, also ohne Weiß- bzw. Schwarzanteil. Die Lichtfarben Weiß, Hellrot, Dunkelrot usw. kommen im Spektrum nicht vor. Trotzdem aber sind sie existent, denn durch die additive Mischung von Lichtfarben kann das Mischergebnis eine gesättigte Lichtfarbe sein, die im Primärspektrum fehlt. Mischt man die Farben Rot, Grün und Blau im gleichen Verhältnis zusammen, so entstehen das unbunte Weiß mit der Sättigung null sowie die zusätzlich generierten Farben Cyan, Magenta und Gelb.

Allen Farben, die im menschlichen Auge eine (Farb-)Empfindung auslösen, schreibt man eine sogenannte Farbvalenz zu. Um alle vom Auge wahrnehmbaren Lichtfarben in einem Koordinatensystem zu lokalisieren, hat die Internationale Beleuchtungs-Kommission CIE bereits im Jahr 1931 ein normiertes CIE-Normalvalenzsystem eingeführt, das es erlaubt, jeder Lichtfarbe im zweidimensional reduzierten Farbraum einen eindeutigen punktuellen Farb-Ort mit den Koordinaten x, y und z zuzuweisen. In Anlehnung an das trichromatische Modell des Farbsehens kann jedem Lichtreiz ein relativer Farbwert zugewiesen werden, wobei alle drei Normfarbwertanteile die Summe eins ergeben:

- ein x-Wert relativer Rotanteil
- ein y-Wert relativer Grünanteil
- ein z-Wert relativer Blauanteil

Daraus resultierte das CIE-Farbdreieck. Der Ausdruck »Dreieck« ist nicht ganz zutreffend, denn es handelt sich nicht um ein geometrisches Dreieck, sondern um eine parabelförmige Fläche, an deren kurvigem Rand sich die reinen Spektralfarben aufreihen. Um aus einer an sich offenen Kurve eine geschlossene Fläche zu bilden, hat man die diametralen Endpunkte des Spektrums mit einer Geraden, der sogenannten Purpurlinie verbunden, die aber keine Spektralfarbe repräsentiert. Dort, wo im CIE-Farbdreieck alle Farben die Sättigung null haben, befindet sich der Weißpunkt. Da der Sättigungsvektor bis zum Maximalwert nur eine begrenzte Länge hat, hat auch das Farbdreieck seine Grenzen, denn z.B. geht gelber als Voll-Gelb eben nicht.

Das zweidimensionale Koordinatensystem des CIE-Dreiecks erlaubt es nur, den x-Wert und den y-Wert eines Farbreizes gegeneinander zu lokalisieren, was aber zur Bestimmung des Farbortes ausreicht, denn der z-Wert ist lediglich der Rest der beiden Werte (x und y) zu eins:

$z = 1 - x-$

Der Weißpunkt im CIE-Farbdreieck hat somit die Koordinaten: $x = 0{,}333$; $y = 0{,}333$; $z = 0{,}333$.

Es hat sich als nützlich erwiesen, jede technische Lichtquelle unter anderem durch ihre Farbtemperatur zu charakterisieren. Nun ist aber der Begriff Farbtemperatur im strengen Sinne nur auf echte Temperaturstrahler, also eigentlich nur auf Glühlampen anwendbar. Trotzdem ist es für Vergleichszwecke

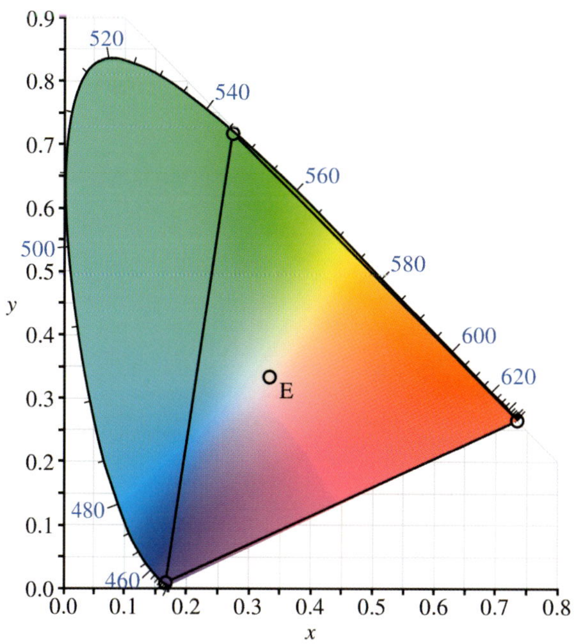

CIE-Farbdreieck mit den drei Lichtfarben, die 1931 verwendet wurden. Der Weißpunkt E liegt bei x=y=0,33

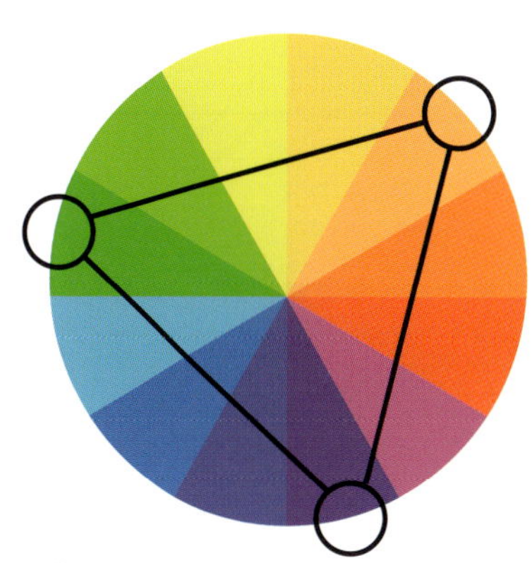

Triade

sinnvoll, jeder Lichtquelle, also auch den Entladungslampen (Metalldampflampen, Leuchtstoffröhren, LEDs) eine Lichtfarbe im Sinne einer Farbtemperatur zuzuweisen. Man spricht dann von der sogenannten ähnlichsten Farbtemperatur, das heißt jener fiktiven Temperatur, die ein echter Temperaturstrahler hätte oder haben müsste, um die gleiche Lichtfarbe aufzuweisen wie die betrachtete Entladungslampe.

Die spektralen Eigenschaften von Lichtquellen können vom Verhalten der klassischen Temperaturstrahler, also vom Planck'schen Kurvenzug, stark abweichen. Die Farborte liegen aber zumeist in der Nähe dieser Kurve, sodass den reellen Lichtarten ein Punkt in bester Nähe zum Planck'schen Kurvenzug zugeordnet werden kann. Dieser Punkt definiert dann die ähnlichste Farbtemperatur der betrachteten Lichtquelle.

Mittleres Tageslicht lässt sich demnach durch eine Xenonlampe am besten realisieren, weil ihr Farbort den geringsten Abstand zum Weißpunkt aufweist. Mittels der sogenannten Judd'schen Geraden, die jeweils eine bestimmte Farbtemperatur repräsentieren, lässt sich die ähnlichste Farbtemperatur einer primären Lichtquelle oder des reflektierten Lichts eines Materials wie beispielsweise eines Fußbodens ziemlich genau bestimmen. Wenn also einer direkten primären oder reflektierten sekundären Strahlung ein Farbort im CIE-Farbdreieck zukommt, der nicht auf dem Planck'schen Kurvenzug, sondern außerhalb davon liegt, dann entspricht ihre ähnlichste Farbtemperatur jener auf dem Planck'schen Kurvenzug, wo die lichtartspezifische Judd'sche Gerade diesen schneidet.

Auch die Schwankungen des natürlichen Tageslichts hinsichtlich Jahreszeit, Tageszeit, Wetterlage und Himmelsrichtung können durch die ähnlichste Farbtemperatur und einen entsprechenden Farbort gekennzeichnet werden. So müssen etwa 100.000 K für den klaren blauen Himmel angesetzt werden, während bei Sonnenuntergang die ähnlichste Farbtemperatur auf etwa 4000 K sinkt. Für Mitteleuropa ist ein relativ warmes, mittleres Tageslicht von ca. 5000 K ähnlichster Farbtemperatur anzunehmen.

Das künstliche Licht aus einer Lichtquelle hat normalerweise eine definierte Lichtfarbe, das heißt eine konstante Farbtemperatur, wenn man von Schwankungen beim Einschalten und/oder hinsichtlich der Gebrauchsdauer absieht. Beim Wechsel von einem kalt-neutralen Milieu (hohe Farbtemperatur) zu einem warmen Milieu (niedrige Farbtemperatur) bzw. von künstlichem Tageslicht auf Nachtlicht ist im Allgemeinen der Wechsel zu anderen Lichtquellen bzw. Leuchtmitteln notwendig.

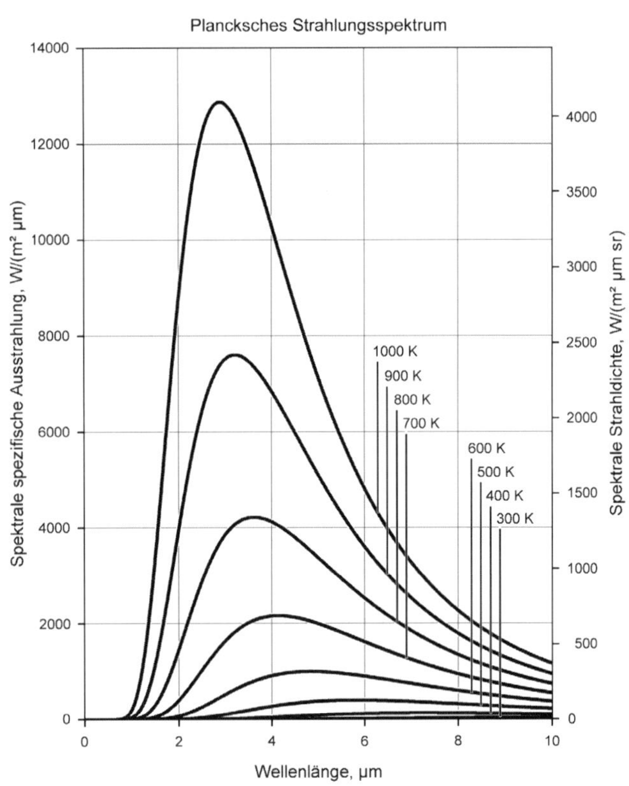

Plancksches Strahlungsspektrum für Temperaturen von 300 K bis 1000 K in einem linearen Koordinatensystem

Licht mit einer Farbtemperatur von 3000 K enthält viel langwellige rote Strahlung, während die spektralen Anteile bei 4000 K recht ausgewogen sind und daher dieses Licht neutral-weiß erscheint. Mit dem Anstieg der Farbtemperatur auf 6000 K überwiegt der kurzwellige Anteil im Spektrum: Das Licht erscheint blau. Eigentlich nicht das Licht, sondern der Raum. Da wir das direkte Licht aus der Lichtquelle in der Regel nicht sehen bzw. durch Licht lenkende Reflektoren, Raster usw. ausblenden, nehmen wir nur das reflektierte Raumlicht wahr, das je nach Farbtemperatur dem Raum ein Lichtmilieu oder lichtabhängiges Erscheinungsbild verleiht. Hierbei kommen gewichtige psychologische Faktoren ins Spiel, und zwar insofern, als die Raumnutzung dem Lichtmilieu angepasst werden soll, um als behaglich empfunden zu werden. Die Aufnahmen zeigen die Veränderungen der Farbtemperatur bei unterschiedlicher Kelvinzahl, mit den gleichen Leuchten aber unterschiedlichen Farbtemperaturen der Leuchtmittel.

Es liegt auf der Hand, dass durch die charakteristische Farbtemperatur einer Lichtquelle nicht nur Räume ein davon abhängiges Licht- und Raummilieu empfangen, sondern auch Gegenstände jeder anderen Art, wie z.B. das Mobiliar und andere Objekte. Neben der Helligkeit, die von der Beleuchtungsstärke abhängt, gibt die Lichtfarbe oder Farbtemperatur dem Objekt ein entsprechendes Erscheinungsbild.

Farbwiedergabe

In vielen Einsatzgebieten von Kunstlicht wie in Museen, in Lebensmittelgeschäften, in Blumengeschäften, bei der Farbkontrolle usw., wird die richtige Wiedergabe der Objektfarbe zur Hauptaufgabe der Beleuchtung. Die Farbe bekleidet einen Gegenstand mit einem zusätzlichen Attribut, das die Erscheinungsformen unserer sichtbaren Welt erheblich bereichert. Mithilfe unserer Augen unterscheiden wir ca. eine Million Farbtöne und etwa 300 Grauabstufungen zwischen Weiß und Schwarz. Wahrnehmbare Gegenstandsfarben sind aber nicht invariant an die Struktureigenschaften eines Materials gebunden, sondern hängen von jenem Licht ab, das es nach Maßgabe seiner Beleuchtung freigibt. So ist der Eindruck von Farbe nicht nur in der Reflexion, sondern nicht minder auch in der Absorption von Licht, besser: von Wellenlängen gegründet.

Die Farbwiedergabeeigenschaften einer Lichtquelle sollen darüber Auskunft geben, wie natürlich eine Körperfarbe bei Beleuchtung dem Beobachter erscheint. Die Beurteilung der Farbwiedergabegüte einer bestimmten Lichtart aus einer gegebenen Lichtquelle erfolgt auf der Basis von Vergleichen mit jener Farbe, die dasselbe Objekt hat, wenn es bei Bestrahlung mit einer definierten Vergleichslichtart gesehen wird. Die Bewertung der Farbwiedergabequalität einer Lichtquelle bezieht sich also stets auf eine Bezugslichtart. Die beste Bezugslichtquelle wäre natürlich das Tageslicht, aber für Vergleichszwecke ist es aufgrund seines permanenten Wechsels nicht geeignet, sodass man auf die künstliche Bezugslichtart D65 (Daylight 6500 K) zurückgreift.

Wird eine Pflanze mit grünen Blättern und einer roten Blüte in eine blaue Vase gegeben, so hängt es vom Spektrum des Primärlichts ab, in welcher Farbe uns die einzelnen Teile davon erscheinen. Bei weißem kontinuierlichem Bestrahlungslicht werden Vase, Blätter und Blüten naturgetreu wiedergegeben, das heißt, sie reflektieren jenes (Sekundär-)Licht, das sie auch unter einer Normlichtart bzw. unter Tageslicht reflektieren würden. Fehlt allerdings ein wesentlicher Anteil (z. B. Rot) im Primärspektrum, dann wird die Blüte kein Sekundärlicht abgeben und im Extremfall schwarz erscheinen.

Die Beurteilung der Farbwiedergabe einer Lichtquelle erfolgt also in der Regel nach jenem Maßstab, in dem eine Lichtquelle mehr oder weniger alle Farben wiedergeben kann. Die Qualität der Farbwiedergabe einer Lichtquelle kann jedoch spezifiziert werden für ein bestimmtes Material, das heißt, dass ein und dieselbe Lichtquelle z.B. die Farbe Pink gut wiedergeben kann, während sie für die Wiedergabe von blau en Oberflächen nicht geeignet ist. Oder umgekehrt. Sollte jemand ein Möbelstück besitzen, das ihm ans Herz gewachsen ist, aber nicht zur restlichen Einrichtung passt, kann es durch die richtige Beleuchtung besser in die Umgebung integriert werden. Durch das

Originale Farbwiedergabe eines Teppichs in Pink bei vollem Farbspektrum

Der Teppich wirkt rot, wenn die Farbanteile im Licht reduziert werden.

Licht kann uns ein Gegenstand nur dann pink erscheinen, wenn das sie bestrahlende Spektrum Anteile in Pink enthält. Nur sie werden von diesem Gegenstand reflektiert, wodurch er uns pink erscheint.

Lichtfarbe und Lichtmenge: Was ist behaglich?

Wir wollen hier ein Spezifikum der Belichtung und Beleuchtung erwähnen, das sowohl mit lichttechnischen als auch mit psychologischen Aspekten besetzt ist. Im Zusammenhang mit dem Begriff Raummilieu wird deutlich, dass der Beleuchtung große Bedeutung hinsichtlich ihrer stimulierenden Wirkung zukommt. So spricht man beispielsweise von warmem, kaltem, festlichem, gedämpftem Licht, das nicht zuletzt auch charakteristische psycho-emotionale Assoziationen hervorruft. Lichtfarbe und Helligkeit sind somit für das adäquate behagliche Erleben einer Szenerie evolutionsgeschichtlich, das heißt als angeborene Verknüpfung einander zugeordnet.

Wenn von Raummilieu gesprochen wird, ist vorerst die objektive Abstimmung der Oberflächenhelligkeiten im In- und Umfeld gemeint. Der Begriff Milieu hat aber auch eine psychologische Komponente, und zwar im Zusammenhang mit Wohlbefinden und Behaglichkeit. Aus archaisch-biologischen Gründen wird nämlich nicht jede Kombination aus Helligkeit bzw. Beleuchtungsstärke und Lichtfarbe als angenehm empfunden. In der Natur treten die höchsten Beleuchtungsstärken und damit die maximalen Helligkeiten gewöhnlich zusammen mit einer hohen, hell-weißen Farbtemperatur des Lichts auf, besonders bei blauem Himmel, während bei untergehender Sonne die Lichtmenge und die Farbtemperatur des Lichts wegen des zunehmenden Rotanteils absinken.

Vor allem bei der Verwendung von Kunstlicht sollten »naturgegebene Verbindungen« von Helligkeit und Lichtfarbe im Sinn psychologischer Behaglichkeitsgrenzen beachtet werden. So gibt es nach der Regel von Arie Andries Kruithof (1909–1993), einem holländischen Physiker, einen von zwei Kurven eingeschlossenen Bereich, der ein angenehmes Verhältnis von Beleuchtungsstärke und Lichtfarbe kennzeichnet. Auf der nachfolgenden Skala sind den Beleuchtungsstärken jene Leuchtdichten zugeordnet, die man erhält, wenn man diffus reflektierende Oberflächen mit einem Reflexionsgrad von p = 0,3 annimmt., bereits bei Beleuchtungsstärken von 50 bis 100 Lux als angenehm empfunden wird. Zu hohe Helligkeiten tendieren bei solchen »warmen« Lichtquellen zum Auslösen einer gewissen Unbehaglichkeit. Zu einem niedrigen Beleuchtungsniveau passt demnach der Farbton einer warmweißen Lichtquelle (Glühlampe oder Leuchtstofflampe warm-weiß) besser, das heißt, er wirkt behaglicher als eine tageslichtweiße Lichtquelle mit sehr hoher Farbtemperatur. Ein prägnantes Beispiel dafür ist das »Candle-Light-Dinner«. Ein solches mit 1000 Lux am Tisch und Licht aus weiß-blauen Leuchtstoffröhren würde sicher nicht gerade als gemütlich empfunden werden und wahrscheinlich auch nicht zum gewünschten Erfolg führen.

Lichtanlagen z.B. mit Leuchtstofflampen mit einer Farbtemperatur von 4000 bis 5000 Kelvin (Lichtfarbe hell-weiß, tageslichtweiß) müssen demnach mindestens Beleuchtungsstärken von 300 bis 400 Lux und mehr erzeugen, um als angenehm empfunden zu werden. Ein Beispiel dafür ist der typische Büroraum, in dem man sich bei 100 bis 150 Lux und kerzenwarmem Licht auch nicht gerade wohlfühlen würde. Umgekehrt soll also mit zunehmendem Beleuchtungsniveau und damit steigenden Leuchtdichten im Gesichtsfeld die Farbtemperatur des Lichts ansteigen, weil solche Kombinationen von der Urerfahrung her und psychologisch treffender harmonieren.

Das Tageslicht steht mit seinen hohen Helligkeiten (5000 bis 30.000 Lux bei bedecktem Himmel und bis zu 100.000 Lux bei klarem Himmel) und seinem weißen Licht (4000 bis 10.000 Kelvin) vielen Kunstlichtquellen als absoluter Gegensatz gegenüber, sodass man bei hohen Farbtemperaturen, wie sie bei Tageslicht auftreten, an viel Licht gewöhnt und biologisch angepasst ist.

Sinkt in der Natur das Helligkeitsniveau bei immer noch hoher Farbtemperatur des Lichts unter etwa 1000 Lux, entsteht der Eindruck von Dämmerung, häufig von Unbehagen und instabilen Wahrnehmungsbedingungen begleitet. Die Ursachen dafür

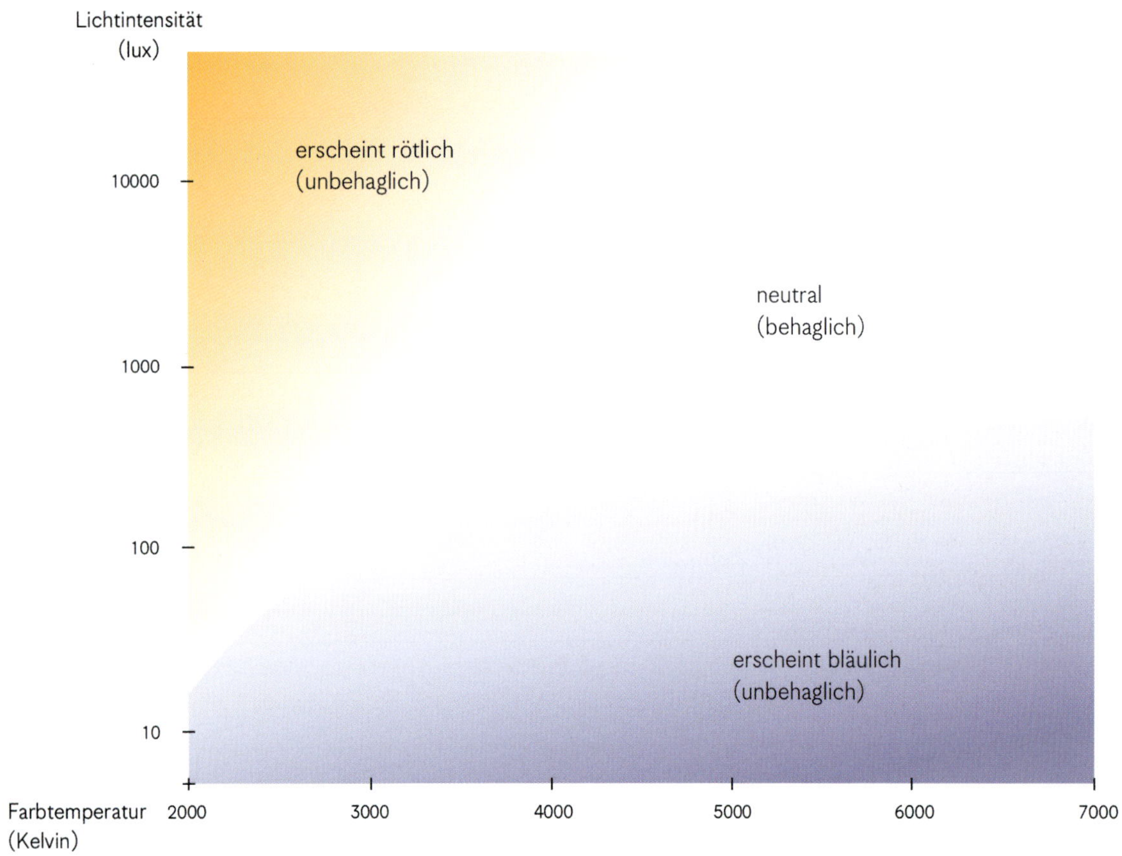

Kruithoff'sche Kurve

sind sowohl physiologische Umstellmechanismen (Purkinje-Phänomen), als auch psychologische Vorgänge wie verzögerte Gefahrenerkennung. Wird nun eine Baulichkeit mit Lichtquellen höherer Farbtemperatur (weiße oder Tageslichtfarbe), aber zu geringer Helligkeit beleuchtet (weniger als 300 Lux), so können künstliche Dämmerungserscheinungen erzeugt bzw. simuliert werden. Überlagert und unterstützt wird dieser Effekt von der Helligkeitsempfindung des menschlichen Auges, wonach nur Leuchtdichten, also sekundäres reflektiertes Licht, gesehen werden können. Damit modulieren die Materialoberflächen gegebenenfalls die Wahrnehmung einer primären Farbtemperatur.

Durch diese Farbumstimmung kann bei einem weitgehend kontinuierlichen Spektrum oft nicht mehr auf die eigentliche Lichtfarbe der Lichtquelle geschlossen werden. Diesbezügliche Versuche zeigen, dass das warm-rötliche Licht einer Glühlampe als kalt empfunden wird, wenn es blendfrei eine blaue Fläche bestrahlt und der Beobachter die Glühlampe nicht sieht. Umgekehrt wird das tageslichtweiße Licht einer Leuchtstofflampe (5000 K – hohe Farbtemperatur), wenn es unter gleichen Voraussetzungen auf eine gelbe Fläche strahlt, als warm bewertet. Eine auf die Materialfarbe gerichtete Messung der Farbtemperatur würde dies auch objektiv und quantitativ bestätigen.

Im Rahmen der Planung von Beleuchtungsanlagen

gilt es also immer zu berücksichtigen, dass die Modulationskomponenten der Lichtquellen mit Textur, Struktur, Farbe und den Reflexionseigenschaften der Gegenstände und Raumbegrenzungsflächen interagieren. Erst durch dieses integrative Ineinanderwirken von Eigenschaften der Lichtquellen und den Eigenschaften der Materialien entsteht das optische Gesamtbild (Milieu) eines Raumes bzw. Gebäudes. Die Komplexität solcher Interaktionen lässt natürlich einen großen, individuell prägbaren Gestaltungsspielraum zu, und Architekten und Lichtplaner können hier mit ihrem Wissen und ihrer Erfahrung zur tätigkeitsspezifischen und ökonomischen Optimierung einer Beleuchtungsanlage wesentlich beitragen. Ein an sich behaglicher Raum kann nämlich sein Erscheinungsbild völlig verändern, wenn die Beleuchtung nicht entsprechend abgestimmt ist. Aber es wäre der Sache nicht dienlich, wollte man dazu eng verbindliche Regeln festlegen.

Generell lässt sich sagen, dass Räume mit geringer Helligkeit mehr Akzeptanz finden, wenn Lichtquellen niedriger Farbtemperatur verwendet und hohe Helligkeiten mit hoher Farbtemperatur kombiniert werden. Der sogenannte Dämmerungseindruck kann dabei ein Kriterium darstellen.

Das Attribut »Behaglichkeit« ist allerdings mit den genannten Komponenten des Kunstlichts bzw. des sekundären Lichts allein nicht gänzlich erfassbar, da die Philosophie des Raumkonzepts für die Schaffung eines finalen Erscheinungsbildes noch darüber hinausgeht.

Das in einem Raum vorherrschende Licht bezieht seine spektrale Zusammensetzung nicht nur aus dem Farbspektrum der Primärlichtquelle, die bei blendfreier Beleuchtung ohnehin nicht sichtbar ist, sondern nicht zuletzt aus den farbgebenden Materialien, die einen mehr oder weniger großen Anteil des Primärlichts (Tageslicht und/oder Kunstlicht) absorbieren, reflektieren und/oder transmittieren. Die Farbwirkungen eines Raumes werden somit von der Farbgebung und der Farbwahl der Oberflächenmaterialien und von der beleuchtenden Lichtquelle bestimmt. Über die Interaktion von Licht und Material lassen sich demzufolge bestimmte Lichtmilieus schaffen, die der Raumnutzung und der Sehaufgabe angepasst sein müssen, um das Wohlbefinden zu gewährleisten und die Sehleistung zu unterstützen.

Ökologische Optik

Hier stoßen wir auf die Thematik der ökologischen Optik, zu der der amerikanische Wahrnehmungspsychologe James J. Gibson (1904–1979) eine Arbeit mit dem Titel: »Wahrnehmung und Umwelt« verfasst hat. Nur so viel sei gesagt: Gibson unterscheidet streng zwischen Strahlungslicht und Raumlicht, wobei Letzteres durch die Oberflächeneigenschaften des Materials zu einem Informationslicht moduliert wird, das uns schließlich die visuelle Wahrnehmung unserer Umwelt ermöglicht. Für Gibson sind es wenig überraschend die Materialoberflächen, die uns in Wechselwirkung mit dem Strahlungslicht die Welt als visuelle Welt wahrnehmbar machen.
Strahlungslicht ist die Ursache für Beleuchtung, Umgebungslicht ist die Folge von Beleuchtung. Strahlungslicht ist eigenstrukturiert, Umgebungslicht ist fremdstrukturiert, Umgebungslicht ist angewiesen auf eine Umwelt aus Oberflächen. Die Wechselwirkung des Strahlungslichts mit dem Material verschafft uns Informationen aus unserer Umwelt

Kalte Lichtfarbe mit 5700 K und 952 lm

Neutrale Lichtfarbe mit 4000 K und 899 lm

Warme Lichtfarbe mit 2200 K und 847 lm

Das Einrichtungshaus Wohnfloor

Zum besseren Verständnis für unsere Kunden, was man mit Licht erreichen kann, haben wir die neue Ausstellungsfläche unseres Einrichtungshauses mit einem gänzlich neuen Lichtsystem ausgestattet. Ich möchte hier etwas ausführlicher darauf eingehen, denn ich bin der Meinung, hier etwas wirklich Innovatives und für ein gesundes Wohnempfinden Zukunftsweisendes in Gang gesetzt wurde.

Die Steuerung des neuen Ausstellungsraumes und der Außenbeleuchtung der Firma Wohnfloor wird über ein Loxone Smart Home System verwirklicht. Herz dieses Systems ist der Loxone Miniserver, der die Kommunikation zwischen den einzelnen Bauteilen regelt. Über sogenannte Extensions werden die einzelnen Beleuchtungskörper und -kreise, aber auch die Beschattung, die Heizkreise und das Soundsystem angesteuert. Das Loxone System ermöglicht es, mit gewöhnlichen Tastern, aber auch über Smartphone, Tablet oder Computer per App eine Vielzahl an Lichtstimmungen zu erzeugen.

Etwas anders als bei konventioneller Installation ist die Verkabelung: Jeder Leuchtenkreis bzw. jede Beschattung muss direkt zum Verteiler geführt werden und wird anschließend an einen Kontakt einer Extension geklemmt. Diese Technik bringt den enormen Vorteil, dass man jeden Kontakt beliebig ansteuern kann. Sollten in weiterer Folge Änderungen erwünscht sein, kann dies meist mit sehr wenig Aufwand gelöst werden, denn eigentlich muss nur umprogrammiert werden.

Das Gros der Beleuchtung wird über ein DALI-Gateway gesteuert. Das Besondere an diesem neuen Ausstellungsraum sind die Leuchten der Grundbeleuchtung, die mit zwei Vorschaltgeräten in Funktion gesetzt werden. Jedes dieser Geräte kann über DALI-Kurzadressen einzeln angesteuert und in der Intensität verändert werden. Durch einen bidirektionalen Datenaustausch kann das DALI-Gateway den Status von den Leuchtmitteln abfragen bzw. deren Zustand verändern. Daraus folgt, dass den Anteil und die Helligkeit des warmen sowie des kalten Lichts separat angesteuert werden kann und so ganz spezielle Lichtszenen erzeugt werden, wobei man sich an das Tageslicht orientieren kann. In der App werden gewisse Lichtstimmungen vorprogrammiert, die nutzerfreundlich geändert werden können. Im normalen Tagesbetrieb werden die App und auch die Schalter sehr selten verwendet, da die Präsenzmelder und Helligkeitssensoren die Helligkeit der Beleuchtung und die Beschattung automatisch steuern.

Funktion eines Vorschaltgeräts

Ein Vorschaltgerät wird benötigt, um die für das Netz genormte Wechselspannung von 230 V (AC) auf die für LED benötigte Gleichspannung von 12 V (DC) umzuwandeln. Die hier verwendeten DALI-Vorschaltgeräte übernehmen zusätzlich die präzise Steuerung der Helligkeit und der Farbintensität der LED-Leuchten, wobei jedes Vorschaltgerät über eine eigene Adresse direkt ansteuerbar ist. Dadurch werden die warmweißen bzw. kaltweißen LED einzeln angesteuert, und die gewünschte Farbtemperatur kann nach Belieben verändert werden. So wird eine Lichtstimmung wie am Morgen (5000 K) oder zu Mittag (5800 K) erzeugt.

Über Helligkeitssensoren im Raum kann je nach Tageslichtanteil die Helligkeit der einzelnen LED automatisch angesteuert werden. Je heller es im Raum durch natürliches Sonnenlicht wird, desto weniger künstliches Licht wird benötigt. Der Helligkeitsregler steuert diesen Vorgang, indem er eine konstante Beleuchtungsstärke vorgegeben bekommt.

Beleuchtungskonzept für die Ausstellungsräume der Firma Wohnfloor

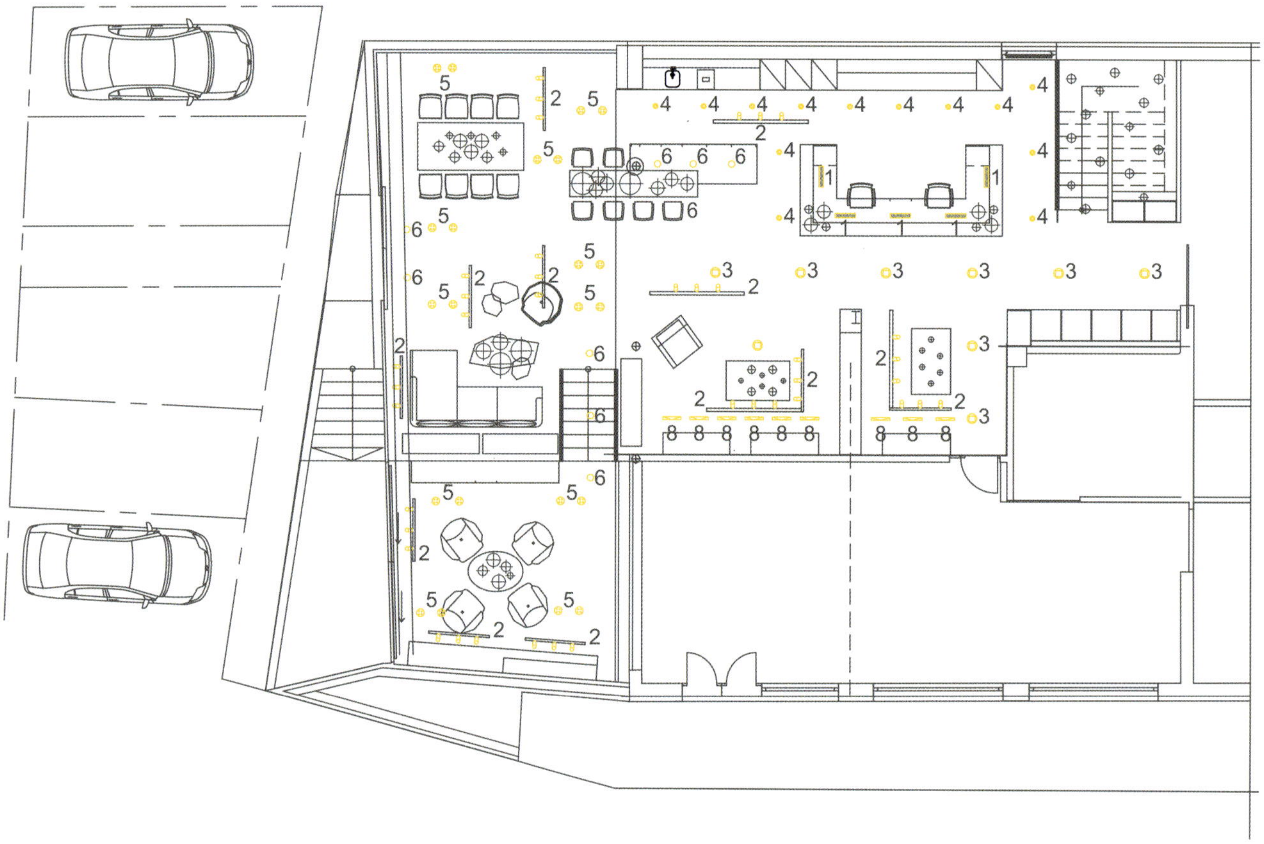

Leuchtenstückliste

Index		Hersteller	Artikelname	Artikelnummer	Anschlussleistung	Anzahl
1		so-u-l Solbach und Licht	LED Duobus Micr EBCR 300-50	7-7293	17 W	5
2		LED-Works	LEWO-Spot d = 30 mm		5 W	34
3		so-u-l Solbach und Licht	Downlight Duobus BA 3x3 rund	7-7265R	25 W	9
4		so-u-l Solbach und Licht	LED Duobus 4 Q Single rund	7-7195	12 W	14
5		so-u-l Solbach und Licht	LED Downlight LFO Foscis 2x2	7-7557	12 W	22
6		so-u-l Solbach und Licht	Downlight Hybrid 800 schwenkbar	7-7506	8 W	5
7		so-u-l Solbach und Licht	LED Downlight 12 W MHI	7-7133	12 W	3
8		so-u-l Solbach und Licht	LED Wallwasher RDB SR 5	7-7233	17 W	9
9		LED-Works	Profil 30x30 mm			20 lfm

In den Ausstellungsräumen der Firma Wohnfloor kann auf diese Weise eine Einrichtungseinheit in wenigen Sekunden mit den verschiedensten Lichtfarben ausgeleuchtet werden. Damit wird einem Kunden deutlich gemacht, wie sich Räume durch die Beleuchtung verändern. Mittels der DALI-Gateway Lichtsteuerung wird automatisch auch das einfließende natürliche Licht berücksichtigt. Mithilfe des Loxone Smart Home Systems kann man z.B. mit dem Smartphone die Lichtstimmung auch schnell manuell verändern.

Der Holzzubau

Die Holzteile des Zubaus wurden mittels eines speziellen Abschirmgewebes geschirmt und geerdet, die Vorhänge aus Neuseelandwolle sind mit einer neuen Garntechnik (S-Shield) mit Strahlenschutzfunktion ausgestattet und können mittels einer in der Decke eingebauten Schiene elektronisch bewegt werden.

Die Grundbeleuchtung in diesem Gebäudeteil wurde mit Downligt LFO Fascis 2x2 rund ausgestattet. Die LED-Technik wurde aufgrund ökologischer und ökonomischer Überlegungen gewählt: Das betrifft sowohl Lampenleistung, Lichtstrom und Lichtausbeute als auch die Lebensdauer der Leuchtmittel.

Auf den Gesundheitsaspekt wurde besonders geachtet, so wurden mittels Vollspektrumlicht (385 nm–785 nm), magnetische und elektrische Felder abgeschirmt.

In den Räumlichkeiten wurden als Beimischung Hängelampen montiert, um auch die geschmackliche Komponente zu berücksichtigen. In die metallische Außenfassade wurden LED-Beleuchtungsschienen eingebaut. Auch hier können verschiedenste Lichtszenen ihre Wirkung entfalten. Die Außenbeleuchtung wird durch speziell positionierte Leuchten im Innenbereich des Gebäudes ergänzt.

Die Fassade hat aufgrund ihrer Bauweise eine spezielle absorbierende Wirkung gegen hochfrequente Einstrahlungen. Da der Eingangsbereich des Gebäudes nach Süden ausgerichtet ist, soll die gelb-orange Lichtstimmung auftreffend auf die schwarze Firmenprodukttafel und die grau-beige Fassade in diesem Beispiel die harmonische Wohnraumgestaltung das Element Feuer (Kommunikation), das Element Erde (Ruhe, Beständigkeit) und das Element Metall (Lernen, Sicherheit) unterstützen. Durch die Lichtwirkung wird die Firmentafel mit dem Gebäude verbunden.

Die Vorhänge des Holzzubaus wurden aus Neuseelandwolle hergestellt und sind mit einer neuen Garntechnik mit Strahlenschutzfunktion ausgestattet.

Tapezierte Wand:
Mit der Lichteinwirkung der in der Decke eingebauten Power LED Wallwasher RDB-SR 5 mit 20 Watt Leistung kann man hier gut erkennen, wie sich dieselbe Materialoberfläche durch die Lichteinwirkung verändert.

Die Bilder zeigen folgende Kelvinzahlen (von oben nach unten):
Kalte Lichtfarbe mit 5700 K und 952 lm
Neutrale Lichtfarbe mit 4000 K und 899 lm
Warme Lichtfarbe mit 2200 K und 847 lm

Wohnraumgestaltung mit extravaganten mundgeblasenen Leuchten

Die Bilder zeigen folgende Kelvinzahlen (von oben nach unten):
Kalte Lichtfarbe mit 5700 K und 952 lm
Neutrale Lichtfarbe mit 4000 K und 899 lm
Warme Lichtfarbe mit 2200 K und 847 lm

Der Eingangsbereich mit der starken geometrischen Form dient nicht nur dem Design, sondern trifft damit auch energetische Maßnahmen.

Ausstellungsraum Wohn-Ess-Bereich

Die indirekte Beleuchtung im Ausstellungsraum unterstreicht die textilen Feinheiten der gezeigten Decken.

Die verspielte Leuchtenanordnung lockert den Treppenaufgang auf.

Zu Besuch in der Wohnung einer Kundin

Machen Sie mit mir wieder eine Tour durch die neue Wohnung einer Kundin. Ich lasse sie wiederum selbst zu Wort kommen:

»Die Allgemeinbeleuchtung in meiner neuen Wohnung besteht generell aus LEDs, die in Kaisertöpfen in der Betondecke einbetoniert wurden. Die Trafos werden in diesen Kaisertöpfen »versteckt«, damit die elektromagnetischen Felder durch die Betondecke und die Gebäudeerdung abgeleitet und geerdet werden. Alle elektrischen Kabel wurden fünfpolig und geschirmt ausgeführt. Die LEDs wurden mit dem DALI-Funktionssystem, dem bioidentischen Licht, ausgestattet. Das bedeutet, dass ich morgens durch vermehrte Blauanteile im Licht besser in die Gänge kommen kann, abends kann ich mich durch mehr Rotanteile im Licht schneller entspannen. Hier war die Firma ›Solbach und Licht‹, die Herrn Schwarzhans unterstützt und mit ihm zusammenarbeitet, eine große Hilfe.«

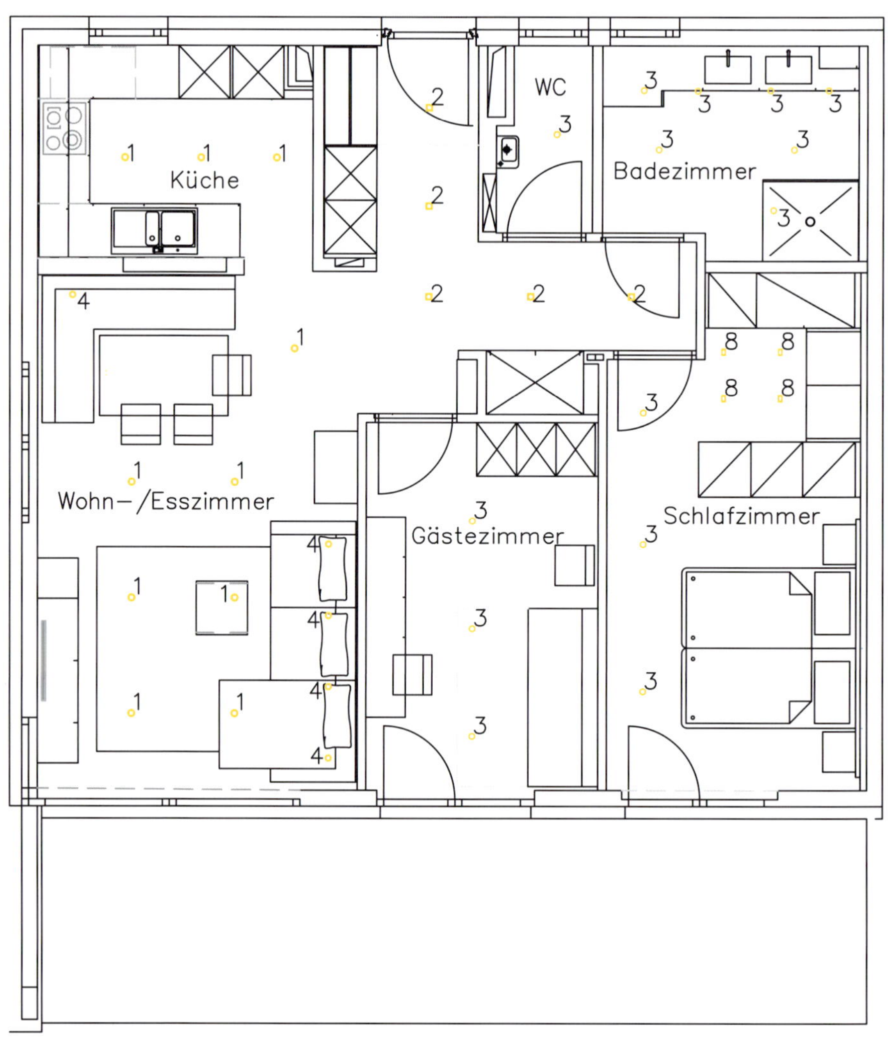

Grundriss der Wohnung einer Kundin

↑
Schlafzimmer

Sowohl Tages- als auch Jahreszeiten prägen unseren Rhythmus, ob es nun um Atmung und Herzschlag oder wachen und schlafen geht. Alle biochemisch kontrollierten Funktionen haben im Laufe eines Tages ihre individuellen Hoch- und Tiefpunkte.

Die Lichtfarbe kann über die verschiedenen Jahreszeiten dem natürlichen Rhythmus angepasst werden. So wird im Herbst und im Winter der Tageslichtverlauf etwas wärmer gestaltet als im Sommer und Frühjahr. Die Vorgabe ist, die kalten Farben von 5700 K um 200 K zu senken, wobei im Tageslichtverlauf diese Farbverschiebungen noch eindeutiger werden. Hier entstehen Verschiebungen zwischen 5700 K und 2400 K.

Bedingt durch die schwere Erkrankung, die meine Kundin glücklich überstanden hat, habe ich verschiedene Maßnahmen empfohlen, die in der Folge auch so umgesetzt wurden:

- Das Schlafzimmer liegt auf der Südostseite. Die Bettanlage und die Schrankkorpusse sind in der Kombination mit Zirbe gebürstet mit natürlichen Ölen behandelt ausgeführt worden. Die sichtbaren Frontseiten wurden in deckend weiß angefertigt. Damit wirkt das Zimmer nicht beengend und größer. Die Bettanlage wurde in Richtung Ost-Süd positioniert, damit Lichtsteuerung und Lichtlenkung zusammen mit dem natürlichen Licht eine optimale Wirkung ergeben. Die Decke ist mit weißer, die Wände mit einer warmweißen Mineralfarbe gestrichen, denn natürliche Farben aus Mineralien und natürlichen Farbstoffen reflektieren ein beruhigendes, gleichmäßig abstrahlendes Licht. Dadurch wird ermöglicht, dass wenig Lichtanteil durch Absorption verlorengeht. Zudem empfahl ich Farben, die aus natürlichen Materialien hergestellt wurden. Der Grund aus baubiologischer und gesundheitsfördernder Sicht ist, dass die Wände bis in die Mauerteile Energie und Feuchtigkeit speichern und abgeben können. Die Wände werden gut durchlüftet. Wenn man den Wohlfühlfaktor berücksichtigt, ist dies für die Bewohner gut spürbar.

- Aus ökonomischer Sicht wird hier Energie optimal ausgenützt und zeigt sich auch mit der Wahl der bioidentischen LED-Leuchten Modell »Downlight Duobus 4Q Single Bio« (Modell-Nr. 7-7194, im Grundrissplan mit Pos 3 gekennzeichnet), die eine Lichtausbeute von 95 Prozent erzeugen. Die Leuchten mit vier Duobus Leuchtteilen haben einen Abstand von 25 Millimetern und eine Leistung von 13 Watt. Die Farbwiedergabe einer Leuchte beträgt 80 Prozent (CRI).
- Durch die DALI-Gateway-Lichtsteuerung ist es möglich, Lichtmischungen zwischen 2200 Kelvin und 5000 Kelvin zu erzeugen. Bei meiner Kundin wurde das bioidentische Licht so eingestellt, dass der Blauanteil in der Früh ab 6:00 Uhr um 200 Einheiten erhöht wurde, somit wird die Kundin schneller wach.
- Im Öffnungsbereich des deckenhohen Einbauschrankes kann kein natürliches Licht einstrahlen. Deshalb wurden hier vier LED-Leuchten Modell »LED Downlight 12W MIHI 50« (Artikel Nr. 7-7132, im Grundrissplan mit Position 8) mit einer 13-Watt-Leistung und der Lichtfarbe von 2700 Kelvin, einer Farbwiedergabe von 80 Prozent und einem Strahlungswinkel von 2 x 50 Grad Breitwinkel eingebaut. Durch den Breitwinkel strahlen diese Leuchten den Schrank von oben bis unten fast völlig aus, und der Inhalt wird gut sichtbar. Bei der Ansteuerung durch das DALI-Gateway-System habe ich empfohlen, diesen Bereich mit Vollspektrumlicht, also mit allen Farbspektren in gleichem Umfang, durch mehr Leistung anzustrahlen, damit Kleidungsstücke in der Farbgebung schnell und richtig beurteilt werden können.

←
Schrankraum

Der Raum neben dem Schlafzimmer kann sowohl als Gästezimmer als auch als Büro verwendet werden. Es handelt es sich also um ein kombinierte Nutzung zum Arbeiten und Schlafen. Es wurden hier drei bioidentische LED-Leuchten »Downlight Duobus 4 Q Single Bio« (Artikel Nr. 7-7194) eingesetzt. Die Lichtwerte sind dieselben jene im Schlafzimmer.

Die Lichtsteuerung macht es möglich, mittels der App prompt zwischen arbeiten und schlafen hin- und her zu pendeln. Der Arbeitsplatz befindet sich im Südwesten, der Schreibtisch steht an der Wand. Somit erhält man die Morgensonne, am Abend ist hier die technische Beleuchtung wichtig.

Die Schlafcouch wurde an der östlichen Wand positioniert und erhält abends natürliches Licht.

Büro/Gästezimmer
↓

Diese Raumeinheit dient als Wohnküche und erhält von Süden, Westen und Norden natürliches Tageslicht. Der Wohnbereich wurde im südlichen Teil des zusammenhängenden Raumes eingerichtet, wobei die Couch an der östlichen Wand steht und somit bei guter Witterung Abendsonne erhält.

Die Küche wurde im Nordwesten eingebaut, wobei das natürliche Licht vom Wohnbereich gut durchstrahlen kann. Der Essplatz befindet sich im offenen Bereich zwischen Küche und Wohnbereich. Die Sitzecke und die Eckbank sind nach Süd-Westen ausgerichtet und werden durch eine im Westen angeordnete Fensteröffnung ab dem späteren Nachmittag direkt mit Naturlicht versorgt. Über dem Essplatz wurde eine futuristische Gestaltungsleuchte, ausgestattet mit weißwarmem Licht montiert.

Die im Grundrissplan mit 1 gekennzeichnete Grundbeleuchtung in der Wohnküche wurde mit zehn »LED Downlight Duobus 4Q Single Bio« Leuchten im Farbton RAL 9010 ausgestattet. Die Reflektoren kombiniert in einer Leuchte mit vier »Duobus 2 x 30 Grad« im Abstand von 25 Millimetern, begleitet mit der Lichtfarbe 2200 Kelvin und 5000 Kelvin mit der Farbwiedergabe 80 Prozent sowie einer Wattleistung von 13 Watt ergeben ein gutes stimmiges Grundkonzept für diese Wohnkombination.

Aus Gestaltungszwecken wurden zusätzlich (im Grundrissplan mit Position 4 gekennzeichnet) fünf »LED Luxeon MZ Leuchten, Wallwasher RBD Single HB« (Artikel Nr. 7-7153) mit einer Abstrahlung in Richtung der Wände und einer Wattleistung von sechs Watt mit einer Lichtfarbe von 2700 Kelvin und 80 Prozent Farbwiedergabewert montiert. Dadurch wirkt der Raum etwas größer und durch die stimmige Wandbeleuchtung in der warmen Lichtfarbe gemütlicher.

←↑→
Wohnbereich

↑
Eingangsbereich-Garderobe

Die Eingangstür der Wohnung befindet sich im Norden. Farblich wurde er in den Farben Blau-Petrol, Weiß und Braun gestaltet. Wasser (Schwarz-Blau, Nord) gibt seine Kraft in die Erde (Schwarz, Braun Nordost) und entwickelt Holz (Pflanzengrün, Ost). Das Holz nährt (Braun-Schwarz, Tal) wiederum das Feuer (Rot, Süden). Das Feuer bringt wiederum aus der Erde das Metall zutage (Gold, Silber, West) und so schließt sich der Energiekreis in dieser Wohnung.

Die Beleuchtung wurde mit fünf »LED Downlight Duobus 4 Q Single Onecolor« Leuchten ausgeführt. Entsprechend der Ganggröße (130 Zentimeter breit ohne Schrank) wurden jeweils pro Leuchte der entsprechende Strahlungswinkel vier »Duobus«, 2 x 30 Grad, mit einem Abstand von 25 Millimetern eingesetzt. Der Strahlungswirkungsgrad beträgt 80 Prozent. Die Mid Power LED-Leuchten haben eine Leistung von maximal 13 Watt sowie eine Farbtemperatur von 2700 Kelvin (CRI) und leisten dadurch eine stimmige Ausleuchtung.

↑
Bad

Das Bad befindet sich im Nordosten der Wohnung. Aufgrund der Lage erhält dieser Raum nur durch die Reflexion Naturlicht. Deshalb wurden sieben (im Grundrissplan mit Nr. 3 gekennzeichnet) bioidentische »LED Downlight Duobus 4 Q Single Bio« mit 13 Watt Leistung und Reflektoren aus vier »Duobus«, 2 x 30 Grad Ausleuchtung im Abstand von 25 Millimetern eingebaut. In Räumen wie diesen ist bioidentisches Licht für das Wohlbefinden förderlich.

Durch die DALI-Lichtsteuerung ist es möglich, in der Zeit, wo sich die Kundin schminkt, alle Teile vom Lichtspektrum in denselben Anteilen auszustrahlen und durch mehr Power die erforderliche Lichtmenge zu senden, damit ein entspanntes Schminken möglich wird. Diese Leuchten sind blendfrei, da sich im Raum zwei Spiegel und eine Glaswand befinden.

Das WC befindet sich im Norden der Wohnung. Hier wurde eine »LED COB LED 1202 in Downlight 12 W MIHI 30 L IP 54« Leuchte (Artikel Nr. 7-7133-IP) mit einer Leistung von 13 Watt eingebaut. Die Leuchte umfasst einen Strahlungswinkel von 2 x 30 Grad und strahlt nur in einer Farbe (warmweißes) Licht aus.

WC
↓

Geobiologie

oder das Wissen
um Strahlung

In diesem Kapitel wollen wir uns den Einwirkungen von Strahlen auf unser Leben und unsere Gesundheit widmen. Denn gerade das Wissen um die Wirkung dieser physikalischen Kräfte gehört dazu, wenn man sein Leben gesund und angenehm in den eigenen vier Wänden verbringen will. Um uns vor geopathischen, also den Erdstrahlungen, und physikalischen Strahlungseinwirkungen zu schützen, zu denen der Elektrosmog mit Hoch- und Niederfrequenzbereich zählt, sollten wir über deren Entstehung und Einfluss Bescheid wissen. Wenden wir uns zunächst den natürlichen Strahlungen zu.

Die Geopathie ist die Lehre der Wirkung von Erdstrahlung auf einen lebenden Organismus. Wirken diese Strahlungen schädlich, so bezeichnen wir sie als geopathische Störzonen. Unter Erdstrahlungen sind alle auf der Erdoberfläche wahrnehmbaren Störungen oder Anomalien des Erdmagnetfeldes zu verstehen, die durch physikalische Kräfte im Boden verursacht werden.

Die Erde und ihr Raumgebiet

Für ein näheres Verständnis beginnen wir zunächst mit der Erklärung zum Aufbau der Erde: Unser Planet ist in verschiedenen Schichten aufgebaut ist. So leben wir auf der dünnsten äußeren, der sogenannten **Erdkruste**, die je nach Ort und geologischer Formation zehn, an manchen Stellen 30 bis ungefähr 120 Kilometer Dicke oder Tiefe erreicht.

Ab 30 Kilometer Tiefe wird das Gestein durch hohen Druck und immer stärker ansteigende Temperaturen plastischer – wir sprechen vom **Erdmantel**. Der obere Mantelbereich umfasst in etwa 120 bis 660 Kilometer Tiefe. Danach beginnt der untere Mantelbereich bis ungefähr 2900 Kilometer tief ins Erdinnere. Die Temperatur beträgt in diesem Bereich schon circa 2700 °C. Im Erdmantel kommt es zu Konvektionsbewegungen durch die Erhitzung des Gesteinsmaterials, das zur Erdkruste aufsteigt, abkühlt und wieder versinkt. Heiße Gesteinsmassen können bis zu drei Zentimeter pro Jahr aufsteigen, wodurch die Kontinentalplatten in der Erdkruste bewegt werden. Die Drift der Kontinente, die Auffaltung von Gebirgen und auch viele Vulkanausbrüche sind auf Konvektionserscheinungen zurückzuführen.

Schließlich liegt in ca. 6380 Kilometer Tiefe der **Erdkern**, wo 3,5 Millionen bar Druck herrschen. Deshalb bilden Nickel und Eisen, die an der Erdoberfläche bei einer Temperatur von 5000 °C gasförmig wären, hier eine feste Metallkugel. Die Hitze im inneren Erdkern entsteht durch den radioaktiven Zerfall von Elementen und ist der Motor für die Bewegungen im Erdinneren und schließlich auch für die Rotationsbewegung unseres Planeten.

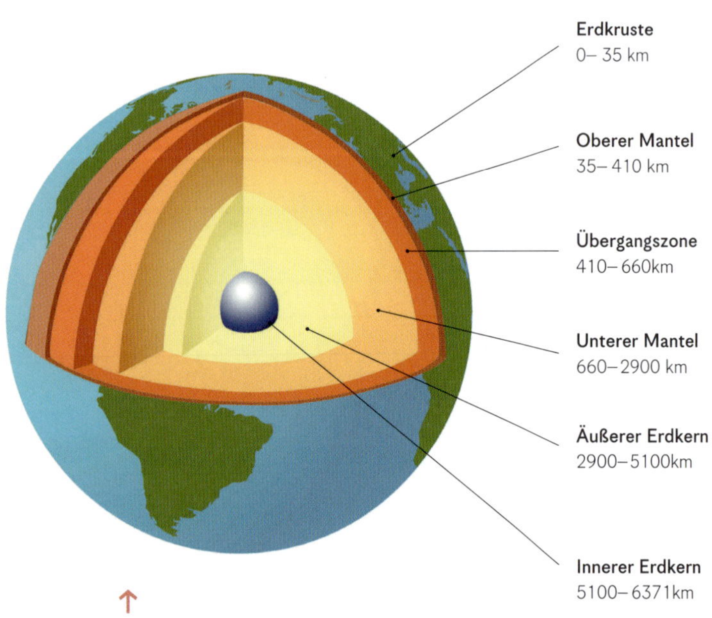

↑
Aufbau der Erde in Schichten

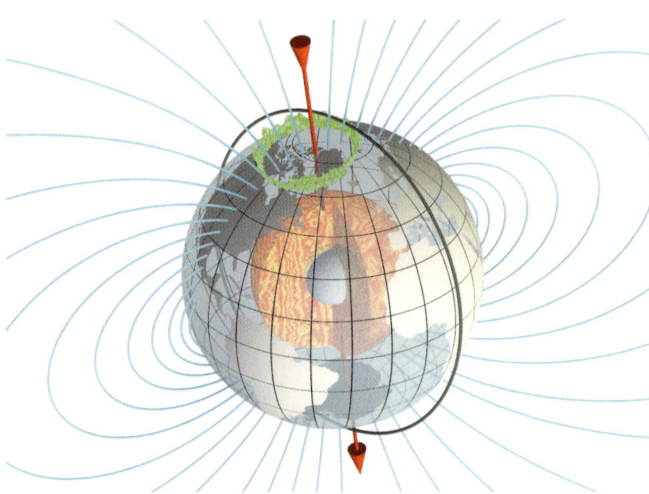

↑
Das Erdmagnetfeld bietet Schutz vor kosmischer Strahlung

Die Magnetosphäre der Erde – der unsichtbare Schutzschild

Die Rotation des Eisenkerns erzeugt zugleich das Erdmagnetfeld, das für das Leben auf der Erde eine der Voraussetzungen für das Vorhandensein von Wasser und Luft ist, denn es schützt vor kosmischer Strahlung, die ihrerseits von der Sonne, unserer Milchstraße und fernen Galaxien auf die Erde gelangt. Sie besteht aus Teilchen, die so viel Energie besitzen, dass sie das Leben auf der Erde zerstören könnten. Da das Erdmagnetfeld die ganze Erde umhüllt, werden die Teilchen aus dem All entlang der Magnetfeldlinien oder Gitternetze um die Erde herum gelenkt und verschwinden wieder im All. An den magnetischen Polen können diese Teilchen aber leichter zur Erde gelangen. Die Magnetfeldlinien, die dabei entstehen, ziehen sich in Nord-Süd sowie West-Ost und dazu noch einmal diagonal um den Globus.

Polarlichter – eine magische Erfahrung

In den Polarregionen, wo die Feldlinien die Atmosphäre durchdringen, ist es am einfachsten, die kosmische Strahlung zu veranschaulichen. Wir sprechen von den Polarlichtern, die synchron sowohl in nördlichen Breiten als auch auf der Südhalbkugel erscheinen. Sie entstehen, wenn elektrisch geladene Elektronen – seltener Protonen – des Sonnenwindes aus der Magnetosphäre auf Sauerstoff- und Stickstoffatome in den oberen Schichten der Erdatmosphäre treffen und diese ionisieren.

Bei der nach kurzer Zeit wieder erfolgenden Rekombination wird Licht ausgesandt. Durch die Energieübertragung rutschen die Elektronen also in eine Schale nach außen, danach aber wieder in die ursprüngliche Schale zurück. Dabei wird elektromagnetische Strahlung emittiert, es wird Licht ausgesandt.

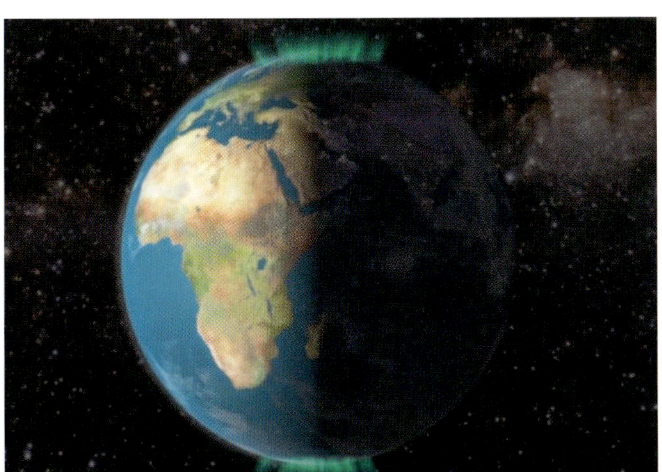

↑→
Vom All aus gesehen wird das synchrone Auftreten von Polarlichtern an Nord- und Südpol deutlich, rechts die Wahrnehmung von der Erde aus.

Die Energie stammt ursprünglich aus Emissionen der Sonne. Sie sendet ein elektrisch geladenes Plasma mit einer durchschnittlichen Geschwindigkeit von bis zu drei Millionen Stundenkilometern und einer Dichte von ca. fünf mal 106 Teilchen pro Kubikmeter aus. Die größten Sonnenwindausbrüche geschehen durch magnetische Feldlinienverschmelzungen im Bereich von Sonnenflecken während der aktiven Phase des Sonnenzyklus'. Dabei treffen Sonnenwindteilchen auf die irdische Magnetosphäre und treten mit ihr in Wechselwirkung. Es dauert ungefähr zwei bis vier Tage bis zum Auftreffen auf die Erdmagnetosphäre, ist doch die Sonne rund 150 Millionen Kilometer vom blauen Planeten entfernt. Die auftreffenden Sonnenwindpartikel stauchen die Erdmagnetosphäre auf der sonnenzugewandten Seite und ziehen sie auf der abgewandten Seite zu einem langen Schweif aus. Nun werden die Sonnenwindpartikel aufgrund ihrer Ladung längs der Richtung des Erdmagnetfeldes abgelenkt und umströmen die irdische Magnetatmosphäre. Dadurch wird die darunterliegende Biosphäre vor dem Sonnenwind geschützt und die Magnetosphäre durch den dynamischen Sonnenwind fortlaufend bewegt. Durch die Bewegung des Magnetfeldes gegenüber den darin geladenen Teilchen werden Ströme induziert. Die größten Energiefreisetzungen finden im Schweifbereich der irdischen Magnetosphäre statt, in dem sich folglich ein komplexes System bewegter elektrischer Ladungen befindet. Daraus ergibt sich eine Bewegung teils großer, weltumspannender Ströme wie dem Ringstrom, den Birkelandströmen, den Pedersenströmen und dem polaren Elektrojet. Wenn die Plasmateilchen bis in die Atmosphäre herunterströmen, regen sie bei Kollisionen die verdünnten Gase in hohen Schichten der Atmosphäre an, die schließlich ein Fluoreszenzlicht emittieren.

Anziehung Erde–Sonne ↓

Die Ionosphäre

Die Ionosphäre ist eine dreigliedrige, dynamische Schicht der Atmosphäre, die in etwa 80 Kilometer Höhe über dem Erdboden beginnt und reich an Ladungsträgern wie Elektronen und Ionen ist, weshalb sie Plasmaeigenschaften besitzt. Plasma gilt als der vierte Aggregatzustand der Materie und lässt sich als elektromagnetisches Medium mittels Einstrahlung von Hochfrequenzen anregen und manipulieren. In der Ionosphäre entsteht es durch Sonnenwind und kosmischen Teilchenbeschuss. Die Ionosphäre bildet auch den Übergang von der Atmosphäre zur Magnetosphäre des Planeten. Die Ionosphäre ist kein starres Gebilde. Wie es im Meer Strömungen gibt, treten in ca. 90 bis 150 Kilometer Höhe, der E-Schicht der Ionosphäre, sogenannte Elektrojets auf. Das sind Ladungsträgerströme, die quer zu den erdmagnetischen Feldlinien verlaufen und Birkelandströme genannt werden nach ihrem Entdecker, dem norwegischen Physiker Kristian Birkeland (1867–1917). Innerhalb von Minuten können sich aufgrund dieser Dynamiken die

Wettermacher

Eine mögliche Ursache für die in den letzten Jahrzehnten sich häufenden Wetterkapriolen könnte die »Haarp«-Anlage auf einem dafür errichteten Militärstützpunkt in der Wildnis Alaskas nordöstlich von Anchorage sein. Wobei einschränkend gesagt werden muss, dass es auch in Norwegen, Russland und Peru ähnliche Projekte gibt, also viele Köche für den Wetterbrei auszunehmen wären. Aber wenden wir uns dem größten in Alaska zu.

Der Erfinder, Physiker und Elektroingenieur Nikola Tesla (1856–1943), ein serbischer Kroate, der 1884 nach Amerika auswanderte, war fest davon überzeugt, dass es eine elektrisch leitende Schicht in der Atmosphäre gäbe, die man zur drahtlosen Energieübertragung nutzen könnte. Aufgrund von Forschungsergebnissen der beiden US-Physiker Bernard Eastlund und Nicholas Christofilos beauftragte das amerikanische Militär in den 1990er Jahren ein entsprechendes Projekt mit der Bezeichnung »High Frequency Active Auroral Research Programm« (Haarp) zu starten. Dabei werden Radiowellen zur Untersuchung der Ionosphäre eingesetzt, wobei allerdings gepulste Hochfrequenzwellen in die obersten Schichten der Atmosphäre geschickt werden, die diese allerdings aufheizen. Die Anlage umfasst ein Antennensystem, fünf Generatoren und 180 etwa 24 Meter hohe gekreuzte Dipolantennen, die in einem Array, also einer bestimmten Anordnung von Gruppenantennen, von 12 mal 15 angeordnet sind. Mithilfe dieser Apparaturen kann die Frequenz und die Drehrichtung elektromagnetischer Wellen so verändert werden, dass die dadurch entstandene schnellere Elektronenbewegung die Ionosphäre erwärmt.
Wir müssen uns das alles wie einen riesigen Mikrowellenherd vorstellen, der sich über unseren Köpfen befindet.

Aber es lassen sich zudem auch noch elektromagnetische »Very-Low-Frequency«-Wellen (VLF, drei bis 30 Kilohertz, beziehungsweise 10.000 bis 100.000 Kilometer Wellenlänge) oder sogar »Extreme-Low-Frequency«-Wellen (ELF) bis hinab zu 0,1 Hertz erzeugen und auf die Erde reflektieren. VLF-Wellen können in Salzwasser bis zu 40 Meter tief eindringen. Damit wird die Kommunikation mit U-Booten, unterirdischen Stationen und zudem eine verbesserte Navigation ermöglicht. Dies ist auch eines der offiziell mitgeteilten Haarp-Forschungsziele.

Nicola Tesla
↓

Ausdehnung und die Zusammensetzung der Ionosphäre verändern. Im Zusammenspiel mit dem Magnetfeld ergibt sich eine äußerst komplexe und sensitive elektromagnetische Struktur mit massivem Einfluss auf das Wettergeschehen unseres Planeten. Denn da sich die Ladungsträger in der Ionosphäre auf spiralförmigen Bahnen um die magnetischen Feldlinien der Erde bewegen, besteht die Möglichkeit, diese zu beschleunigen.

Die unterschiedlichen Strahlungen

Natürliche Strahlen

Nach den Erkenntnissen der Physik ist der kleinste spaltbare Teil einer Materie das Atom. Das Atom besitzt eine eigene Elektrizität und ein Magnetfeld. Atomkerne verschiedener Art strahlen verschieden. Eine Zusammenballung von Atomen zu Molekülen, deren Verkettung zur Materie, lässt die Strahlung größer werden. Prinzipiell gilt: Je dichter die Materie, desto größer die Strahlung und das Magnetfeld. Doch gibt es leitende und nicht-leitende Materialien, magnetische oder neutrale. Je nach Legierung und Zusammensetzung heben sich Magnetismus und Strahlung auf.

Die Erde als Materialblock besitzt eine Vielzahl von Mineralien und Metallen, die wie die Jahresringe eines Baumes übereinander geschichtet sind, wobei die Erdkruste wie erwähnt 30 bis 120 Kilometer, der Mantel 120 bis 660 Kilometer Dicke erreicht. Gesteinsbrüche und Verwerfungen verschieben die Erd- und Gesteinsschichten aus ihrer ursprünglichen Lage, sodass in den Bruchlinien verschiedene Atom- und Molekularstrukturen gegeneinander gepresst werden, die Strahlen freisetzen und auf Flora und Fauna gleichermaßen schädlich wirken können. Ebenso sammeln sich Strahlen wie beispielsweise Radongas in Hohlräumen. Mineralschichten, Öl, Sand, Kohle, Uran und noch vieles mehr können aus der Tiefe ihre Strahlungen an die Oberfläche schicken.

Nicht jede Strahlung ist gefährlich. Ähnlich einer Allergie reagiert jede Person völlig unterschiedlich auf derlei geopathischen Störzonen. Ein Grundübel bilden Wasseradern. Je nach Strömungsgeschwindigkeit, gelösten Salzen, also Ionen, und Druck, mit dem das Wasser durch den Untergrund fließt, entsteht eine mehr oder minder starke Abstrahlung. Rutengänger und Geologen führen die Strahlung auf den Reibungswiderstand des Wassers am Gestein zurück. Die Stärke der Strahlung, die in Reizeinheiten ermittelt wird, ist abhängig von der Fließgeschwindigkeit, der Wassermenge, der Beschaffenheit der geologischen Schichten usw. Reizeinheiten von über 2000 sind dabei in der Praxis keine Seltenheit.

Doch was verstehen wir nun tatsächlich unter dem Begriff »Strahlung«? Physikalisch geht es dabei um nichts anderes als die Ausbreitung von elektromagnetischen Wellen oder Teilchen durch Raum und Materie, wobei man grob zwei Arten von Strahlung unterscheidet: die ionisierende und die nichtionisierende Strahlung.

Ionisierende Strahlung

Die allgemein bekannteste ionisierende Strahlung ist die Radioaktivität. Doch von radioaktiver Strahlung zu sprechen, ist wissenschaftlich nicht ganz korrekt. Denn radioaktiv sind lediglich die Atome im Kern, die bei der Kernumwandlung energiereiche Strahlung aussenden. Da diese Strahlung imstande ist, Atome und Moleküle elektrisch aufzuladen, nennt man sie wissenschaftlich korrekt ionisierende Strahlung.

Unter anderem gehören Alpha- oder Betastrahlen, die bei einem Reaktorunfall durch die Zersetzung von radioaktiven Partikeln entstehen, aber auch elektromagnetische Röntgen- und Gammastrahlen in die Gruppe der ionisierenden Strahlung. Wenn nun diese ionisierende Strahlung in den Körper eindringt, gibt es eine Wechselwirkung zwischen den Strahlen und den Molekülen des Körpergewebes. Die Wirkungsmechanismen sind sehr unterschiedlich. Was sie gemeinsam haben: Ionisierende Strahlung kann Zellen schädigen. Wenn man zu viel Strahlung – Alpha-, Beta-, Gamma- und Neutronenstrahlung – ausgesetzt wird, kann es sein, dass der Körper nicht mehr in der Lage ist, die Zellschäden zu reparieren. Und daraus kann Krebs entstehen.

Was diese Strahlung unter anderem so gefährlich macht, ist der fehlende Schwellenwert. Es gibt keinen Wert, unterhalb dessen die Strahlung unschädlich ist. Man muss also davon ausgehen, dass jede Strahlenbelastung ein Risiko beinhaltet. Deswegen gilt das eherne Gesetz im Strahlenschutz: Der Kontakt zu Strahlung sollte immer minimiert werden.

Die durchschnittliche Belastung der Bevölkerung in Deutschland mit radioaktiven Strahlen beträgt 4,0 Millisiewert (mSv) pro Mensch pro Jahr

Künstliche Strahlungsquellen		Natürliche Strahlungsquellen	
Kerntechnik	0,01 mSv	Kosmische Höhenstrahlung	0,3 mSv
Kernwaffentests	0,01 mSv	Nahrung	0,3 mSv
Forschung Technik Haushalt	0,01 mSv	Bodenstrahlung	0,4 mSv
Reaktorunfall Tschernobyl	0,01 mSv	Radon (radioaktives Gas)	1,4 mSv
Medizin	1,90 mSv		

47.100 Menschen werden allein in Deutschland durch ihren Beruf mit einer zusätzlichen Strahlung von 0,8 mSv belastet.

Natürliche Strahlung im Alltag

Radioaktive Stoffe und ionisierende Strahlung finden wir täglich überall. Sie kommen in Böden, in Steinen, in Baumaterialien oder in der Luft vor. Deshalb sind wir stets neben der kosmischen Strahlung aus dem Weltall auch der Strahlung beispielsweise des natürlichen Edelgases Radon ausgesetzt, das aus dem Boden und vor allem aus zerklüfteten Steinen aufsteigt. Demzufolge gelangen radioaktive Stoffe auch durch den Genuss von Lebensmitteln oder durch das Einatmen von Luft in unseren Körper.

Die Radioaktivität, die in der Luft liegt, muss daher ständig gemessen und überwacht werden. Dabei wird zwischen künstlich erzeugter und natürlicher Strahlenbelastung unterschieden, deren Messwerte sich deutlich unterscheiden: Die natürliche Strahlung ist um einiges höher als die der künstlich erzeugten. Eine reelle gesundheitliche Gefährdung für den Menschen ist in den meisten vorkommenden Werten allerdings nicht zu erwarten. Eine Ausnahme kann das Edelgas Radon darstellen, dessen Werte in den Regionen Deutschlands und Österreichs sehr unterschiedlich sind. Natürlich vorkommendes Radon ist nach dem Rauchen die zweithäufigste Ursache für Lungenkrebs. In manchen Regionen kann die Radonbelastung in Häusern sehr hohe Werte erreichen. Hier helfen sogenannte Radonmessungen, z.B. mit dem Gerät »Airthings«, diese zu identifizieren und bei Bedarf entsprechende Maßnahmen wie Abdichtung oder regelmäßiges Lüften, um die Belastung durch Radon zu reduzieren.

Vom Menschen verursachte Radioaktivität am Beispiel Tschernobyl

Am 26. April 1986 kam es zu einer Kernschmelze und Explosion des Reaktorkerns im Block 4 des heute stillgelegten Kernkraftwerks Tschernobyl im Norden der Ukraine nahe der ukrainisch-weißrussischen Grenze, etwa vier Kilometer von der Stadt Prypjat und 18 Kilometer von Tschernobyl entfernt. Der Super-GAU gilt als bisher weltweit

Einfluss von Radon auf den Menschen

Weil die Belastung durch Radon den größten natürlichen Beitrag zur Strahlenbelastung für die meisten Menschen darstellt, möchte ich das Thema etwas weiter ausführen. Radon ist ein natürliches, radioaktives Element, das in den natürlichen Zerfallsreihen des Urans und Thoriums vorkommt. Das Gas, das meistens aus dem Untergrund in Häuser eindringt, kann unter ungünstigen Bedingungen die Aktivität der Raumluft so stark steigen lassen, dass das Risiko, an Lungenkrebs zu sterben, nennenswert steigt. Durch das Einatmen von Radon selbst steigt das Risiko kaum, denn das Edelgas wird fast vollständig wieder ausgeatmet, ohne im Körper zerfallen zu sein. Weit gefährlicher ist die Anreicherung von feinsten Staubpartikeln mit Radon, die sich in der Raumluft befinden. Dabei entstehen ebenfalls radioaktive Radonzerfallsprodukte, die sich als Schwermetallatome an Feinstaub anlagern, sich so in der Lunge anreichern und dort zerfallen. Bei Uran-Bergarbeitern ist Lungenkrebs durch Radon eine anerkannte Berufskrankheit. In den Anfängen des Bergbaus ist sie als Schneeberger-Krankheit bekannt geworden, die praktisch alle Bergleute in der Umgebung von Schneeberg im Erzgebirge getötet hat.

Rechnerische Abschätzungen aus der Lungenkrebshäufigkeit von Bergarbeitern haben ergeben, dass Radon für etwa zehn Prozent der Lungenkrebstodesfälle verantwortlich ist. Diese Größenordnung wurde inzwischen durch epidemiologische Studien belegt. Damit gehen pro Jahr in der EU 210.000 Lungenkrebstodesfälle auf das Konto von Radon.

Nun zeigen Untersuchungen des Schweizerischen Tropen- und Public Health-Instituts (Swiss TPH) im Rahmen der Schweizerischen Nationalen Kohortenstudie, dass Radon im Wohnumfeld auch das Risiko erhöht, an bösartigem Hautkrebs, dem malignen Melanom, zu erkranken. Auch bei verschiedenen medizinischen Anwendungen wie etwa der Radonbalneologie besteht ein Risiko wegen der damit verbundenen Strahlenexposition. In Deutschland beträgt die durchschnittliche Radonbelastung in Innenräumen 59 Becquerel je Kubikmeter (Bq/m^3) im Jahr.

schwerster Unfall in einem Kernkraftwerk. Die Reaktoren hatten eine elektrische Bruttoleistung von insgesamt 3800 Megawatt, wobei das Kraftwerk zwischen 1983 und 1986 über eine Maximalleistung von 12.800 Megawatt thermisch verfügte. Große Teile des radioaktiven Inventars gelangten in die Umwelt. Das Graphit, mit dem der Reaktor moderiert wird, geriet in Brand und konnte erst Tage später gelöscht werden. Der Landstrich um den Reaktor musste geräumt werden und ist bis heute unbewohnbar. Die mit dem Rauch in große Höhe gelangte Radioaktivität wurde nach Westen getrieben und bewirkte einen radioaktiven Niederschlag, ein sogenntes Fallout, über Nord- und Mitteleuropa. Diese Havarie machte den Ortsnamen »Tschernobyl« zum Synonym für Gefahren der Kernenergie und die unabsehbaren Folgen eines Super-GAUs. Am 23. April 2008 wurde der letzte Kernbrennstoff entfernt und zugleich ging in der Zone am Kraftwerk die Atommüll-Verarbeitungsanlage Vektor in Betrieb. Damit sollen die kontaminierten Teile in der Zone verarbeitet werden, um diese für eine Endlagerung vorzubereiten.

Die folgende Tabelle von für Deutschland repräsentativen Radonaktivitäten (angegeben in Becquerel je Kubikmeter) verdeutlicht, dass das Radon überwiegend aus dem Boden kommt.

Mittelwert	**Bq/m^3**
Freiluft	15
Raumluft	60
Trinkwasser	6.000
Bodenluft in 1 m Tiefe	5.000 bis 500.000

Im Wasser ist Radon schlecht löslich. In der freien Atmosphäre verdünnt es sich stark und zerfällt innerhalb einiger Tage. In Häusern ist die Belastung größer, besonders in Kellern mit Hausbrunnen, offenen Böden oder undichten Betonplatten. In höheren Geschoßen ist die Belastung geringer. Häuser aus Naturstein oder Lehm, wie etwa Fachwerkhäuser, sind stärker belastet.

1984 ergab eine Studie in Westdeutschland eine logarithmisch-normalverteilte Belastung mit einem Mittelwert von 40 Bq/m3 in der Raumluft. Die Belastung ist allerdings regional sehr unterschiedlich. In Gebieten in Bayern und Sachsen ist sie stellenweise sehr hoch. Dies ist auf die unterschiedlichen Vorkommen einzelner Gesteinsarten und -zusammensetzungen zurückzuführen. Regionen, in denen Uran abgebaut wurde, und Regionen mit Granit-, Bauxit- und Schwarzschiefervorkommen weisen hohe Radonkonzentrationen im Boden, in der Luft und im Wasser auf. Sie sind deutlich höher als in Kalksteinböden.

Die regionalen Unterschiede zeigen sich auch im Trinkwasser: Der Durchschnitt liegt in Deutschland bei 6.000 Becquerel je Kubikmeter im Jahr, in Schweden bei 15.000 und in Finnland bei 50.000. Beim Kontakt mit der Luft gast Radon aus dem Wasser aus. Besonders belastet können Mitarbeiter von Wasserwerken sein – in einem Wasserwerk wurden 40.000 Becquerel je Kubikmeter in der Luft festgestellt.

↑
Der halbrunde Teil ist die Schutzhülle des Sarkophags, durch die vermieden werden soll, dass radioaktive Stoffe in die Atmosphäre gelangen.

Ein Besuch in Tschernobyl

Ende Oktober 2017 reisten mein Freund Günter Marent und dessen Sohn Alexander nach Tschernobyl. Es war eine von einer Expertin geführte Reise, und die wenigen Teilnehmer wurden mit je einem Dosimeter ausgestattet. Es gab mehrere Kontrollpunkte, bei welchen die jeweils aufgenommene Strahlung gemessen wurde. Günter erzählte mir, dass bei der Fahrt zur Stadt Prypjat plötzlich alle Dosimeter im Bus Alarm schlugen und Strahlenwerte von über 30 μSv/h anzeigten. Das Sperrgebiet, das in etwa die Größe des österreichischen Bundeslandes Vorarlberg aufweist, bleibt die nächsten 300 Jahre ohne zusätzliche Maßnahmen unbewohnbar.

Der »Rote Wald« ist bis heute einer der am stärksten radioaktiv kontaminierten Orte der Erde. Hier ging ein Großteil der durch die Explosion in die Atmosphäre freigesetzten radioaktiven Stoffe nieder. In der Folge färbten sich die Nadeln der Bäume innerhalb kurzer Zeit rot, und die Bäume starben ab. Nachdem die kontaminierten oberen Erdschichten durch Panzer abgetragen und als nuklearer Müll vergraben wurden, konnte der »Rote Wald« mit neuen Kiefernsetzlingen aufgeforstet werden, um Verwehungen von radioaktivem Staub in die Umgebung zu verhindern. Allerdings starben viele Setzlinge wieder ab, die restlichen gedeihen langsamer als gesunde Bäume, haben gelb verfärbte Nadeln und veränderte Formen. Außerdem wurde festgestellt, dass die Population von Mikroorganismen zerstört wurde, die beispielsweise Laub zersetzen, weshalb viel mehr Laub auf den Waldböden liegen bleibt. Im Fall von Waldbränden ist die Gefahr groß, dass radioaktive Partikel wiederum in die Atmosphäre gelangen.

Der »Rote Wald«, der bis heute nicht betreten werden darf. ↓

Während des zweitägigen Aufenthaltes in der Zehn-Kilometer-Sperrzone haben Günter und Alexander 8 μSv an Strahlung aufgenommen, das sind durchschnittlich 0,258 μSv/h. Im deutschsprachigen Raum beträgt die durchschnittliche natürliche Strahlenbelastung 0,083 μSv/h. Im Vergleich dazu nimmt man bei einer Röntgenuntersuchung des Thorax bis zu 100 μSv auf, dieselbe Dosis wie bei einem zehnstündigen Transatlantikflug.

Die überwältigenden Eindrücke aus dieser gigantisch großen, radioaktiv verseuchten Sperrzone, in der Unmengen radioaktiven Mülls hastig vergraben wurden und 350.000 Menschen ihre Heimat verloren, werden Günter und Alexander noch lange beschäftigen.

Die Halbwertszeit des radioaktiven Isotops Cäsium-137, das hauptsächlich bei der Katastrophe von Tschernobyl in die Umwelt geschleudert wurde, liegt bei ungefähr 30 Jahren. Heute, mehr als 30 Jahre nach der Katastrophe, hat sich die Menge der gefährlichen Nuklide erst halbiert. Experten haben errechnet, dass erst nach zehn Halbwertszeiten davon gesprochen werden kann, dass Cäsium nicht mehr vorhanden (ca. 0,510 = 0,09765 Prozent) und somit für den Menschen nicht mehr gefährlich ist. Die wirklich gefährlichen, radioaktiven Stoffe wie Plutonium und Uran, beide mit Jahrtausenden langen Halbwertszeiten, haben sich zum größten Teil im Inneren des Unglücksreaktors zu einer lavaartigen Masse, dem sogenannten »Elefantenfuß«, verbunden.

Greifer aus reinem Eisen, der nach 30 Jahren immer noch einen Strahlenwert von 148,6 µSv/h abstrahlt bei einer Messungsentfernung von zehn Zentimetern.

↓

Die Emissionen des Reaktors Nr. 4 überschritten um ein Hundertfaches die radioaktive Kontamination der Atombomben, die auf Hiroshima und Nagasaki abgeworfen wurden. Dabei ist zu bedenken, dass Ende 2017 weltweit 449 Reaktoren in Betrieb und 60 zusätzliche im Bau waren. Mindestens neun Reaktoren liegen an Bord von versunkenen U-Booten am Grunde der Weltmeere.

Optische Strahlung

Einen besonderen Stellenwert nimmt die optische Strahlung ein. Sie kann sowohl zur Gruppe der ionisierenden als auch zu jener der nichtionisierenden Strahlung zählen:

- Ultraviolette Strahlung (UV) gehört meist zu den ionisierenden Strahlen, manche Wellenlängen aber eben auch zu den nichtionisierenden.
- Die Infrarotstrahlung zählt zur nichtionisierenden Strahlung.

Beide optische Strahlungen sind Segen und Fluch zugleich, sind sie doch Wärmequelle, die Vitamin D-Produktion ankurbelnd, aber auch Hautschädiger und im schlimmsten Fall Hautkrebsrisiko steigernd. Durch UV-Lampen, Solarien oder Heizstrahler können diese Strahlen teilweise auch künstlich erzeugt werden. Experten raten dringend vom Besuch von Solarien ab, denn für die positiven Effekte der UV-Strahlung reicht die Sonne völlig aus, selbst im Winter.

Künstlich erzeugte Strahlen

Haushaltsstrom – Niederfrequenz

Elektrische und magnetische Felder gehören ebenfalls zum nichtionisierenden Spektrum, die überall dort auftreten, wo elektrische Maschinen oder Geräte in Betrieb sind, also im Haushalt ebenso wie bei der Arbeit, auf der Straße, eigentlich an fast jedem Ort. Es handelt sich dabei um Niederfrequenz, die laut Strahlenschutzbehörden keine gesundheitsschädlichen Werte aufweist. Dennoch sollte man daran denken, dass je weiter man die Geräte von sich weg hält, desto geringer ist auch die Belastung. Die Feldstärke nimmt nämlich mit jedem Zentimeter ab, den man vom Gerät entfernt ist. Andere Quellen, die ebenfalls statische oder niederfrequente Felder hervorrufen, sind Gleichspannungsanlagen, Lautsprecheranlagen, Magnetschwebebahnen, Warensicherungsanlagen in Warenhäusern oder auch im medizinischen Bereich Geräte zur Magnetfeldtherapie.

Strahlungsfreie Headsets

Unsere Headsets mit Mikrofon für Smartphones mit spezieller pneumatischer Schallübertragung besitzen eine hochfrequente Strahlungsreduktion bis über 99 Prozent und eine hundertprozentige niederfrequente Strahlungsreduktion. Der Clou dieser Headsets liegt im Luftschlauch zwischen Ohrstöpsel und Akustikkoppler, der die an das Kabel gekoppelte Handystrahlung unterbricht, sodass Letztere nicht bis ans Ohr geleitet wird. Auch die Lautsprecherkapsel – herkömmlich direkt im Ohrhörer – wird auf Abstand zum Gehirn gehalten und so dessen Magnetfeldbelastung minimiert. Auf diese Weise können Sie beispielsweise mit dem Aircom-Headset mit Luftleiter die Belastung mit hoch- und niederfrequentem Elektrosmog drastisch reduzieren.

Handy & Co. – Hochfrequenz

Hochfrequente elektromagnetische Felder werden in der Regel von Antennen abgegeben. Jeder kennt diese Art von Übertragung aus dem Kommunikationsbereich: Mobilfunk, Schnurlostelefone, WLAN, Baby-Phone oder Funkradiowecker basieren unter anderem auf diesem Prinzip der Informationsübertragung. Aber auch Mikrowellenherde oder Radargeräte zählen dazu. Sendefunkanlagen, aber eben auch die Endgeräte selbst, gelten als Ursprung hochfrequenter elektromagnetischer Felder. Da der derzeitige Wissensstand noch Forschungsbedarf hat – schließlich kann es noch gar keine Langzeitstudien über die gesundheitlichen Auswirkungen der Hochfrequenz geben, ist doch die Technologie noch zu jung – gibt es zwar rund um den Globus offizielle Grenzwerte, doch wird seitens der Behörden immer wieder betont, im Alltag die Strahlenbelastung so gering wie möglich zu halten und vorzusorgen.

Das bedeutet, beispielsweise beim Gebrauch eines Mobiltelefons: Da sich gerade der Kopf in unmittelbarer Nähe der jeweiligen Antennen befindet, sollte man verstärkt auf gewisse Dinge achten, um die Strahlung beim Telefonieren mit dem Mobiltelefon oder mit dem schnurlosen Telefon zu verringern: kurze Telefonate, wenn möglich Head-Sets (siehe Kasten) benützen, denn die Strahlenbelastung nimmt bei zunehmender Entfernung vom Gerät ab. Des Weiteren strahlenarme Telefongeräte nutzen, nicht bei schlechtem Empfang telefonieren. Auch ist es sinnvoll, möglichst großen Abstand zu halten oder einfach die beste Lösung in Betracht ziehen: Telefonieren mit einer Strahlenschutz-Handytasche (siehe Seite 185).

So wie bei vielem im Leben verhält es sich auch mit der Funkstrahlung: Die Dosis macht das Gift. Wer will heute schon auf die moderne Informationstechnik verzichten? Solange jedoch nicht klar ist, ob elektromagnetische Strahlung im Hochfrequenzbereich gesundheitliche Langzeitauswirkungen auf den Organismus hat, sollte man damit bewusst und im notwendigen Maße umgehen. Das heißt, diese Technik nur nutzen, wenn sie gebraucht wird. Also nachts das Handy auf Flugmodus schalten, das WLAN ausschalten und das Schnurlostelefon in die Basisstation stecken.

Die Entwicklung im Bereich Mobilfunk und mobiles Internet schreitet seit den 1990er Jahren rasend voran, und jedes Jahr werden neue Sendemasten aufgestellt. Für jede neue Sendetechnik werden eigens dafür entwickelte Systeme benötigt. In Europa betragen die Abstände zwischen den Masten maximal zwei Kilometer, wobei ein Sendemast eine Mindestreichweite von drei Kilometern hat. Die Bestrahlung des Hauses erkennt man daran, wie gut der Handyempfang ist (Balken auf dem Display). Funkfrequenzen messen die Empfangsqualität des Smartphones, doch hat sich gezeigt, dass sich bei schlechtem Empfang das Ohr stärker erwärmt als bei guter Empfangsqualität.

Europaweit werden unterschiedliche Funkstandards angeboten: GSM, GPRS, UMTS 3G, HSDPA, sowie HSUPA (High Speed Uplink Packet Access), WiMAX mit einer Reichweite von 50 Kilometern und LTE (Long Term Evolution), LTE 4G, Airfiber sowie LTE 5G. Und sie alle befinden sich im Ausbau, wobei sie ihre volle Leistungsfähigkeit noch gar nicht erreicht haben.

Auch die häusliche Nutzung nimmt immer mehr überhand. Neben DECT-Schnurlostelefonen, hat vor allem WLAN den Einzug in die Wohnungen geschafft. Somit sind die Sender nicht nur draußen, sondern mittlerweile sogar schon in den Wohnungen zu finden. Und auch das analoge Radio sowie Fernsehen wurden offiziell 2008 auf digital umgestellt ...

Gesundheitliche Schäden

Wissenschaftlich gesicherte Kenntnisse, in welchem Ausmaß sich die Strahlenexposition gesundheitsschädlich auswirken kann, liegen nicht vor. Die Internationale Strahlenschutzkommission (ICRP) geht »von einem linearen Zusammenhang zwischen Dosis und Wirkung ohne Schwellenwert« aus. Das bedeutet: auch bei niedrigen Dosen können Schäden nicht ausgeschlossen werden. Selbst kleinste Dosen haben ein – wenn auch geringeres – Risiko. »Deswegen sollte man jede Untersuchung oder Therapie, bei der man sich einer Strahlenexposition aussetzt, gemeinsam mit dem Arzt genau abwägen«, so Emrich. Der Sprecher des deutschen Bundesamtes für Strahlenschutz weiter: »Der Arzt ist verpflichtet, sehr genau darauf zu achten, ob es eine rechtfertigende Indikation gibt.« Das heißt: Der Nutzen durch die Untersuchung muss größer sein als das damit verbundene Strahlenrisiko. Wie die Deutsche Röntgen-Gesellschaft allerdings feststellen musste, ist etwa die Hälfte aller Röntgenaufnahmen in Deutschland überflüssig. »In Deutschland wird nach wie vor zu viel geröntgt«, sagt Emrich.

Mit einem sogenannten Röntgenpass, den es in Arztpraxen oder auch beim BFS gibt, könnten Patienten auch selbst darauf achten, dass unnötige Aufnahmen vermieden werden.

Therapeutische Strahlenanwendungen

Im medizinischen Bereich bedient man sich unterschiedlicher Arten von Strahlung. Die bekanntesten sind wohl die Röntgenstrahlen. Röntgenstrahlen zählen ebenso wie die Gammastrahlen zu den ionisierenden Strahlen. Röntgenstrahlen lassen seit mehr als hundert Jahren einen Einblick ins Innere des menschlichen Körpers zu und sind damit eines der wichtigsten diagnostischen Hilfsmittel. Am häufigsten werden konventionelle Röntgenaufnahmen gemacht: Nur den Bruchteil einer Sekunde werden Röntgenstrahlen auf den entsprechenden Körperteil gerichtet und durchleuchtet. Fazit: Kurzer Strahlenkontakt, relativ geringes Strahlenrisiko.

Im Vergleich dazu bekommen Patienten beispielsweise bei der Computertomographie (CT), einem Verfahren der Röntgendiagnostik, das den menschlichen Körper in Querschnittbildern zeigt, eine viel höhere Strahlendosis ab. Im Durchschnitt lässt sich jeder Deutsche etwa 1,6 Mal im Jahr röntgen. Während zwar insgesamt in den letzten Jahren die Röntgenuntersuchungen abnahmen, gibt es hingegen einen stetigen Anstieg der CT-Untersuchungen. Aufgrund der Zunahme der dosisintensiven CTs stieg auch die effektive Strahlendosis, der die Bevölkerung ausgesetzt ist.

Natürliche Störzonen

Erdstrahlen

Erdstrahlen sind physikalische Erscheinungen. Es gibt vier verschiedene wissenschaftlich ermittelte Strahlungsarten:

- Wasseradern
- Verwerfungen
- Brüche
- Magnetfeldlinien

Reizeinheiten (RE) nennt man die Maßeinheit für die Strahlungsstärke. Im Englischen heißt dies Stimulation Factor (SF) und beziffert, mit welcher Intensität die Störzone strahlt. 400 RE sind normal und ist der Bereich, den der Mensch braucht und in dem er sich wohlfühlt. Ab 600 RE spricht man von pathologischen, sprich krankmachenden Einflüssen.

Wasseradern

Wenn das Wasser unterirdisch seine Wege sucht, entsteht Reibungsenergie und dadurch Ionisation, die durch gelöste Salze und Spurenelemente (Eisen, Zink, Kupfer, etc.) im Boden zusätzlich erhöht wird. Wasseradern sind gut und wichtig. Sie versorgen den Boden und die Pflanzenwelt mit Nährstoffen. Nur: Ist die Ionisation zu hoch, ist sie pathogen, und Menschen, Pflanzen und Tiere reagieren gleichermaßen sensibel darauf.

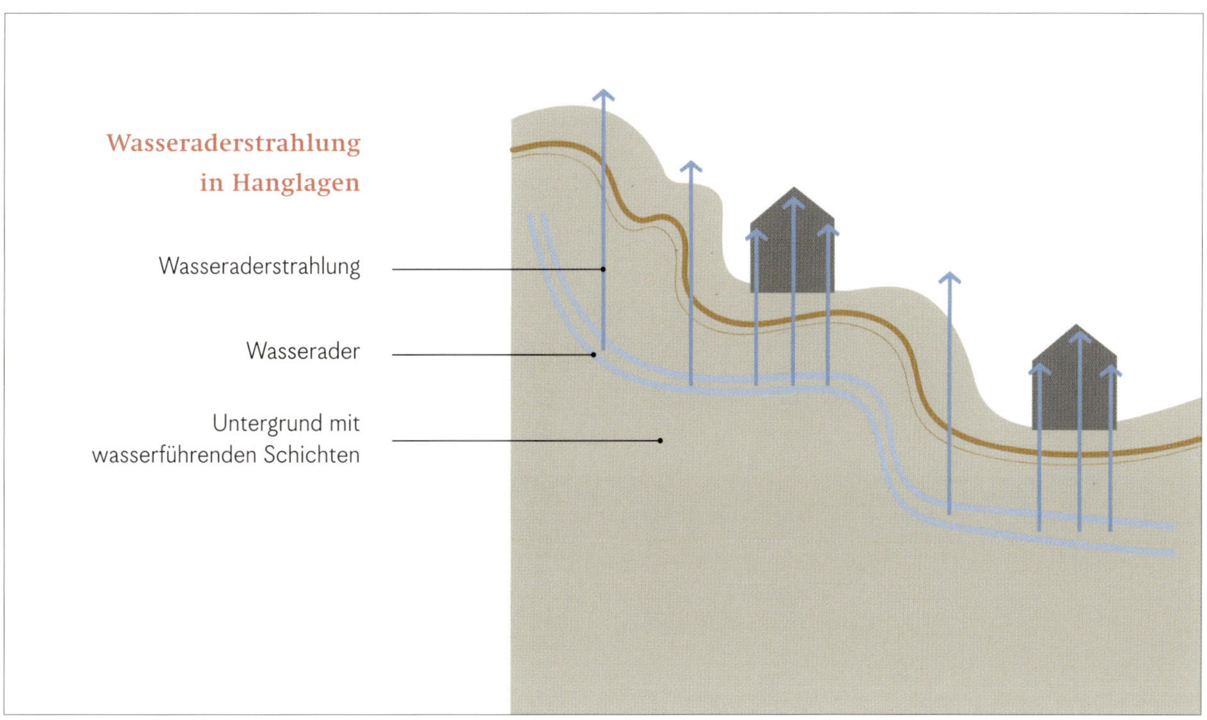

Verwerfung

Moränen der Eiszeit bestehen aus verwirbelten Erdschichten mit Spuren verschiedener Metalle, die mit ungeheurem Druck ineinander gepresst werden. Es entsteht ein elektrischer Reaktor, der je nach Feuchtigkeit mehr oder weniger tätig sein kann. Betroffen sind meist hügelige Gelände, Vorgebirge und der Alpenraum.

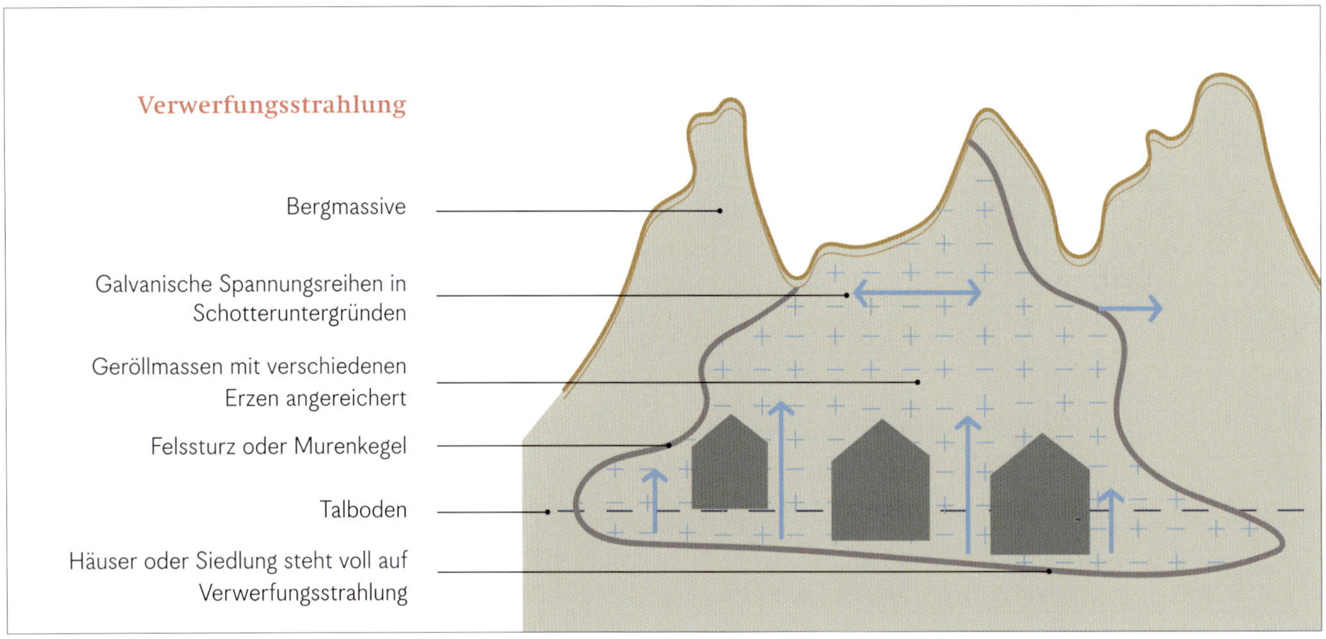

Bruch

Durch Verschieben von Gesteinsschichten gegeneinander, wird der gleiche Effekt wie bei der Verwerfung erzeugt. Zusätzlich können noch austretende Gase wie Radon etc. Gesundheitsschäden verursachen. Ein Bruch bleibt meist in der Breite gegenüber einer Verwerfung beschränkt.

Bruch
Strahlungsentstehung durch galvanische Reaktionen im Erdreich; verschiedene Elemente reagieren zusammen
→

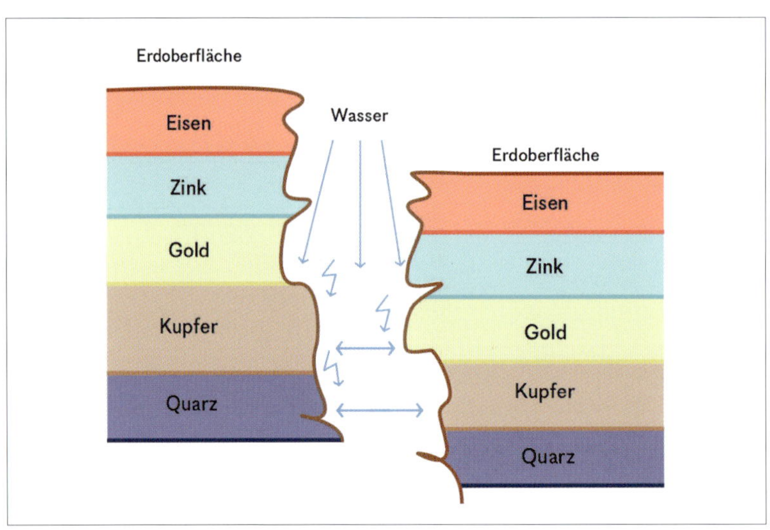

Magnetfeldlinien

In den 1960er und 1970er Jahren haben die beiden Mediziner und Wissenschaftler Ernst Hartman und Manfred Curry, die Zusammenhänge zwischen Krankheit und Gitternetzlinien erforscht. Sie waren die Namensgeber der uns heute bekannten »Globalgitter« und »Currygitter«.

Ernst Hartmann beschrieb erstmals in seinem Buch »Krankheit als Standortproblem« ein rechteckiges, natürliches, erdmagnetisches Gitternetz aus sogenannten Reizstreifen, das wie die Längen- und Breitengrade, in Nord-Süd- und Ost-West-Richtung um den gesamten Globus verläuft. Im Mittel beträgt der Abstand 2,5 bis vier Meter sowie in der Richtung bis zu zehn Grad abweichend. Die Strahlungsbreite beträgt 30 Zentimeter, hat 700 Reizeinheiten, die sich in Kreuzungen auf 1400 Reizeinheiten verdoppeln, die sogenannten Krebspunkte. Man kann sich vorstellen, wie oft eine solche Strahlung durch unsere Wohnungen verläuft. Manchmal findet man in den Schlafbereichen auch noch Globalgitternetz-Kreuzungen.

Ernst Hartmann
(1915–1992)

Das Phänomen »Globalgitternetz« lässt sich nicht mit herkömmlichen Geräten messen, ebenso wenig wie Erdstrahlen oder die Schwerkraft. Dem Globalgitternetz wird mit einer Trefferquote von 80 Prozent eine hohe Wahrscheinlichkeit bei der Entstehung von Krebs zugewiesen. Manchmal reagiert der Körper vorerst auf die dauerhafte Strahlung beginnend mit Unwohlsein, Aggressivität, Depressionen, unruhigem Schlaf, Kopfschmerzen, Herzklopfen, Gliederschmerzen aller Art, Schmerzen im Brust- oder

Manfred Curry
(1899–1953)

Hartmann- oder Globalgitter

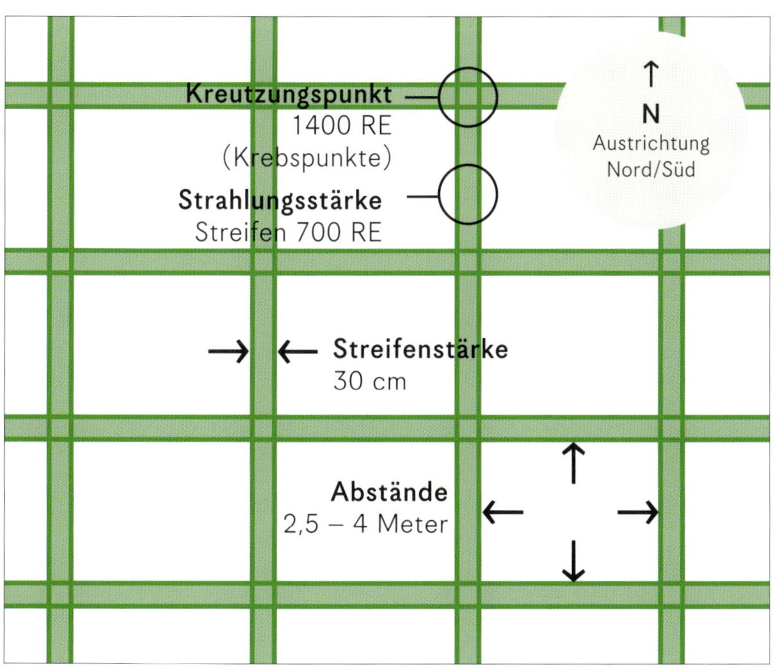

Currygitternetz

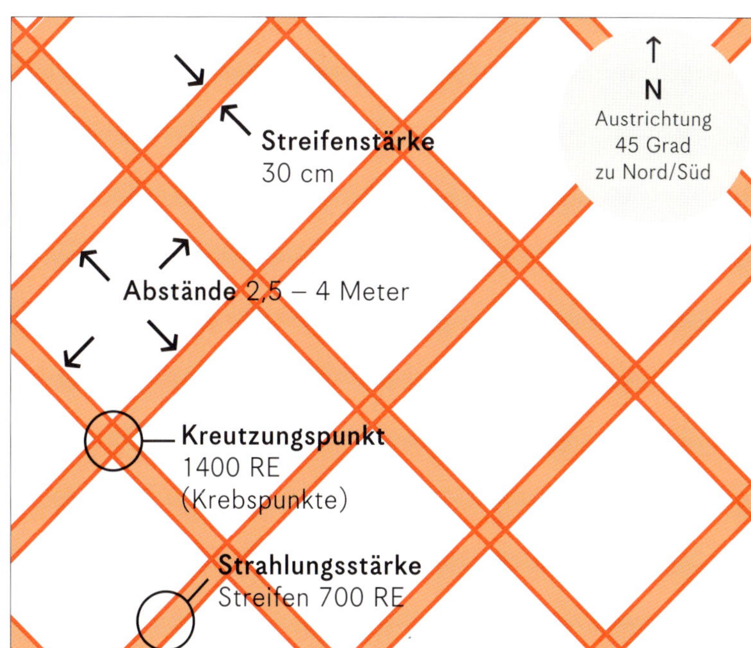

Bauchbereich, in der Folge mit Allergien, undefinierbaren Schmerzen, schweren chronischen Erkrankungen und nicht zuletzt mit Krebs.

Manfred Curry entdeckte das Diagonalgitter, nach ihm auch »Currygitter« genannt. Es handelt sich dabei um ein zweites globales Netz, das etwa um 45 Grad diagonal versetzt zum Globalgitter verläuft. Seine Maschengröße liegt wie jene des Globalgitters ebenfalls bei circa 2,5 mal vier Metern. Die Strahlungsbreite beträgt auch hier 30 Zentimeter. Man spricht in der Radiästhesie von degenerativen Zellveränderungen, wenn die Strahlung dort auf den Körper trifft, wo die Gitternetzkreuzungspunkte liegen. Der Mechanismus hierbei lautet:

Strahlungsintensität × Bestrahlungsdauer × Konstitution des Patienten = Folgeschaden

Beiden Gitternetzen, dem Globalgitter nach Hartmann und dem Currygitter, wird eine hohe Wahrscheinlichkeit bei der Entstehung von Krebs zugerechnet: 80 Prozent Trefferquote bei Blindmessungen zwischen lokalem Krebsfund und Kreuzungspunkt eines Gitternetzes.

Einen weiteren – umstrittenen – Beitrag zur Systematisierung von Magnetfeldlinien auf der Erde hat der Schreinermeister, Maler und Bildhauer Anton Benker geleistet. Er war ein außerordentlich begabter Rutengeher. Das Benkergitter, auch Benker-Kuben-System, ist würfelartig angelegt, und hat eine Kantenlänge von ca. zehn bis zwölf Metern. Die Breite der Feldlinien beträgt ca. 80 bis 100 Zentimeter. Die Würfel sind abwechselnd plus und minus geladen also positiv oder negativ gepolt.

Je nachdem, welcher Bereich dominiert, kommt es zu unterschiedlichen Reaktionen. Es gibt aufladende Streifen und Kreuzungen, die dann als »Kraftorte« bezeichnet werden. Bei abladenden Streifen und Kreuzungen, sogenannten Energielöchern, kommt es dagegen zu einer erheblichen Schwächung. Auf Benker-Linien und besonders den Kreuzungen werden überproportional häufig Krebs und andere schwere Erkrankungen vermutet. Negative Benker-Kreuzungspunkte können alle bereits vorhandenen Störungen verstärken. Diese Strahlung sollte man im Bettbereich unbedingt vermeiden oder ausgleichen.

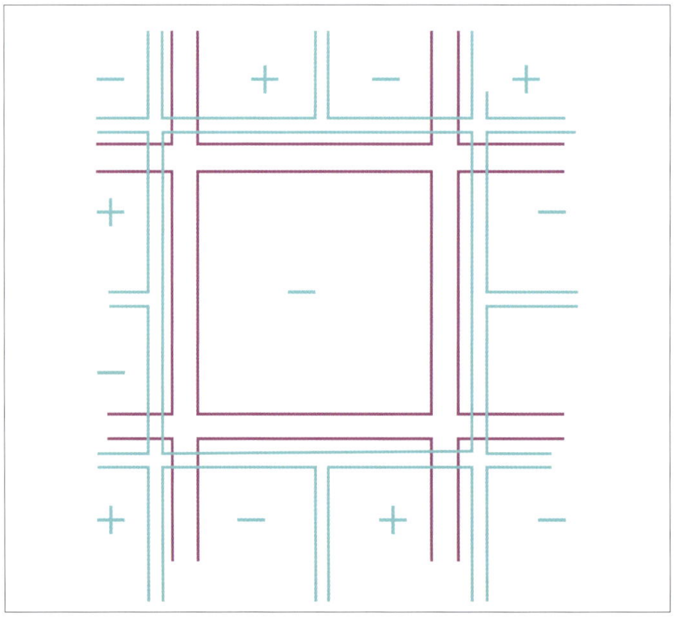

Benkergitter

→

Die kleinen Benker Reizstreifen sind idealisiert gezeichnet kleine Benkerkuben ca 6x6 m großer Benker ca. 12x12 m

Benker Reizstreifen
10-Meter-Streifen

Die am besten zu heilende Krankheit ist die, die man nicht bekommt.

Ein Mediziner aus meinem Bekanntenkreis, Frank Daudert betreibt eine Klinik mit dem Schwerpunkt ganzheitliche Heilung. Er befasst sich seit über 20 Jahren mit unheilbaren Krankheiten. Ich bat ihn, seine Erfahrungen in ein paar Zeilen zusammenzufassen:
»Nach mehr als 25 Jahren Berufserfahrung kann ich feststellen, dass die wichtigste Aufgabe in der Behandlung chronischer Krankheiten die Unterstützung des Körpers im Rahmen der Selbstheilungskräfte ist. Ohne ein ausreichend funktionierendes Immunsystem und körpereigene Reparatursysteme ist eine langfristige Besserung oder Heilung einer Erkrankung nicht möglich. Umgekehrt sehen wir oft einen spektakulären Heilungsverlauf selbst bei austherapierten Patienten, weil gerade diese Systeme durch unsere Therapien angeregt und aktiviert werden.

Deshalb ist es für Krebs- und chronische Kranke sehr wichtig, in einer Umgebung zu leben, die das Krebsgeschehen nicht unterstützt. Das fängt beim sozialen Umfeld an, geht über Ernährung, ausgewogenes Stressmanagement bis hin zu einer Umgebung, die möglichst arm an toxischen Stoffen ist, aber auch arm an elektromagnetischen Störfeldern. Leider sind wir heute massiv von elektromagnetischen Feldern umgeben, die letztlich auch Einfluss haben auf unser zelluläres Magnetfeld. Viele dieser Frequenzen sind Hochfrequenzen wie Handy, Funkgeräte etc. mit entsprechenden Antennen. Diese Systeme können unser Wohlbefinden und unsere Gesundheit massiv beeinträchtigen.
Deshalb ist es wichtig darauf zu achten, dass vor allem nachts beim Schlaf kein eingeschaltetes Handy in Reichweite ist.

Seit Jahrhunderten messen fachkundige Personen vor dem Bau von Häusern die Grundstücke auf Störfelder wie Wasseradern oder noch schlimmer -kreuzungen. Diese Einflüsse wurden oftmals in der Neuzeit unterschätzt oder belächelt. Aber immer wieder kommen Patienten zu mir bis hin zum eigenen Personal, die nachts auf massiven Störfeldern gelegen sind und krank und kränker wurden. Deshalb ist es so wichtig, vor einem Neubau, aber auch vor Wohnungsbezug oder Hausbezug Ausmessungen vornehmen zu lassen, um diese Risiken zu umgehen oder aber die Räumlichkeiten so einzurichten, dass der Schlafplatz außerhalb solcher Störfelder liegt.

Viele Krankheiten lassen sich neben dem Rauchen und einem ungesunden Lebenswandel vor allem auf falsche Ernährungsgewohnheiten zurückführen. Zu einer gesunden Ernährung gehört möglichst viel Gemüse und Obst – und das möglichst frisch –, die Vermeidung von zu viel Fleisch und Fleischprodukten sowie vieler Kohlehydrate. Leider zeigt sich in unserer Gesellschaft immer mehr die Tendenz zum Fast Food und immer weniger Menschen nehmen sich Zeit, die Nahrung selbst zuzubereiten. Optimal ist natürlich, wenn man im eigenen Garten ernten kann oder aber auch die Produkte vom Biobauern aus der Umgebung bekommt. Bei Krebs und chronischen Krankheiten ist in jedem Fall eine Ernährungsumstellung nach eingehender Beratung notwendig.

Weitere Informationen zum Thema Ernährung bei Krebs finden Sie im Buch des Pro-Life-Therapie-Centers: ›Genussvolle Ernährung oder lass Deine Nahrung Dein Heilmittel sein‹. Hier haben wir alle unsere Erfahrungen der letzten 20 Jahre einfließen lassen und mit vielen Rezepten versucht, die Ernährungsumstellung so einfach und natürlich auch so schmackhaft wie möglich zu gestalten. Sie erhalten dieses Buch bei der Firma Präventiva GmbH (www.praeventiva.at).«

Technische Störzonen

Kurz gesagt sind technische Störzonen hausgemacht, also resultieren aus der Verwendung von Strahlen im Dienste der Technik. Hier eine Übersicht:

- Niederfrequenz (NF) ˜230 Volt Wechselstrom / Hausstrom
- Niederfrequenz (NF) Überlandleitungen und Zufuhr über Dachständer
- Niederfrequenz (NF) Bahn- und Straßenbahn 16 ²/₃ Hertz
- Niederfrequenz (NF) Trafostation
- Magnetfeld Trafostation
- Magnetfeld Überlandleitung
- Hochfrequenz (HF) durch Mobilfunk
- Hochfrequenz (HF) durch Richtfunk
- Hochfrequenz (HF) durch Sender / Radio, TV
- Hochfrequenz (HF) durch hauseigene Systeme / WLAN, DECT

Wir wollen uns nun im Detail den wichtigsten technischen Störzonen widmen, um klarzumachen, warum es so wichtig ist, sich ein Bild zu diesem Thema und seinen Auswirkungen auf unser Leben und unsere Gesundheit zu machen.

Elektrosmog

Unter Elektrosmog versteht man die Ausstrahlung und Intensität elektrischer und magnetischer Felder, die durch Leitungen und Sender die Umwelt belasten. Sehen wir uns nun die besorgniserregenden Entwicklungen auf dem Gebiet der Elektronik etwas genauer an.

Woraus Elektrosmog gemacht ist

Elektrische Wechselfelder

Ein elektrisches Wechselfeld entsteht, wenn Spannung anliegt – also dort, wo ein Kabel oder Gerät mit dem Stromnetz verbunden ist, auch wenn kein Strom fließt. Verursacher können sein: Stromkabel, Steckdosen, Schalter, Stromleitungen in Wänden, Überlandleitungen, Elektrogeräte u.a.

Magnetische Wechselfelder

Niederfrequente magnetische Wechselfelder entstehen, wenn Strom fließt. Verursacher sind Geräte im Betrieb, Trafostationen, in Geräten verbaute Trafos (z.B. Radiowecker) u. a.

Elektrische Gleichfelder

Insbesondere synthetische Stoffe (Kleidung, Teppiche, Kuscheltiere, Gardinen, etc.) fördern eine statische Aufladung. Staubpartikel werden aufgewirbelt, das Raumklima wird auf diese Weise ruiniert.

Magnetische Gleichfelder

Magnetisierte Metalle können das natürliche Magnetfeld der Erde lokal verändern und dabei zum Teil erheblich verzerren. Verursacher: Eisen- und Stahlteile im Bettrahmen, beispielsweise Federkerne, Stahlrahmen u. a.

Elektromagnetische Wellen

Elektromagnetische Wellen (Hochfrequenz) werden von Sendern erzeugt und durchdringen auch feste Wände. Bekannte Verursacher, die uns tagtäglich umgeben, sind Mobilfunksender, Handynetze (auch UMTS), DECT-Haustelefone u. a., die uns ständig digital gepulster Strahlung aussetzen.

Im Gegensatz zur Erdstrahlung, die wir nur in gewissem Maß beeinflussen können – leider meist negativ, siehe »Haarp« (S. 7) –, ist Elektrosmog dem technischen Fortschrift geschuldet und der Krankmacher schlechthin. Der Grund dafür ist, dass Lebewesen auf elektrisch-chemischer Basis mit einer Gleichstromstärke von 4 pA (Pico Ampere = 1 Billionstel Ampere = 1012 = 0,000000000004) und im Mikro-Volt-Bereich die lebensnotwendigen Prozesse des Körpers stören.

Jede Zelle, außer der Krebszelle, ist über einen Nerv mit dem Gehirn verbunden, welches über Nervensignale und Hormone den Körper und Regenerationsprogramme steuert. Reiht man alle Nerven hintereinander, so ergibt sich bei einer menschlichen Durchschnittsgröße von 1,70 Meter eine Strecke von über 300.000 Kilometer Länge. Neben mechanischen Einflüssen, Druck oder Verletzung der Nervenstränge wie bei einem Bandscheibenvorfall spielen physikalische Interferenzen der Nervenübertragungen die größte Rolle bei modernen Volkskrankheiten.

Den ersten Menschen, die über die Erde gingen, war noch kein Wechselstrom bekannt. Dies ist erst dem gebürtigen Kroaten und amerikanischen Physiker Nikola Tesla gelungen, der einen Wechselstromgenerator zum verlustmindernden Transport von Elektrizität in Leitungen erfunden hat. Es entstanden somit 50-Hertz-Wechselströme für den Normalgebrauch und 16,66 Hertz für Bahn und Straßenbahnleitungen.

FAZIT: Einerseits koppeln Menschen am Arbeitsplatz induktiv an die umgebende Wechselspannung an, andererseits werden sie von pulsierenden Magnetfeldern durchdrungen.

Nicht anders sieht es während der Nachtruhe aus. Im Schlaf sollte sich der Organismus regenerieren, das Immunsystem hochfahren, Daten ohne Störungen über die Nervenbahnen an das Gehirn leiten. Leider unterliegen wir aber an unseren Schlafstellen denselben Störungen wie tagsüber. Und mittlerweile ist es unstrittig, dass die mit dem Begriff »Elektrosmog« beschriebenen Phänomene Einfluss auf die Produktion des körpereigenen Hormons Melatonin haben. Melatonin wird fast nur während vollkommener Dunkelheit im Schlaf produziert. Sobald es hell wird oder künstliches Licht in die Augen fällt, stoppt das Gehirn die Produktion.

Das Hormon steuert unseren Tag-Nach-Rhythmus, dem fast alle Körperfunktionen unterliegen. So steigt der Blutdruck in den frühen Morgenstunden, nachts sinkt er auf ein Minimum ab. Auch die Körpertemperatur, der Appetit, die Ausschüttung von anderen Hormonen und die Regeneration des Immunsystems unterliegen der Melatoninproduktion. Auch besteht der Verdacht, dass Elektrosmog Einfluss auf die Zellkommunikation nimmt, die mit elektrischen Impulsen in den Nervenbahnen erfolgt. Ebenfalls bekannt: Elektrostatische Aufladungen erzeugen ein Raumklima, in dem sich Staubpartikel gegenseitig anziehen und abstoßen. Hierunter leiden insbesondere Allergiker.

Die normale menschliche Spannung beträgt 60–90 Volt. Wird dieser Spannungszustand bedingt durch Störfelder gestört, nimmt diese Spannung ab, und der Organismus muss selber Strom erzeugen. Das kostet dem Körper viel Energie, und es entsteht eine Stresssituation. Doch die Dynamik der Entwicklung wird immer besorgniserregender. Sehen wir uns die Zunahme der Elektronik in unseren Autos einmal näher an. Das

Forscher warnen

Laut Verdingungsordnung für Bauwesen, kurz VOB, werden Elektroleitungen ca. 30 Zentimeter von Raumecken vertikal und von Böden ca. 30 Zentimeter horizontal verlegt. Damit werden Unfälle durch Anbohren von Elektroleitungen vermieden, haben aber den Nachteil, dass Matratzen und Menschen induktiv am Wechselstrom ankoppeln und mit bis zu fünf Volt Wechselspannung geladen sind. Folglich wird die Biokommunikation des Organismus durch Wechselstrom massiv überlagert. Fehlübermittlungen und Nervenstörungen sind die Folge. Es kommt zu Fehlsteuerungen des Regenerationsprozesses, Ungleichgewicht im Hormonhaushalt, Schlaf- und Gesundheitsstörungen. Umweltmediziner diagnosztizieren solche Einflüsse bei Patienten mittels EKG- und EEG-Messungen. Um verlässliche Daten zu erlangen, untersuchen sie den Patienten elektrosmogfrei und achten darauf, dass der Raum, die Leitungen der Geräte, sowie die Untersuchungsgeräte selbst abgeschirmt und geerdet sind. Nur so sind repräsentative Untersuchungsergebnisse möglich.

Die Gemüter bewegt seit Jahren die Frage, ob die als Elektrosmog bezeichneten Phänomene die Gesundheit beeinflussen können. Zahlreiche Forscher haben sich bereits mit der Thematik beschäftigt. So fanden Wissenschaftler aus Österreich im Jahr 2002 heraus, dass Handystrahlung negativen Einfluss auf das menschliche Sperma und die Zeugungskraft hat. Der Epidemiologe De-Kun Li, Kaiser Foundation Research Institute in Oakland, warnte im Jahr 2001 nach detaillierten Untersuchungen Schwangere vor einem direkten Zusammenhang von magnetischen Feldern und einem erhöhten Frühgeburtenrisiko. Und der Mediziner Horst Eger, Mitglied einer Forschungsgruppe aus dem fränkischen Ort Naila, stellte im Juli 2004 eine viel beachtete Studie vor. Ergebnis: Wer in der Nähe eines Mobilfunksendemastes wohnt, unterliegt einem signifikant höheren Risiko, an Krebs zu erkranken, als Bewohner eines weniger belasteten Gebietes. Und im direkten Vergleich zu anderen Krebspatienten waren die Bewohner eines durch Hochfrequenzstrahlung belasteten Wohngebietes deutlich früher, nämlich ca. acht Jahre, erkrankt.

Viele Forscher, wie der Finne Jukka Juttilainen, widmeten sich der Frage, ob elektromagnetische Wellen die Produktion des Steuerungshormons Melatonin in der Zirbeldrüse hemmen, und kamen zu dem Resultat, dass ein Zusammenhang besteht. Eine Untersuchung der Universiät Wien ergab bereits 1988/89, dass bei zwölf von 23 Körperfunktionen (z.B. Herzfrequenz, Hautwiderstand) starke bis sehr starke Veränderungen auftraten, wenn der Schlafplatz durch Elektrosmog und Erdstrahlung belastet war.

Eine der ersten Studien stammt von den beiden amerikanischen Wissenschaftlern N. Wertheimer und E. Leeper. Sie untersuchten von 1950 bis 1973 im Gebiet von Denver Todesfälle von Kindern, die an Krebs gestorben waren. Das Ergebnis: Mädchen und Jungen, die in der Nähe von Hochspannungsleitungen lebten, erkrankten doppelt so häufig an Leukämie als jene, die dieser Belastung nicht ausgesetzt waren. Die Forschung des schwedischen Wissenschaftlers Lennart Tomenius mit Beginn der 1980er Jahre verstärkte diesen Verdacht. Und an der Clinical School in Neuseeland fand man heraus, dass zwei Drittel von 546 leukämiekranken Männern von Beruf Elektromonteure, Radio- und Fernsehtechniker waren.

Die Forscher, die diese Erhebungen begleitet haben, standen nun vor der Frage, welche Reaktionen Elektrosmog im menschlichen Körper auslöst und warum er allem Anschein nach krank macht. Ein Rätsel, das noch gelöst werden muss.

Zauberwort heiß »vernetzte Mobilität«. Ein Spielfeld, das die Automobilindustrie schon längst für neue Kreationen entdeckt hat. So wird von allen namhaften Autoherstellern mittlerweile in teils großformatigen Printanzeigen WIFI (WIFI ist quasi ein Synonym für den Drahtlosstandard WLAN) im Auto angeboten. Damit sich das Smartphone des Fahrers mit dem bordeigenen Navigationssystem drahtlos verbinden kann und die Kinder auf der Rückbank bequem mit ihren Tablets und iPads online spielen können, würde das »Papas Nerven« beim Autofahren sparen. WIFI im Auto bedeutet aber auch, dass die Familie in einer rollenden Mikrowelle auf vier Rädern sitzt. Die Karosserie fungiert als sogenannter Faraday'scher Käfig, in dem sich eine Sendeeinheit befindet. Die Funkmikrowellen schießen innerhalb der Karosserie umher und senden nicht nur Daten an die Smartphones und iPads sondern belasten natürlich auch die darin sitzenden Personen. Man wird es schwer haben, in den nächsten Jahren Neuwagen zu finden, die diese Technik nicht integrieren. Das analoge Autofahren wird aussterben.

Achtung! Abschalten!

Beim Neuwagenkauf sollte man darauf achten, dass eine vorhandene WIFI- oder HOTSPOT-Funktion des Fahrzeugs, also eine Verbindung mit dem Internet, ausschaltbar ist. Dies sollte der Fahrzeughersteller verlässlich und schriftlich bestätigen können. Übrigens werden Elektro-Autos die elektromagnetische Belastung auch nicht gerade verringern.

Das vernetzte Zuhause

Im Elektronikhandel sind fast ausschließlich mit WIFI arbeitende Hi-Fi-Stereo-Anlagen im Angebot. Diese besitzen oft keine Lautsprecherkabel mehr, sondern funktionieren drahtlos. Die Internationale Funkausstellung (IFA) brach schon 2015 alle Rekorde: Jeder Hersteller versuchte mit noch schlaueren Highlights und noch smarteren Lösungen zu trumpfen. Die Presse, die Händler wie auch die Konsumenten waren total begeistert. Vom multimedialen Fernseher über voll vernetzte Unterhaltungselektronik bis hin zu Computer-Wearables war alles dabei. Smartwatches, drahtlose Kopfhörer und Fitnesselektronik sind voll im Trend. Alle mit Funktechnik.

Von Jahr zu Jahr gewinnen Haushaltsgeräte und e-Home an Bedeutung auf der IFA. Immer mehr Hersteller entwickeln Produkte, die den Haushalt smarter gestalten und somit das Leben erleichtern sollen. Neuheiten mit besonders viel Potenzial sind zum Beispiel »Samsungs Schlafüberwachung ›Sleep-Sense‹« oder Kärchers App-gesteuerter Rasensprenger. Ob schlaue Sensorik, App-gesteuerte Kaffeemaschinen oder der funkgesteuerte Bodenstaubsauger – die neuen Homematic-Geräte erlauben es, auch Fenster- und Türsensoren sowie Heizkörper- und Wandthermostate bequem vom Smartphone aus mittels verschlüsseltem IPV6-Protokoll anzusteuern. Selbst wenn die Hausbewohner in Spanien auf Urlaub sind, können sie via Smartphone zu Hause das Licht ein- und ausschalten oder die Rollläden rauf- und runterlassen und auf diese Weise so tun, als seien sie daheim.

Aber auch vor der Küche macht WIFI nicht halt. Die neuen Kühlschrankgenerationen haben ein Display an der Fronttür, über das der Besitzer oder der Kühlschrank selbst beim Onlinelieferdienst frische Milch bestellen kann. Der Kühlschrank merkt sogar, wenn ein Haltbarkeitsdatum eines Lebensmittels überschritten wurde. Die Waschmaschine sagt, wann die Wäsche fertig ist, und die Heißluftfritteuse kann Kochrezepte anbieten, die sie selbst aus dem Internet downloadet. Der Fantasie sind hier keine Grenzen gesetzt. Bekannt ist dies auch als »Internet der Dinge«. Viele Geräte haben auch gar keine Möglichkeit mehr, konventionell über LAN-Kabel ans Internet angeschlossen zu werden. So bequem das Leben danach auch sein mag: Das Heim wird dabei mit Sendern zugemüllt, die dort eigentlich gar nichts verloren haben. Regt sich daher jemand darüber auf, dass in der Nachbarschaft ein Mobilfunksender in Betrieb geht, so würde er sich wundern, wenn er mit einem Hochfrequenzmessgerät die eigene Wohnung durchmessen würde.

Smart Meter – der Stromzähler mit Funkausstattung

Deutschland hat eine grundlegende Umgestaltung der Energieversorgung eingeleitet, die unter anderem mit einem massiven Ausbau der Stromerzeugung aus erneuerbaren Energien (EE) in der Stromversorgung einhergeht. In der 3. Binnenmarktrichtlinie Elektrizität 2009/72/EG, die die Einführung von sogenannten »Smart Metern« in der Stromversorgung in den europäischen Mitgliedstaaten fordert, haben nun die Energieversorger die Möglichkeit bekommen, Smart Meter legal einzusetzen. In Deutschland sind diese Zähler bei Neubauten und Totalsanierungen seit Juli 2011 Pflicht.

Was ist ein Smart Meter? Schlicht gesagt nichts anderes als ein digitaler Stromzähler mit drahtloser Datenübertragung, die mittels LAN, Powerline Communication oder Mobilfunk getätigt wird. Die meisten Stromanbieter favorisieren die Mobilfunkübertragung. Dies mag im ersten Moment nichts Dramatisches darstellen, jedoch muss man sich bewusst sein, wo dieses Ding installiert wird: im Keller oder im Haushaltsraum und somit direkt in der Wohnung!

Gemäß einem Gutachten, das das Marktforschungsunternehmen Ernst & Young im Auftrag des deutschen Bundeswirtschaftsministeriums erstellt hat, werden bis 2020 mindestens 80 Prozent der Haushalte in Deutschland einen solchen Zähler haben. Geplant ist, dass jeder Zähler viertelstündlich den Stromverbrauch an das Versorgungsunternehmen schickt – das wäre eine permanente Strahlenquelle im eigenen Haus. Überdies bieten sich durch die Smart Meter natürlich ausgezeichnete Überwachungsmöglichkeiten für Polizei und Geheimdienste an.

Wie aggressiv diese Funktechnik aussehen kann, lässt sich heute schon in den USA, Kanada, England und in Australien ablesen. Der vielfach prämierte Dokumentarfilm »Take back Your Power« von Josh del Sol zeigt schonungslos, was uns zu diesem Thema erwartet. Speziell in den USA laufen unzählige Gerichtsverfahren Betroffener gegen die Stromversorger.

Auch Heizverbrauchszähler und Thermostate sollen schrittweise auf eine drahtlose digitale Datenübertragung umgestellt werden. Zum einen als Bestandteil des neuen e-Homes, zum anderen als Vorgabe von Hausverwaltungen, die im Zuge der Rauchmeldepflicht in den einzelnen Bundesländern Rauchmelder als Einbindung in Brandmeldezentralen von Wohnanlagen vorschreiben. Damit die Brandmeldezentrale im Haus weiß, ob und wo es eventuell brennt, sind diese Rauchmelder mit einem Funkmodul ausgestattet, das sich mit der Zentrale vernetzt. Viele Hausverwaltungen überlassen es nicht etwa dem Eigentümer oder dem Mieter, wo die Geräte zu installieren sind, sondern schreiben sogar vor, die Rauchmelder in Küche und Schlafzimmer anzubringen.

Drahtloses Kinderspielzeug

Im Februar 2015 war es soweit: Die Spielzeugfirma Mattel führte auf einer Messe die erste interaktive Barbiepuppe vor. Sie ist über einen elektronischen Sprachassistenten à la Siri des iPhones drahtlos mit dem Internet und einem Cloud-Service verbunden und damit zur intelligenten Kommunikation befähigt. Kurz auf den Gürtelclip drücken und Frage stellen – alles kinderleicht. Wenige Augenblicke später antwortet die Barbie mit einem intelligenten Satz und stellt sogar noch Rückfragen, die zum Thema passen. Eindeutig faszinierend und irgendwie erschreckend zugleich.

Puppe, Sensoren, WLAN-Antennen, Mikrofon, Lautsprecher, Datenbank in der Cloud und eine Spracherkennungs- und Konversationssoftware. Alles, was man der Barbie ins Mikrofon spricht, wird via WLAN-Verbindung und Accountzugang auf eine Datenbank in der Cloud geladen. Die vom Unternehmen ToyTalk entwickelte Spracherkennungssoftware ist gleichzeitig eine Konversationssoftware und lässt damit die Puppe wie einen echten Gesprächspartner wirken, der zudem auf die Wünsche und Fragen des Kindes endlos geduldig eingeht. Was im ersten Moment recht witzig klingt, produziert bei näherer Betrachtung doch einen gewissen Beigeschmack.

Alles smart für Kinder

Die gesamte Funktionalität rund um interaktives Kinderspielzeug wie die Barbie lebt und stirbt mit der aktiven Verbindung zum Internet. Es handelt sich hierbei um elektromagnetisch gepulste Funkwellen, meist im Frequenzbereich des freien Bandes von 2,4 GHz. Also 2,4 Milliarden Funkwellen pro Sekunde. Die Datenpakete werden zu Datenbündeln zerhackt, versandt und beim Empfänger wieder zusammengefasst über entsprechende Internetprotokolle. Dabei ist es völlig egal ob dies Dateien (Word-, Excel- oder Bilder ...), Programme, Worte/Sprache, Musik oder Videos (YouTube) sind.

Doch gerade Kinder haben ein hohes gesundheitliches Risiko bei intensivem Kontakt mit Funkstrahlung. Der kleine Körper ist voll im Wachstum mit höchster Zellteilung. Die Knochen sind im Vergleich zum Erwachsenen sehr dünn, wodurch der Körper nur begrenzt die Möglichkeit hat, diese Dauerbestrahlung abzuwehren. Gerade der Kopf spielt hierbei eine zentrale Rolle, da von hier aus alle Prozesse und elektrische Steuersignale des eigenen Körpers geregelt werden. Nicht ohne Grund warnen Mediziner vor der intensiven Nutzung mobiler kabelloser Endgeräte durch Kinder und Jugendliche. Die Auswirkung ist noch zu wenig erforscht, jedoch sind die ersten bekannten Ergebnisse besorgniserregend. Diese Studien werden jedoch von der Industrie mit Gegenstudien überzogen, da es sich hier um einen immens großen Markt mit hohem Käuferpotenzial und unvorstellbar viel Geld handelt. Kinder hantieren mit ihrem Spielzeug gern sehr nahe am Kopf, mit einem durchschnittlichen Abstand von zehn bis 20 Zentimetern. Bei aktiver Datenverbindung ist dies deutlich zu nahe. Dazu kommt die Reduktion auf wenige Zentimeter beim aktiven Frage-Antwort-Gespräch mit der besagten Spielzeugpuppe. Die »Geovital Academy Australia« hat hierzu Messungen der elektromagnetischen Belastung durchgeführt mit erschreckendem Ergebnis bei Verwendung der »Hello Barbie« mit Cloud-basierender interaktiver Sprachfunktion.

Die Belastungen auf den Körper gemessen in Mikrovolt (1µV = 1 Millionstel Volt) liegen zwischen 150 und 300 µV und damit auch hier deutlich über der empfohlenen maximalen Belastung von 30 µV)

Abstand zur »Hello Barbie«	Belastung an µV durch EMF bei 2,4 GHz
bis 10 Zentimeter	1500 bis über 2000 $\mu V/m^2$
bis 20 Zentimeter	600 bis über 2000 $\mu V/m^2$
bis 30 Zentimeter	600 bis 1700 $\mu V/m^2$
bis 40 Zentimeter	200 bis 360 $\mu V/m^2$

Die Strahlung entsteht immer beim Pressen des Gürtelclips auf der »Hello Barbie«. Der Hersteller empfiehlt, die Puppe mindestens 30 Zentimeter vom Körper entfernt zu halten. Auf ein etwaiges Risiko durch die Funkbelastung selbst wird nicht hingewiesen, jedoch auf die Möglichkeit eines elektrischen Schlages, der eher unwahrscheinlich ist, da es sich um ein elektrisches Spielzeug mit Batterien handelt. In diesem Zusammenhang möchten wir auch eine Warnung aussprechen, dass das Gesagte gleichermaßen für Babyphones gilt, wenn diese den DECT-Standard ohne ECO-Modus nutzen.

FAZIT: Wir befinden uns in voller Fahrt in eine vollkommen vernetzte und überwachte Welt. Zwar halten sich die Hersteller an die zulässigen maximalen Strahlungswerte. Diese haben jedoch nichts mit dem realen Leben und den Auswirkungen auf das filigrane menschliche Nervensystem zu tun. Empfehlungswert ist es daher, das eigene Heim von einem qualifizierten Geobiologen auf Herz und Nieren prüfen zu lassen. Man ist erstaunt, was bei einer simplen Schlafplatzvermessung zutage gebracht wird. Vieles, was man schon zu Hause hat, ist einem so gar nicht bewusst und sollte einmal zum Nachdenken anregen.

Die Geobiologie und ihr Wirkungsbereich

Wenn wir von Geobiologie sprechen, so meinen wir ein weites Forschungsfeld, das grob gesagt die Methodik der Geowissenschaften und jene der Biologie miteinander verknüpft. Es handelt sich also dabei um nichts Geringeres als um das Wissen über Entstehung, Entwicklung und Veränderung der Erde in Interaktion mit den auf ihr lebenden Organismen. In Zeiten, als noch nicht alles »messbar« war und die Menschen unmittelbar mit der Natur lebten, war es üblich, sowohl Standorte für Neubauten als auch Brunnen mithilfe von Ruten und Pendeln zu orten – beides war und ist wohl überlebenswichtig. Wir nennen die Fähigkeit, auf Anziehungskräfte oder Ausstrahlungen von Erzen und Metallen, Wasseradern, geologischen Verwerfungen oder verborgenen Gegenständen im Erdreich zu reagieren, Radiästhesie. Aber was ist das eigentlich? »Hokuspokus«, sagen die einen, »Parawissenschaft« die anderen. Doch ganz gleichgültig, welchen Zugang man wählen möchte, eins ist sicher: Es handelt sich um ein Können, das historisch weit in die Vergangenheit zurückreicht. Denn tatsächlich hatten alle Hochkulturen – Sumerer, Ägypter, Chaldäer, Hebräer, die indischen Brahmanen, Kelten, Griechen, Germanen, Römer – Rutengänger unter ihren Priestern oder Führern, Menschen, die die Fähigkeiten besaßen, Wasser und die besten Schlafplätze zu finden. Einer der bekanntesten Rutengänger ist übrigens Moses, der hebräische Führer, der gegen 1250 vor Christus in der Wüste auf der Halbinsel Sinai mittels seiner Rute Wasser fand.

Im Mittelalter bedienten sich auch Könige und Prinzen der Rutengänger, um unter der Erde liegende Mineralien oder Erze aufzuspüren und damit Kriege zu finanzieren: Die Erze wurden verkauft und damit der Sold der Armee bezahlt.

Bis Anfang des 19. Jahrhunderts war jedem Landwirt der Umgang mit der Rute eine Selbstverständlichkeit, denn nur so konnten die Wasserquellen für das Haus aufgefunden und die Wasserstellen für das Vieh geschlagen werden. Die Technik des Rutengehens wurde dabei vom Vater an den Sohn und somit von Generation zu Generation weitergegeben. Bis heute sind 70 Prozent der Höfe im Alpenraum nicht an die öffentliche Wasserversorgung angeschlossen, doch das Wissen um das Wünschelrutengehen geriet langsam in Vergessenheit. Dabei ist diese Fähigkeit so leicht erlernbar wie Fahrrad fahren. Übrigens: Auch Albert Einstein war ein begnadeter Rutengänger.

Die wissenschaftliche Verortung der Geobiologie

Albert Einstein

Die medizinische Radiästhesie bzw. die Geobiologie entwickelte sich erst im 20. Jahrhundert und stellt so eine der wichtigsten Neuentwicklungen der modernen Radiästhesie dar. Mittlerweile gehört die Lösung gesundheitlicher Probleme zum populärsten Zweig innerhalb der Radiästhesie.

Aus Sicht der Vertreter der Schulmedizin liegt sie außerhalb ihrer wissenschaftlichen Disziplin. Gemeinsam mit einer langen Reihe anderer Praktiken, wie Irisdiagnostik, Homöopathie,

Akupunktur, Neuraltherapie, Geistheilung etc. wird sie einmal als »okkulte«, ein anderes Mal als »marginale Medizin« oder als »Paramedizin« bezeichnet oder den »Außenseitermethoden der Medizin« zugeschrieben. Will man die Definition auf einen Punkt bringen, so gehört die medizinische Radiästhesie zur Alternativmedizin. Wie schon bemerkt, einigt all diese Praktiken ein soziales Merkmal: Es fehlt ihnen die Anerkennung der Experten und somit die Legitimation. Dennoch deuten die neueren Daten darauf hin, dass sie sowohl bei Laien wie auch bei Ärzten auf zunehmendes Interesse stoßen. So stellt in England die Alternativmedizin 28 Prozent der Praktizierenden, und in Deutschland hat sich allein die Zahl der Heilpraktiker in den letzten 15 Jahren vervierfacht, denn es kann von 17 Millionen heilpraktischen Behandlungen im Jahr ausgegangen werden. In einer durchgeführten Befragung von Krebskranken stellte sich heraus, dass etwa ein Viertel dieser Patienten Zuflucht bei unkonventionellen Heilmethoden sucht. Die enorme Auflage von Kräuterbüchern und Literatur zu alternativen Heilverfahren sind ein weiterer Ausdruck dieses Interesses. Es bleibt also festzuhalten, dass es noch vor 15 Jahren Stimmen gab, die die Geobiologie in den Bereich der Scharlatanerie verdammte, heute gehen diese Stimmen jedoch differenzierter vor, denn: Wer heilt, hat Recht.

Wirkung von Strahlung auf Pflanzen: Ein Ameisenhaufen als »Strahlensucher«
↓

Feststellung von Erdstrahlen

Natürliche Anzeichen

Die Radiästhesie bedient sich unterschiedlicher Möglichkeiten, um Strahlung sichtbar zu machen. Natürliche Anzeichen sind: verzögertes oder gestörtes Pflanzenwachstum, ausbleibende Früchte und Missbildungen, ungewöhnliches Verhalten, Krankheiten und Wachstumsstörungen von Tieren. All dies wird auf Erdstrahlen zurückgeführt. Empirische Anzeichen, wie sie schon von Agricola als Indizien für Erzgänge beschrieben worden waren, werden ergänzt durch einige Regeln und Vergleiche. Die Radiästhesie verfügt über eigene Spruchweisheiten, die dieses empirische Wissen formulieren. Dabei handelt es sich, wie die Salzburger Rutengängerin Käthe Bachler ausführt, um jahrhundertealtes Erfahrungsgut, dessen Richtigkeit immer wieder bestätigt werden konnte. Ein Beispiel: »Eichen sollst du weichen, Buchen sollst du suchen.«

Denn prinzipiell unterscheidet man in der Tier- und Pflanzenwelt »Strahlensucher« und »Strahlenflüchter«. Zu Ersteren zählen Pflanzen und Tiere, denen diese Strahlen nicht schaden, die sie sogar nutzen und die sich, so die Regel, häufig an »verstrahlten« Plätzen aufhalten. Unter »Strahlensucher« werden bei den Tieren Katzen, Bienen,

↑
Strahlenzeiger: Schräg wachsende Bäume, Baumkrebs
→

Ameisen, Wespen, Biber aufgezählt. Dagegen werden Pferde, Schweine, Hühner und Hunde als »Reiz-Zonen-Flüchter« gewertet.

Das Verhalten der Tiere, bevorzugte Standorte einzelner Pflanzen oder Missbildungen, Krankheiten und andere an bestimmten Orten vorkommende Anomalien gelten ebenso als natürliche Anzeichen für Erdstrahlen wie menschliche Beschwerden. Viele Menschen haben bevorzugte Ruheplätze, wo sie sich besonders wohlfühlen, und andere wieder haben an bestimmten Plätzen Kopfschmerzen oder sind unruhig. Im Garten ist eine Stelle in der Hecke, die sehr licht ist, mit frühem Blattabfall, verzögerter Knospung oder mit frühem Braunwerden der Blätter. Es gibt Orte, an denen man vergebens immer wieder ein Bäumchen pflanzt. Einer stellt fest, dass er im Schlafzimmer nicht schlafen kann, sehr gut dagegen auf der Couch im Wohnzimmer. Eine Frau hat immer Migräne, besonders morgens nach dem Aufstehen und wundert sich, dass im Urlaub nach kurzfristiger Verschlimmerung alle Schmerzen verschwinden. Vor allem mit diesem zuletzt genannten Sachverhalt beschäftigt sich die Geobiologie und untersucht dieses interessante Phänomen.

Einige Wirkungsbeispiele von Erdstrahlen auf Pflanzen und Tiere

PFLANZEN		TIERE	
Strahlensucher	**Strahlenflüchter**	**Strahlensucher**	**Strahlenflüchter**
Eiche	Buche	Katze	Hund
Fichte	Linde	Ameisen	Pferd
Weide	Nussbaum	Bienen	Rinder
Mistel	Flieder	Mückenschwärme	Schwalbe
Pilze	Rosen	Maulwurf	Storch
		Ringelnatter	Schwein
		Bieber	Huhn

Messung mit der Wünschelrute

Biophysikalische Messung

Der Brockhaus gibt zum Stichwort Wünschelrute folgende Definition: Die Wünschelrute ist ein »Instrument zum Aufsuchen von Wasser und Bodenschätzen oder Reizstreifen (Erdstrahlen). Meist ein gegabelter Haselnusszweig, auch ein Draht, der geknickt oder gebogen wird. Der Rutengänger (›Rütler‹) hält die Wünschelrute mit beiden Händen in Spannung. Durch Muskelbewegungen, die nicht vom bewussten Willen gelenkt werden, kommt es zu Ausschlägen, die Ort und Tiefe des gesuchten Vorkommens anzeigen sollen.«

Mithilfe zweier rechtwinklig abgebogener Schweißdrähte finden auf Anhieb fast 50 Prozent aller Menschen Erdstrahlen oder Anomalien in ihrem Umfeld, ohne sich vorab mit der Thematik der Radiästhesie beschäftigt zu haben, denn bei richtiger Haltung der Drähte baut sich ein elektrostatisches Feld eigener Körperenergie an den langen Schenkeln der Winkelrute auf. Je nach Polung ziehen sich die Drähte im Fall einer Erdstrahlung an: jede Hand ist verschieden gepolt – plus und minus – oder sie stoßen sich ab, wenn die Hände gleiche Polung aufweisen. Grund ist die Energieveränderung des Körpers in einem Strahlenfeld.

Mentale Messung

Rutengehen ist reine Lernsache, wozu keine besonderen Vorgaben notwendig sind, wie man immer meint, sondern die schlichte Bereitschaft, sich ausbilden zu lassen. Der Profi lernt, Dinge und Strahlungen zu unterscheiden, sowie Strahlungsstärken ermitteln zu können.

Die Wünschelrute kann aus sehr unterschiedlichen Materialien bestehen, wobei in Fachkreisen »lebende Ruten« aus verschiedenen Holzarten (z.B. Haselnuss, Esche, Buche, Apfelbaum) von »toten Ruten« aus Eisen- oder Messingdraht, Fischbein, Kunststoff etc. unterschieden werden.

So vielfältig wie das Material ist auch der Aufbau. Die größte Verbreitung findet sicherlich die V-Rute, ein V- oder zwieselförmiger Stab, dessen geschlossener Winkel verschiedentlich ausgestaltet sein kann.

Winkelrute Schemata

+ - polarisiert = anziehend

gleichpolig = abstoßend

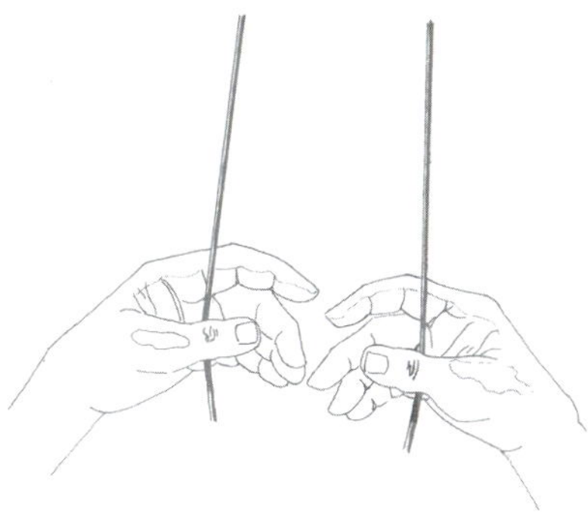

Rute bleibt parallel, weil:

a) keine Rutenfähigkeit
b) keine Störung vorhanden ist

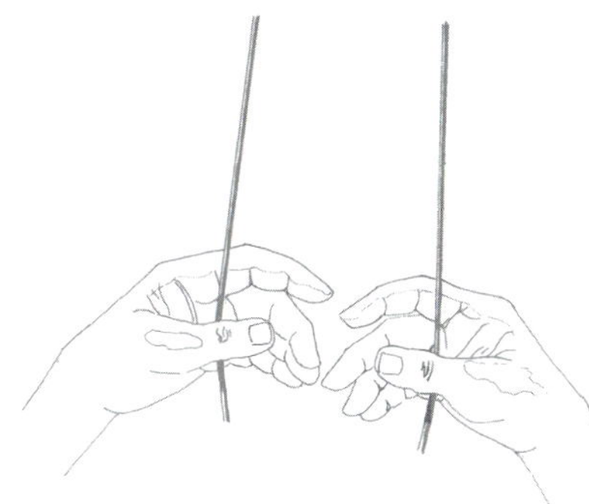

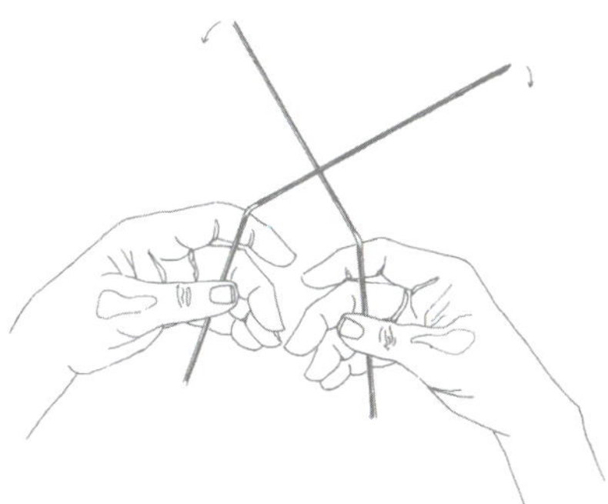

Achtung, Strahlung!
Starke Gesundheitsbelastung

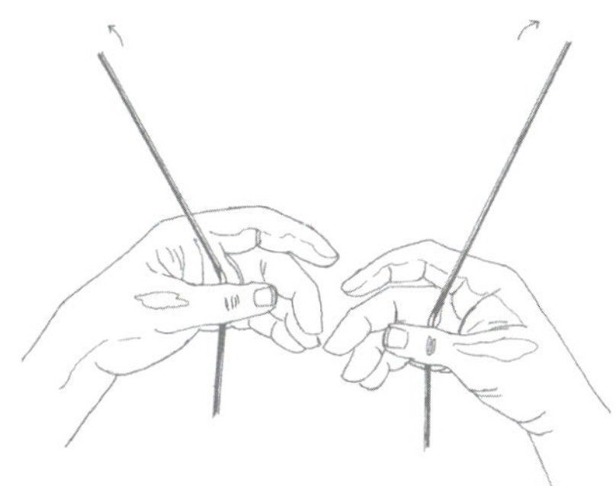

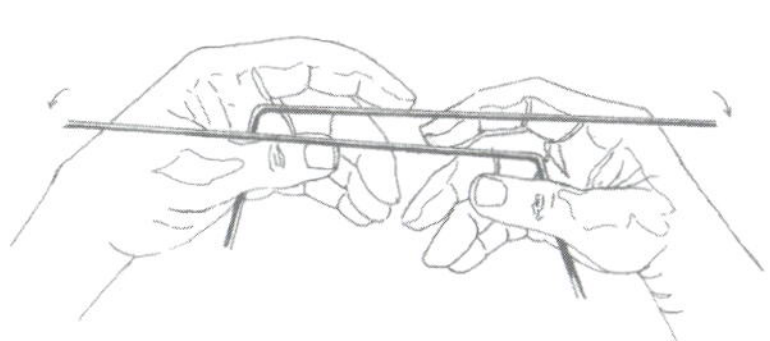

Achtung, große Gefahr!
Sehr starke Strahlungszonen

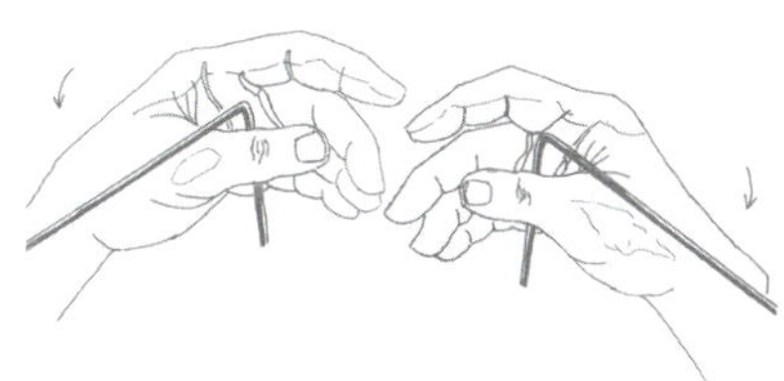

Handhabung der Profirute

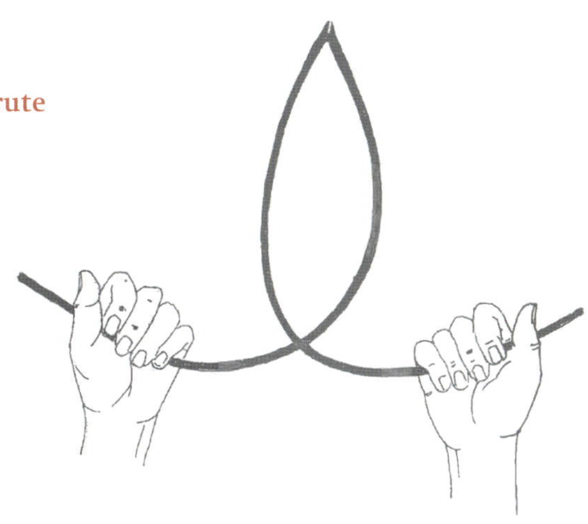

Aktuelle biophysikalische Faktenlage

Alle biologischen Vorgänge werden von natürlichen elektromagnetischen Feldern bestimmt. Die Erde taktet in einem typischen Muster, den sogenannten Schumann-Wellen, deren Frequenz, sieben bis acht Hertz, denen bestimmter Hirnwellen entspricht. Bereits natürliche Felder haben trotz geringster Intensität gesundheitliche Auswirkungen. Elektromagnetische Signale steuern alle biochemischen Vorgänge. So beträgt zum Beispiel die Energieleistung, mit der Informationen an Zellmembranen übermittelt werden, 0,001 Mikrowatt pro Kubikzentimeter. Alle Zellen mit einem Zellkern sind überdies in Eigenschwingung, die in einem Bereich bis zu 400 Hertz liegt und für die normale Zellfunktion notwendig ist. Die in einer Zelle pro Sekunde ablaufenden Prozesse werden von Biophotonen gesteuert, eine kohärente, ultraschwache Zellstrahlung zur intra- und interzellulären Kommunikation.

Unser Lebensumfeld hat sich seit dem Ausbau der Funktechnologie dramatisch verändert. Ein einfacher Elektrowecker erreicht mindestens 400.000-mal höhere Werte als atmosphärische Impulsstrahlungen, sogenannten »Sferics«. Eine Hochspannungsleitung übertrifft diese zehnmillionenfach, eine Bahnfahrt gar einhundertmillionenfach. Menschen sind lebende Antennen, die elektromagnetische Felder im UKW-Bereich empfangen. Diese Signale wirken im Körper als Disharmonien. Offizielle Grenzwerte gelten nur für ortsfeste, freie Anlagen und nie für die kumulative Wirkung von mehreren Einflussquellen. Ein Handy-Telefonat am Kopf belastet mit 10.000.000 $\mu W/m^2$, der WLAN-Router mit mehr als 1.000.000 $\mu W/m^2$. Die tägliche Strahlungsbelastung durch Mobilfunk, kabellose Übertragung oder Sendemasten ist millionen- bis milliardenfach höher als die natürliche. Sie ist auch in ihrer Qualität anders: moduliert, gepulst, nieder- und hochfrequent. Schon 1.000 $\mu W/m^2$ produzieren messbare Veränderungen im EEG, die Blut-Hirn-Schranke wird bei einigen 10.000 $\mu W/m^2$ geöffnet und bereits bei 100 $\mu W/m^2$ werden Nervenzellen und die Zellkommunikation verändert.

Das Erkennen gesundheitlicher Risiken

Zur Wahrnehmung von Erdstrahlen besitzt der Mensch kein Sinnesorgan, aber die elektrische Körperspannung wird bei Menschen mit einem 50-Hertz-Feld angenommen. Durch die elektrischen Ströme in den Nervenbahnen werden unter anderem die Organe gesteuert. Wegen ihrer Ausdehnung im Körper wirken sie ähnlich wie Antennen, welche aus dem 50-Hertz-Feld elektrischen Strom entnehmen. Wenn solche Ströme in die natürlichen, in den Nervenbahnen fließenden, elektrischen Ströme einwirken, können biologische Wirkungen auf Nervenbahnen nachweisbar gemacht werden. Der Mensch hat darüber keinen bewussten Einfluss.

Nun wird von einer Arbeitsgruppe der WHO angenommen, dass elektrische und magnetische Felder in unmittelbarem Bereich von Übertragungsnetzen mit Betriebsspannungen bis einschließlich 420 Kilovolt elektrische Spannung keine Gefahr für die menschliche Gesundheit bedeuten. Die Stromnetzspannung beträgt im deutschsprachigen Raum derzeit 230 Volt. Die höchste menschliche Empfindlichkeit im Niederfrequenzbereich wurde bei 16 $^{2}/_{3}$ Kilovolt nachgewiesen. Wird aber der Einfluss von Strahlung indirekt über die Nervenbahnen des vegetativen Nervensystems wahrgenommen, so sind die typischen Symptome dieselben wie in Schrecksituationen: Der Körper antwortet mit Herzklopfen, erhöhtem Blutdruck, Schweißausbruch oder Augenflimmern. Das biologische System Mensch reagiert relativ heftig, wenn die künstlich erzeugten Ströme in den Nervenbahnen den Pegel der natürlich fließenden Ströme erreichen. Diese relativ grobe Wirkung des 50-Hertz-Feldes ist vergleichbar mit Vergiftungen, auf die das biologische System spontan mit Erbrechen reagiert. In beiden Fällen ist das System nach kurzer Zeit wieder im Gleichgewicht. Beide Vorgänge sind reversibel.

Anders reagiert der Organismus bei ständig wiederkehrenden wesentlich geringeren Beeinflussungen, die der Betroffene zunächst kaum bemerkt. Das kybernetische System steuert dagegen und gleicht aus. Nun kommt es darauf an, wie gesund die Person ist und welchen Lebensstil sie pflegt, denn danach richtet sich das Erkrankungsrisiko.

Karl Albert Ludwig Aschoff (1866–1942)

Wenden wir uns nun den Krankmachern zu. Schon der deutsche Pathologe Karl Albert Ludwig Aschoff fand heraus, dass sich das Blut von magnetisch in elektrisch umwandelt, wenn sich ein Organismus in einer geopathogenen Zone befindet. Diese stört den Stoffwechsel oder gar den Elektrizitätsaustausch in der Zelle. Der Organismus wird nicht mehr richtig entschlackt, und Gifte sammeln sich in den Gewebszellen an. Die Folge sind schwere Erkrankungen. Genau wie Tiere und Pflanzen, reagiert also auch der Mensch auf Strahlenbelastungen.

Bei den Strahlungsarten wird den Gitternetzen eine hohe Wahrscheinlichkeit bei der Entstehung von Krebs zugerechnet. Gitternetze verursachen degenerative Zellveränderungen, das bedeutet, dass Gewebe angegriffen wird. Zwar bleiben noch Fragen über die Ursache von magnetischen und elektrischen Feldstärken und deren Auswirkungen offen, doch die Zahl der biologisch und umweltmedizinisch orientierten Ärzte nimmt zu. Sie beginnen, die Probleme standortbedingter Krankheiten zu erkennen, und bedienen sich spezieller Blutuntersuchungen und elektrischer Tests, die Hinweise auf eine geopathische Störung liefern.

Richtig bauen auf gutem Grund

Ich habe einige Erfahrungen mit der Ausstattung von Beherbergungsbetrieben in hohen Hanglagen gesammelt, die mithilfe meiner geobiologischen Beratung ihren Gästen ein optimales Wohlfühlerlebnis bieten können. Und auch alte Bauten gehören zu unseren herausfordernden Projekten. Hier ein paar Beispiele.

Problematische Hanglage:
Das Kronthaler in Achenkirch, Tirol
→

↑

Die Restaurierung und Ausstattung dieses alten Bürgerhauses in Bludenz erfordert viel Wissen um die Speicherkraft alter Mauern: Projekt Getzner Haus

Multifunktionale Nutzung in diesem stattlichen Patrizierhaus aus der ersten Hälfte des 14. Jahrhunderts

↓

↑

Auch die Aadla Walser-Chalets am Arlberg in Schröcken sind mit viel Holz ausgestattet, das als Baumaterial optimal, geobiologisch allerdings problematisch ist.

→

↑

Der Rainerhof ist ein Erbhof, der sich seit 1775 im Besitz von Familie Fischbacher befindet. Hier wurde jahrhundertelange Tradition in die moderne Ausstattung integriert, was sich in den Räumlichkeiten widerspiegelt.

↓

Aus der Praxis

Auf den vorangegangenen Seiten haben wir nun ausführlich darüber gesprochen, was Strahlen sind, haben uns ihrer natürlichen Entstehung gewidmet und erklärt, wie wir gelernt haben, sie in unserer übertechnisierten Welt einzusetzen und künstlich nachzubauen. Die Geobiologie hat auf den Grundlagen der medizinischen Radiästhesie und ihrer Methoden nun die Möglichkeit entwickelt, dem schädlichen Einfluss von Strahlen auf die Gesundheit entgegenzuwirken. Wenden wir uns also einigen Beispielen allgemeiner Schutzmöglichkeiten zu.

Was man gegen Belastung durch Radon tun kann

Die Radonkonzentration in Gebäuden unterliegt in Abhängigkeit von der Art der Nutzung des Gebäudes sowie von den Gewohnheiten der Bewohner Schwankungen, die bis zu drei Größenordnungen betragen können. Betroffen sind vor allem jene Gebäude, die auf Baugrund mit geologisch bedingt erhöhter Radonkonzentration errichtet wurden. Das natürlich vorhandene Radonpotenzial unter einem Gebäude kann allerdings durch eine Untersuchung des Baugrundes ermittelt werden. In diesem Zusammenhang ist es vorteilhaft, vor der Errichtung von Neubauten die Radonkonzentration in einem Meter Tiefe im Erdreich zu ermitteln.

Maßnahmen

Abhilfe gegen aufsteigendes Radon bietet

- der Einbau von Hohlraumelementen in der untersten Bodenplatte, die über Rohre mit der Außenwelt verbunden sind;
- das Ansaugen der Luft knapp über Grund auf der Nord- oder Ostseite, das Absaugen unter dem Plafond auf der gegenüberliegenden Seite oder über einen nicht mehr benötigten Kamin, denn so entsteht ein Kamineffekt. Dadurch werden sowohl aufsteigende Feuchtigkeit als auch Radon oder Grubengase gefahrlos ins Freie geleitet.
- Auch Radonbrunnen helfen beim Ableiten von radonbelasteter Luft, bevor sie in die Wohnungen gelangt.
- Eine weitere Methode ist das Verlegen dicht verschweißter Alu-Verbund-Folien am Boden der Wohnräume. Darüber kann dann ein Parkettboden, Estrich oder auch nur ein Teppichboden verlegt werden. Dadurch wird das Radon zumindest bis in die Außenwände geleitet, wo es aufsteigt, aber teilweise wieder in den Wohnraum diffundiert. Vor allem seit Gebäude gegen Energieverlust dicht eingepackt werden, kann Radon nicht wie früher auch durch die Außenwände wieder entweichen und bleibt daher vermehrt im Ineren des jeweiligen Gebäudes.
- Unbewohnte Kellerräume sollten mechanisch belüftet werden. Leichter Überdruck im Keller verhindert das Eindringen von Bodenluft, leichter Unterdruck das Aufsteigen in die Wohnräume.

Radonschutzgesetz

Die Europäische Kommission empfiehlt, die maximale Radonkonzentration in Innenräumen zu begrenzen. Die folgenden Grenzwerte sind laut EU spätestens per 6. Februar 2018 in nationales Recht umzusetzen und gelten ab dann im Jahresschnitt als zulässiger Höchstwert. Bei Verkauf oder Vermietung von Wohnungen muss dieser Wert auch auf Verlangen vom Mieter oder Käufer attestiert werden.

- Der Eingreifrichtwert von 400 Bq/m^3 gilt für Gebäude, die vor 1996 gebaut wurden
- Der Planungsrichtwert von 200 Bq/m^3 gilt für Gebäude, die nach 1996 gebaut wurden.
- Die Strahlenschutzkommission hat in ihrer Stellungnahme vom 14. Juli 2004 eine statische Signifikanz des zusätzlichen Lungenkrebsrisikos durch Radon ab 150 Bq/m^3 festgestellt. Es wird deshalb eine Reduzierung der Radonkonzentration in Innenräumen auf unter 100 Bq/m^3 empfohlen, was jenem von der Weltgesundheitsorganisation (WHO) festgesetzten Wert entspricht.

Richtwerte

Radon ist das Zerfallsprodukt von Radium-226 und Thorium-232. Ihre Aktivität in Baumaterialien soll kleiner sein als 260 Bq/kg (7 nCi/kg). Ist sie höher, muss eine gute Lüftung gewährleistet sein, die eine zu große Radonanreicherung verhindert. Als Richtwert soll der Radonfluss (die Exhalationsrate) weniger als 2 Bq/m^{3}h betragen und die Konzentration in der Luft kleiner sein als 50 Bq/m^3.

Für das Problem der Lüftung gibt es heute Fenster, die eine kleine Klappe im Rahmen besitzen, die bei Windstille eine kontinuierliche Luftzufuhr bewirkt. Bei stärkeren Windbewegungen schließt sich diese Klappe, und das Fenster ist so dicht wie ein gemäß aktuellen Richtlinien gefertigtes konventionelles Fenster.

Die jahreszeitlichen Schwankungen im Haus hängen mit einem veränderten Lüftungsverhalten im

Radonhandbuch der WHO

Die WHO hat im September 2009 ein Handbuch über Lungenkrebsrisiken durch Radon in Innenräumen herausgegeben. Demnach ist Radon eine der häufigsten Ursachen für Lungenkrebs. Die WHO fordert unter anderem, die individuellen Risiken betroffener Personen zu mindern. Längerfristig soll die Bevölkerung durch vorsorgliche bauliche Maßnahmen und Altbausanierungen geschützt werden. Nach der WHO sollte 100 Bq/m3w als höchstzulässige Radonkonzentration in Neu- und Altbauten gelten.

Sommer gegenüber den Wintermonaten zusammen. Aber auch die Wetterlage ist für die Schwankungen verantwortlich. So kann sich bei einer austauscharmen Wetterlage die Radonkonzentration erhöhen.

Wie man Fotovoltaikanlagen sicher macht

In der Vergangenheit wurde Fotovoltaik durch zahlreiche Gesetzesänderungen immer wieder infrage gestellt. Die Medien waren an dieser Entwicklung leider nicht ganz unbeteiligt. Eine Hiobsbotschaft jagte die nächste, bis die Medien schließlich eine erneute Kehrtwende eingeläutet haben und Fotovoltaik wie der Phönix aus der Asche wieder auferstand. Fotovoltaik soll sich wieder lohnen, so die Medien, ja sogar mehr denn je, denn die produzierte Solarenergie wird vorrangig direkt im eigenen Haus benötigt und dadurch der Stromverbrauch teilweise erheblich gesenkt. Die Wahrheit ist, Fotovoltaik hat sich immer schon gelohnt und wird sich auch immer lohnen. Vielleicht nicht immer aus finanziellen, aber auf jeden Fall aus ökologischen Gründen.

Nur die Überschüsse werden dann an den regionalen Stromversorger verkauft, diese werden dank neuer und immer effizienter werdender Stromspeicher immer geringer, sodass der Eigenverbrauch und die Autarkie steigen. Mittlerweile hat selbst die Europäische Union das Ziel, bis ins Jahr 2030 weit mehr als 30 Prozent des Strombedarfs aus erneuerbaren Energien zu gewinnen. Neben Wasserkraft und Wind spielt Fotovoltaik eine genauso wichtige Rolle, um den Energiehunger in Europa ökologisch zu decken.

Stromerzeugung mit Fotovoltaik

Eine Solarzelle wandelt Sonnenlicht direkt in Strom um. Zellen bestehen heute meist aus dem Material Silizium, das eine besondere Eigenschaft hat: Die Elektronen in seinem Kristallgitter sind so schwach gebunden, dass ein Sonnenstrahl genug Energie hat, um sie zu befreien. Diese Elektronen können schließlich in der Zelle nach oben wandern und kehren über einen äußeren Draht wieder zur Unterseite zurück: Es fließt Strom. In einem Fotovoltaikmodul sind mehrere Solarzellen miteinander verbunden.

Es gibt mittlerweile nicht mehr so viele Anbieter wie noch vor einigen Jahren. Dafür hat eine Marktbereinigung gesorgt, denn durch die immer aufwendiger werdenden Genehmigungsprozesse haben sich Unternehmen, die sich nicht ausschließlich auf Fotovoltaikanlagen spezialisiert haben, vom Markt verabschiedet. Glücklicherweise wurde dadurch die Beratung der Unternehmen wesentlich verbessert.

Die Kehrseite

Mit zunehmender Elektrosensibilität der Menschen wird gerade Fotovoltaik genau und sehr skeptisch betrachtet. Denn schließlich ist die Fotovoltaikanlage eine elektrische Anlage im Außenbereich (Elektrosmog), die bei nicht sachgemäßer Installation erhebliche gesundheitliche Probleme mit sich bringen kann. Denn aufgrund der Energieerzeugung kann ein unliebsamer Nebeneffekt entstehen: Bei der Umwandlung im Wechselrichter entstehen elektrische, magnetische Felder und sogenannte Oberwellen oder »Dirty Power«.

Wechselrichter mit Trafo erzeugen wenig Oberwellen in den Leitungen, dafür aber starke Magnetfelder. Bei elektronischen Wechselrichtern ist es umgekehrt: kaum Wechselfelder, dafür viele Oberwellen. Hier einige Möglichkeiten und Tipps der Fehlereindämmung:

- Die Installation des Wechselrichters in der Nähe vom Schlafplatz ist zu vermeiden. Der Verband Baubiologie empfiehlt einen Sicherheitsabstand von mindestens zwei Metern, auch zu allen Leitungen.
- Bei elektronischen Wechselrichtern sollten die Leitungen zu den Fotovoltaikmodulen geerdet werden. Die Oberwellen in den Leitungen können durch den Einsatz von Filtern vermieden werden.
- Auf kurze Leitungsführungen und dicht beieinanderliegende Kabel achten.
- Zur Vermeidung störender Geräusche sollten die Wechselrichter nicht auf Resonanzkörpern wie

beispielsweise dünnen Holzwänden oder Dachsparren montiert werden.

- Auf Steuerungs- und Informationssysteme per Funk verzichten.
- Bereits im Vorfeld der Installation einer Fotovoltaik-Anlage einen qualifizierten Planer und Solarteur kontaktieren.
- Aus fachlicher Sicht werden die meisten Fehler bei der Leitungsverlegung, der Platzierung des Wechselrichters und bei der Wahl des Montagesystems (Unterkonstruktion) gemacht.

Leitungsführung richtig – falsch

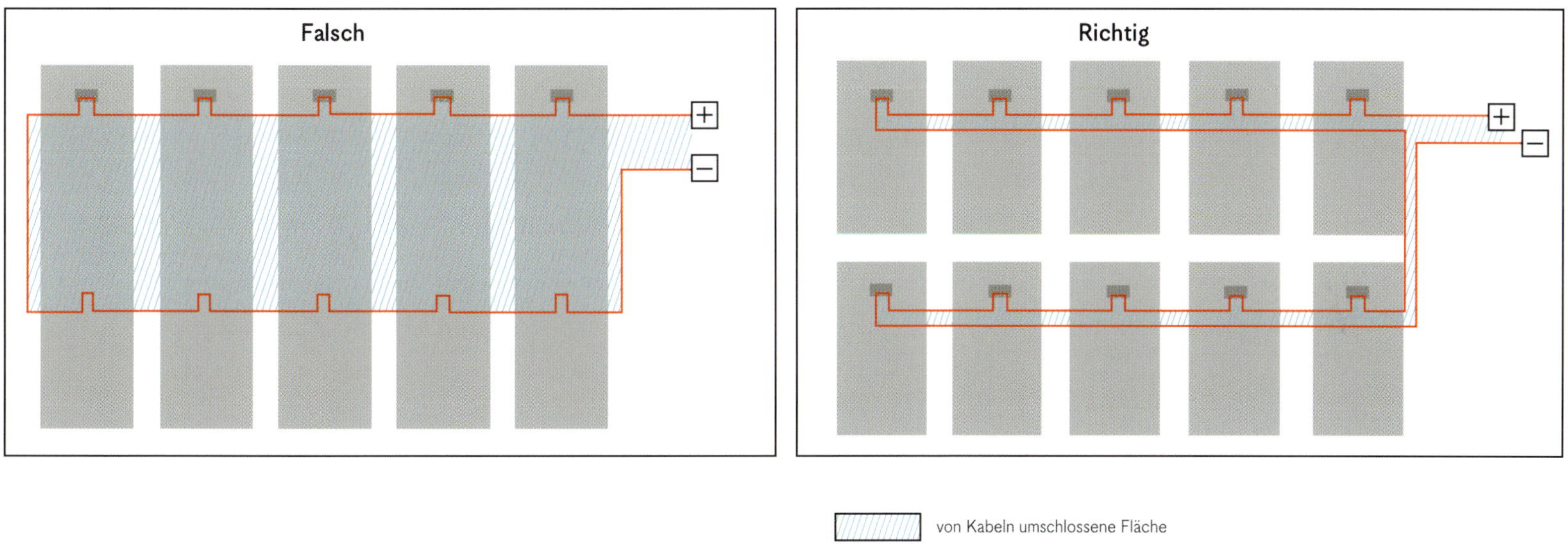

Leider werden viele technische Möglichkeiten und Normen oft aus Kostengründen nicht umgesetzt, die dann folgeschwere Auswirkungen nicht nur aus Sicht von Elektrosmog, sondern gerade auch aus technischer Sicht mit sich bringen können.

Auch sollte die Anlagensicherheit durch die Berücksichtigung der bundesdeutschen (VDE-AR-E 2100-712) Grundlagen erhöht werden. Dazu ein Beispiel: Was passiert, wenn ein Haus brennt, das mit einer Fotovoltaikanlage bestückt ist? Feuerwehrleute und andere Einsatzkräfte, die zu einem Brand gerufen werden, schalten als Sicherheitsvorkehrung normalerweise die Stromversorgung des betroffenen Gebäudes ab. Dennoch erzeugen die PV-Module weiterhin bei Sonnenschein eine hohe Spannung, selbst wenn das System nicht mehr an das Stromnetz angeschlossen ist. Bereits drei bis vier miteinander verbundene (verstringte) Module erzeugen eine Spannung von mehr als 150 Volt. Diese Spannung stellt für Einsatzkräfte ein zusätzliches Risiko dar und behindert so eine gefahrlose

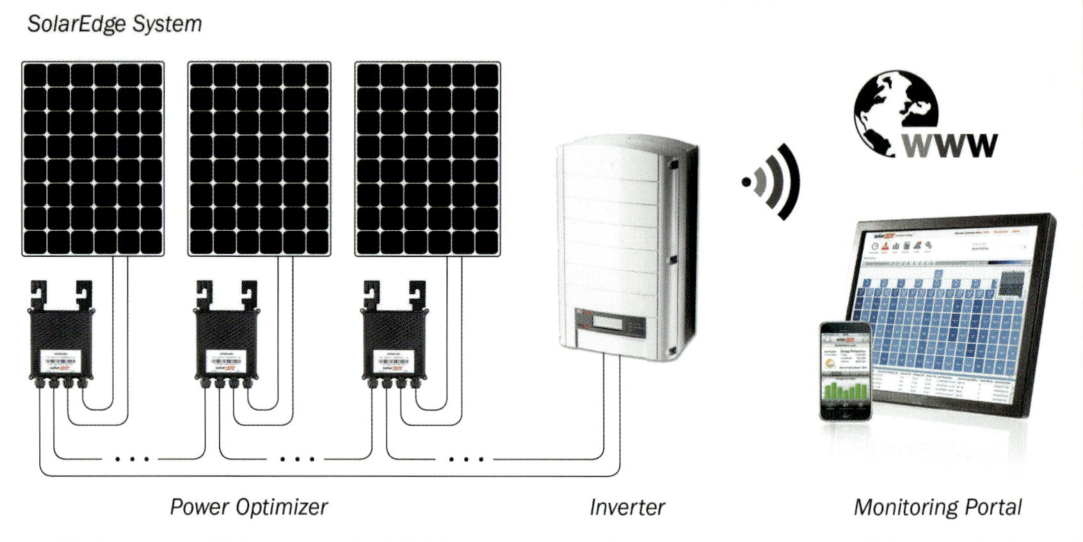

Sicherheitslösung mit Kontrollsystem von SolarEdge

Begriffserklärungen

Was bedeutet die Anwendungsregel VDE-AR-E 2100-712?

Die Anwendungsregel ist ab dem 1. Mai 2013 gültig und entspricht dem aktuellen Stand der Technik. Das bedeutet wiederum, dass der Fotovoltaik-Installateur dafür Sorge tragen muss, nach diesem Stand zu installieren. Eine Missachtung kann als fahrlässiges Handeln ausgelegt werden und birgt das Risiko, dass im Schadensfall der Versicherer nicht für diesen aufkommt.

Was bedeutet SafeDCTM?

SafeDCTM ist eine patentierte, integrierte Sicherheitslösung z.B. von »SolarEdge«. Die Leistungsoptimierer reduzieren die Spannung auf eine Sicherheitsspannung von 1 V DC.

»Manuelles Abschalten der Anlage«

- durch Ausschalten des Wechselrichters
- durch Trennung der Anlage vom Netz

»Automatisches Abschalten der Anlage«

- Automatische Erkennung von Lichtbögen und Abschaltung der Anlage
- Automatische Erkennung von zu hohen Temperaturen und Abschaltung der Anlage.

Personen, die sich regelmäßig sehr nahe an einzelnen Komponenten der Anlage aufhalten, können gesundheitliche Beeinträchtigungen erfahren und an Kopfschmerzen, Nervosität und Atembeschwerden leiden.

Brandbekämpfung. Mit der Einführung der Anwendungsregel im März 2013 wurde zum ersten Mal eine einheitliche Grundlage für Installateure gelegt. Das Ziel ist es, bauliche und elektrische Anforderungen zu definieren, um Löscheinsätze bei Solaranlagen sicherer und unproblematischer zu gestalten.

Bauliche Maßnahmen

Eine brandschutzgerechte Verlegung ist kostenintensiv und erfordert zusätzliche Zertifizierungsmaßnahmen für den Installateur. Regelmäßige Wartung bzw. Instandhaltung verursachen höhere Betriebskosten. Die komplette Verkabelung außerhalb des Gebäudes ist aufgrund des Wärmedämmverbundsystems umständlich und nicht immer realisierbar.

Elektrische Maßnahmen

Die Abschaltung der gefährlichen Spannung auf Modulebene und die Nutzung eines Feuerwehrtrennschalters erfordert circa 300 Euro Mehraufwand an Installationskosten. Empfehlenswert ist hingegen die kostenlose und derzeit sicherste Lösung, z.B. von »SolarEdge«.

Wie man Belastungen durch Sendemasten entgegensteuert

Niederfrequenz und Magnetfelder

Wir sind unaufhörlich von Niederfrequenz und Magnetfeldern umgeben, denn Oberleitungen oder Erdkabel transportieren den Strom zur Ortschaft. Deshalb zählen zu den Emittenten der Hausstrom mit ~ 230 Volt, Überlandleitungen, Transformatoren und die Bahn oder Straßenbahn mit 16 ²/₃ Hertz.

Hochfrequenz

Dabei handelt es sich um alle Sender und Elektrofelder im Hochfrequenzbereich, insbesondere die Mobilfunkfrequenzen GMS und UMTS, 5G, Radio- und Fernsehempfang. DECT-Telefone funken digital, 24 Stunden täglich. Neue Techniken wie WLAN, Hot Spots für drahtlosen Internetempfang per Laptop im Café, Internet per Richtfunk von Ortschaft zu Ortschaft, um nur einige zu nennen.

Je höher die Frequenz, das heißt je kürzer die Wellen, desto schwieriger wird es, diese abzuschirmen. Bei Personen, die einer starken Strombelastung im niederfrequenten und hochfrequenten Bereich ausgesetzt sind, treten häufig Kopfschmerzen, Migräne, Müdigkeit, Schlafstörungen, Herzrhythmusstörungen, Kreislaufprobleme (Blutdruck), Tinnitus, Verspannungen z.B. in den Schultern, dem Nacken, der Halswirbelsäule auf. Laut einer nicht repräsentativen Studie aus dem Jahr 2017 sind mittlerweile 30 Prozent der Bevölkerung elektrosensibel, wobei die Dunkelziffer sehr hoch ist, denn die meisten Menschen wissen gar nicht, dass sie elektrosensibel sind. Beschwerden werden auf andere Ursachen zurückgeführt. Wir raten auf jeden Fall, sich bei chronischen Beschwerden auf der Website »senderkataster.at« zu informieren, ob möglicherweise ein Hoch- oder Niederfrequenzemittent in der unmittelbaren Nähe die Ursache für die Symptome sein könnte. Die Site hat etwa 60 Prozent aller Sender in Österreich registriert. Viele kleine, doch starke Anlagen, die in privater Hand sind, scheinen dort leider nicht auf, da es keine Meldepflicht für diese Anlagen gibt.

Überlandleitungen sind für Niederfrequenzbelastungen verantwortlich.

Wirkung von Oberleitungen auf das Nervensystem

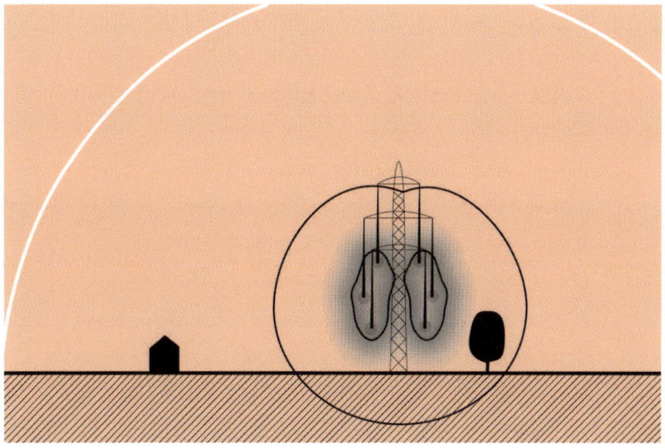

Die Zusammenhänge zwischen Geopathie und Krankheit

Kommen wir nun zu den konkreten Symptomen, die durch natürliche und technische Strahlungszonen entstehen können. Dazu möchte ich kurz darlegen, was es zum Thema Geopathie zu sagen gibt.

Harmonie von Körper, Geist und Seele bilden die Grundlage der Gesundheit. Im Fall einer Geopathie wird die Körperenergie des Patienten durch auf- oder abladende Strahlungszonen aus dem Gleichgewicht gebracht. Der biologische Informationsfluss des Nervensystems wird beeinträchtigt oder verfälscht. Dies kann zur Fehlsteuerung des Hormonhaushaltes und zu falschem Einfluss auf die Informationen des Endokrinums führen. Je nach Dauer eines Aufenthaltes und Stärke einer Strahlung kann es zu Gewebeveränderungen kommen.

Oft sind es erste Nervenschmerzen, deren Ursachen oft nicht erkannt werden. Für die Schulmedizin leidet der Patient an einer Psychosomatik, einer seelisch-körperlichen Erkrankung, die mit Psychopharmaka vergeblich behandelt wird. Oder der Patient leidet an einer vegetativen Dystonie – das ist die zusammenfassende Bezeichnung für alle durch Erkrankung des vegetativen Nervensystems bedingten Symptomenkomplexe –, da im schulmedizinischen, naturwissenschaftlichen und labortechnischen Bereich keine relevante Ursache gefunden werden kann. Hier behandelt der Arzt mit Beruhigungsmitteln. Patienten dieser Kategorie leiden chronisch zusätzlich an Nebeneffekten der verschriebenen Medikamente. Entsprechend der Lage des Patienten, Art und Schwere der geopathischen Belastung und der Kreuzungspunkte kann ein Geobiologe im Blindversuch zu 95 Prozent am Schlafplatz die Gesundheitsstörung ermitteln und Aussagen über das Beschwerdebild der Bettbenutzer machen.

Denn: Verglichen mit gesunden Zellen benötigt eine Krebszelle die siebenfache Energie zum Wachstum. Kreuzungspunkte der Netzstrahlungen stehen genau im Entstehungszentrum von Krebs. Netzstreifen in Überlagerung mit starken Wasseradern oder Grundstrahlungen finden sich Punktgenau im Krebsgeschehen. Weniger als 400 Reizeinheiten (RE) stört das Wohlbefinden eines Menschen. Dies kann durch zu starke Abschirmung vorkommen. 400 bis 600 RE sind normalverträgliche Werte. 700 bis 1300 RE führen zu leichten Gesundheitsproblemen wie Bandscheibenbeschwerden, übermäßiger Verschleiß, Unwohlsein. 1400 bis 2800 RE bewirken Gewebeschäden bis hin zu Krebs, psychosomatische Erkrankungen, vegetative Dystonie, Schlafstörungen, Schmerzen, Fehlgeburten etc. 2800 bis 3800 RE führen zu Knochenkrankheiten, Depressionen, Unfruchtbarkeit. Ab 3800 RE hilft keine Abschirmung mehr.

Ein Beispiel, warum Strahlung so gefährlich ist

Sie verbringen Ihren Urlaub irgendwo an einem schönen Strand. Nach einem zweistündigen Sonnenbad haben Sie einen richtigen Sonnenbrand, der zur Zellveränderung der Haut durch Einwirkung von Bestrahlung führt. »Sonnenstrahl« ist allerdings ein volkstümlicher Begriff, physikalisch betrachtet handelt es sich um Schwingungen, also Licht- oder UV-Schwingungen, die genauso einzuordnen sind wie Erdstrahlen.

Zurück zum Strand. Sie haben nun die Wahl: Sie nehmen entweder einen Sonnenschutz für Ihre Haut oder Sie bleiben ungeschützt. Sollten Sie den Rest Ihrer Urlaubswoche am Strand liegenbleiben, werden Sie irgendwann kleine schwarze oder braune Flecken auf der Haut bekommen. Wenn diese dann größer werden und weiter wachsen, haben Sie das letzte Stadium der Zellveränderung erreicht – Hautkrebs!

Die häufigsten Krankheitssymptome und deren Störzonenbezug

Wasseradern	Gitternetze (Curry/Global/Benker)
Allgemeine Beschwerden	Neuralgische Krebsstellen
Weichteile / Krampfadern	Pathologische bis degenerative Zellveränderungen
Blasen / Nieren	Kinderlosigkeit, Abortus, Frühgeburten, etc.
Durchblutungsstörungen	
Bettnässen (Kinder)	
Kinderlosigkeit oder häufiger Abortus	

Brüche Verwerfungen	Elektrosmog NF / HF
Bewegungsapparat	Kopfschmerz / Migräne
Knochen / Gelenke/	Müdigkeit / Abgeschlagenheit
Verstärkter Verschleiß	Schlafstörungen
Rheuma, Arthrosen	Herz / Herzrhythmusstörungen
Rückenschmerzen	Kreislauf / Blutdruck
Morbus Bechterew	Tinnitus
Morbus Scheuermann	Verspannungen (z.B. Schultern/ Nacken/ HWS)
Depressionen, Suizidgefahr	Kribbeln/ Ameisenlaufen
Leukämie	
ADS (Aufmerksamkeit Defizit Syndrom)	
Angstzustände, etc.	

Sonderfall Krebs

Aus umweltmedizinischer und geobiologischer Sicht ergibt sich folgende Hypothese:

- Krebszellen sind Strahlensucher
- Eine Krebszelle benötigt siebenmal mehr Energie für ihr Wachstum, als eine normale Körperzelle
- Krebszellen sammeln sich dort im Körper, wo diese Energie vorhanden ist.
- In über 80 Prozent der Fälle dort, wo Gitterkreuzungspunkte zu finden sind, da hier viel Energie, also Nahrung für ihr Wachstum vorhanden ist.
- Der Volksmund sagt: »Hattest du Krebs, leg' dich nicht wieder ins gleiche Bett.«

Einige Gedanken zum Salutogeneseprinzip

Unter der Bezeichnung »Salutogenese« wird die Wissenschaft von der Entstehung und Erhaltung der Gesundheit zusammengefasst. Das Wort stammt aus dem Lateinischen »salus« für Gesundheit und »genese« für Entstehung. Damit ist die Salutogenese das Gegenstück zur Pathogenese, welche die Entstehung von Krankheit beschreibt. In den 1970er Jahren ging der US-Medizinsoziologe Aaron Antonovsky der Frage nach, welche Faktoren die die »Entstehung von Gesundheit« wohl beeinflussen. Er entwickelte ein theoretisches Modell über die Eigenschaften, die man braucht, um gesund zu werden und es auch zu bleiben.

Aaron Antonovsky (1923–1994)

Der Forscher führte einige Studien zur Anpassungsfähigkeit an die Menopause durch. Er fand in erster Linie bei einer Gruppe von Frauen, die in jungen Jahren in Konzentrationslagern inhaftiert waren, eine bessere Anpassung an diesen besonderen hormonellen Zustand vor als in seiner Kontrollgruppe, die keine derart belastenden Erlebnisse hatte. Das bedeutete für Antonovsky, dass die Stressoren, die eine Inhaftierung unter derart verheerenden Bedingungen wie in einem Konzentrationslager darstellen, offenbar jene körpereigenen Ressourcen aktivieren konnten, die die Frauen ihr Leben lang gesund erhalten. Durch die Ergebnisse dieser bahnbrechenden Untersuchung wurde der bis dahin übliche Fokus der Wissenschaft auf die Entstehung von Krankheit (Pathogenese) durch die Aspekte der Salutogenese ergänzt.

Allerdings ist es logisch, dass die Herangehensweise an eine Erkrankung aus salutogenetischer oder pathogenetischer Sicht sehr unterschiedlich ist. Pathogenese versucht, Krankheit zu vermeiden. Salutogenese dagegen versucht, ein attraktives Gesundheitsziel zu erreichen.

Das Kohärenzgefühl

Antonovsky prägte einen weiteren Begriff, der inzwischen in den medizinischen Alltag aufgenommen wurde, der ein Zugehörigkeitsgefühl und eine tiefe innere Zufriedenheit mit sich selbst und anderen umfasst. Er nannte es Kohärenzgefühl und sprach dabei von drei Grundvoraussetzungen, um dieses Ziel zu erreichen:

- Verstehbarkeit: Die Fähigkeit, Zusammenhänge herzustellen zwischen den Geschehnissen, die das Leben bereithält.
- Bewältigbarkeit: Die Fähigkeit, mit Geschehnissen umzugehen.
- Sinnhaftigkeit: Die Überzeugung, dass alle Geschehnisse einen Sinn haben. Durch diese Überzeugung fällt es leichter, die Geschehnisse zu akzeptieren.

Diese drei Eigenschaften entwickelt jeder Mensch innerhalb seiner ersten 20 Lebensjahre. Je nachdem wie stark diese ausgeprägt sind, können Menschen unterschiedlich gut mit Krisen umgehen, beispielsweise mit einschneidenden Erlebnissen wie dem Tod eines Familienmitgliedes, mit stressigen Phasen im Job oder auch mit einer Erkrankung. Wie gesund wir sind, hängt also wesentlich von der Ausprägung der drei Eigenschaften ab.

Resilienz und Salutogenese

Die Resilienz oder Widerstandsfähigkeit steht in enger Verbindung zur Salutogenese. Je widerstandsfähiger gegenüber gesundheitsschädigenden Einflüssen wir sind, desto gesünder bleiben wir. Wir alle kennen Personen, die nie krank werden, obwohl sie vielen potenziell krankmachenden Umständen ausgesetzt sind, und solche, die bei leichten Stresssituationen mit Fieber oder Erschöpfungssymptomen im Bett liegen.

Die Bedeutung für die Geobiologie

Wir wissen meist genau, was wir nicht tun dürfen, um beispielsweise keine Erkältung zu bekommen. Was wir aber meist übersehen, sind die unsichtbaren Stressoren aus unserer unmittelbaren Umgebung. Denn unser Organismus kann über einen langen Zeitraum hin Belastungen neutralisieren, aber irgendwann ist das Maß voll, unsere körpereigene Abwehr bricht unter dem Dauerbeschuss zusammen. Wenn das Fass der Stressresilienz einmal voll ist, genügt ein Tropfen, um es zum Überlaufen zu bringen. Hier sind Geopathie und Elektrostress die häufigsten Ursachen für meist schwer bis gar nicht diagnostizierbare Erkrankungen.

Der Geobiologe kann die unsichtbaren Stressoren mithilfe eines Digimeters messen, um unsere Resilienz zu stärken.

Wissenswertes über den Schlafplatz

Hier nun die Lösungsansätze bei Neubauwohneinheiten und Möglichkeiten zur Verbesserung der Situation bei bereits fertiggestellten und eingerichteten Wohnungen.

Wir fassen kurz zusammen: Die georteten Erdstrahlen sollten in die aktuellen Grundrisspläne des Hauses ebenso eingearbeitet werden wie die bestehende Möblierung. Dadurch sieht man die Schwachstellen auf einen Blick. Man muss jedoch beachten, dass sich Wasseradern, bedingt durch trockene Klimaphasen oder Grabarbeiten verändern können. Das hängt damit zusammen, dass die im Untergrund wasserführenden Schichten nicht zu jeder Zeit mit derselben Menge Wasser versorgt werden. Nachdem wir also mithilfe der Wünschelrute festgestellt haben, wo sich in unserem Wohnbereich schädliche Störzonen befinden, sollten Möbel und Betten entweder umgestellt, die Zimmer gewechselt oder die Räume mit speziellem Material saniert, also »entstört« werden.

Zunächst kann man sich schon einmal damit behelfen, Metallteile zu entfernen oder zumindest zu reduzieren. Ebenso wäre es wichtig, von der Verwendung von Wasserbetten und Federkernmatratzen sowie Bettwaren und Stoffüberzügen mit metallischen Verbindungen wie Silberfäden etc. abzusehen. Zusätzlich aber haben Techniker Produkte entwickelt, die dauerhaft in zuverlässiger Weise elektrische Störfelder entschärfen. Gleichzeitig kann die Globalgitternetzstrahlung abgeschirmt oder umgeleitet werden, während die statische Aufladung durch Elektrogeräte und Teppichböden mit geeigneten Maßnahmen vermindert werden sollte. Dies bedarf keinerlei besonderer Vorkehrungen, man benötigt dafür nicht einmal einen Elektroanschluss. Denn es wurden zwischenzeitlich Produkte entwickelt, die wartungsfrei sind und uns dauerhaft schützen können. So sind bereits Matten auf dem Markt, die ein eigenes, messbares, aber rechnerisch nachweisbares, elektrisches Feld mit ständiger Selbstentladung erzeugen. Dabei handelt es sich um Apparaturen, Geräte und Materialien, die zum Schutz vor krankheitserregenden Kräften oder gar zur Umwandlung schädlicher Kräfte in unschädliche dienen sollen. Um die den Geräten zugeschriebenen Funktionen zu unterscheiden, ist es ratsam, im ersten Fall von »Abschirmung«, im zweiten von »Entstörung« zu sprechen.

Die erste bekannte Abschirmung wurde vom Schweizer Radiästheten Abbé Mermet vorgenommen, der um 1905 versuchte, schädliche Wirkungen von Wasseradern zu beseitigen, indem er Metallspitzen in den Boden über Wasseradern steckte. Heute ist das Angebot verschiedener Geräte sehr groß und nicht alle halten das, was sie versprechen.

Wir haben sehr gute Erfolge mit dem Angebot der »Geovital-Akademie« erzielt, deren Produkte auf Basis der physikalischen Abschirmung entwickelt wurden. Es wird hier weder auf der informativen noch auf der spirituellen Ebene gearbeitet, denn es geht um den regenerativen Schlaf, der einzige, der auch gesund ist. So hat die Akademie verschiedene Produkte entwickelt, die ausgehend von der Anwendung rund um den Schlafplatz eingesetzt werden können.

Vermessung der Schlafstelle

Bevor aber die Entscheidung über die Art der Abschirmung im Bereich von Elektrosmog und Erdstrahlung gefällt wird, muss eine Vermessung der Schlafstelle erfolgen. Denn entscheidend ist, was überhaupt abschirmungswürdig ist. Es geht darum, nicht zu viel aber auch nicht zu wenig zu sanieren, denn ein gewisses Potenzial an Strahlung benötigt der Mensch, um überhaupt existieren zu können.

Um unser Umfeld einschätzen zu können, werden sowohl Messungen der Niederfrequenz, also Haushaltsstrom, als auch der Hochfrequenz vorgenommen, also Richtfunk, Mobilfunk, WLAN etc. Begonnen wird zunächst mit der Körpermessung, denn der eigene Körper wirkt wie eine Antenne. Das jeweilige Ergebnis zeigt, wie viel Spannung der Körper, gemessen in Volt pro Meter (V/m), am Schlafplatz aufnimmt. Die medizinischen Empfehlungen liegen bei einem Wert unter 30 V/m. Der niederfrequente magnetische Wert Nano-Tesla (nT) wird als stark bezeichnet, wenn er bei der Messung 100 nT anzeigt.

Niederfrequenzmessung

Wenden wir uns nun dem Bereich der Niederfrequenz zu. Haushaltsstrom erzeugt ein niederfrequentes Feld und hat eine Frequenz von 50 Hertz. Überall dort, wo sich Stromleitungen befinden, wird ein elektrisches und ein magnetisches, also ein elektromagnetisches Feld erzeugt, das man an der Wand messen kann. Je nach Baumateria, also Ziegel-, Beton- oder Holzbauweise, strahlt dieses Spannungsfeld bis zu zwei Meter von der Wand ab. Hier macht Holz die meisten Probleme, da es die Spannung aufnimmt und im gesamten seiner Substanz speichert. Holz ist zwar baubiologisch ein optimales Material, geobiologisch allerdings heikel. Deshalb sollte man in einer Holzkonstruktion nur abgeschirmte Kabel verlegen. Speziell im Schlafbereich ist die Niederfrequenzstrahlung eine Herausforderung, da die Betten in der Regel direkt an der Wand stehen und man somit dieses Spannungsfeld im Schlafbereich und an der Person wiederfindet. Transformatoren und Überlandleitungen, sowie Bahn oder Straßenbahn können zudem im Niederfrequenzbereich unangenehme Magnetfelder produzieren, was ebenfalls abzuklären ist.

Hochfrequenzmessung

Hochfrequente Felder durchstrahlen Gegenstände, Wände und andere Materialien. Im Unterschied zur Geobiologie misst die Baubiologie die ausgehende Leistung/Flussdichte des abstrahlenden Senders wie beispielsweise eines Handymasts in Mikrowatt pro Quadratmeter (µW/m2). Also wird hier die Luft gemessen. Diese Messungen spiegeln jedoch nicht die tatsächliche Belastung am Körper wider. Da der Mensch wie eine Antenne diese Frequenzen aufnimmt, favorisieren Mediziner die geobiologische Messmethode in Mikrovolt (µV), indem durch den körperlichen Kontakt mit der Antenne des Messgeräts, der sogenannten Körperankopplung, die ankommende Leistung des Senders gemessen wird. Diese Messmethode gibt die tatsächliche Belastung für die jeweilige Person an. Auch hier sollte der Messwert 30 µV nicht überschreiten. Ist dies doch der Fall, sind Abschirmungen nach Faraday (»Faraday'scher Käfig«) dringendst angeraten.

Ziel ist es, zumindest im Schlafzimmer wieder unter die Maximalwerte von 30 µV zu gelangen, um dem Körper acht Stunden Pause zu gönnen, damit Regenerationsprozesse auch funktionieren können.

Messung der Gitternetze und Aufspüren von Wasseradern

Das Ausloten der Gitternetze und Wasseradern erfolgt mittels diverser Ruten aus Metall oder Kunststoff und wird durch eine speziell für diesen Zweck entwickelte Methode ausgeführt, um die jeweilige Art der Strahlung zu erkennen. Das erfordert Übung und Erfahrung. Nach erfolgter Messung werden die ermittelten Störzonen in einen möblierten Grundrissplan eingetragen. Damit erkennt der Experte die Problemzonen.

Nach erfolgter Messung erstellt der Experte ein Messprotokoll, in dem die Probleme angeführt und Verbesserungsvorschläge erarbeitet werden. Dieses Messprotokoll sollte so einfach und kurz wie möglich gehalten werden, um den Laien nicht mit Fachchinesisch zu überfordern. Denn nur wenn der Kunde verstanden hat, worum es geht, weiß er, was er zu tun hat.

Möglichkeiten der Sanierung

In der heutigen Zeit haben wir es geschafft, unser Leben durchgehend zu elektrifizieren. Allerdings nicht mit dem natürlichen Gleichstrom, sondern mit dem unnatürlichen und sehr belastenden 230-Volt-Wechselstrom. Da die gesamte Kommunikation im Körper vom Gehirn zur Zelle ebenfalls elektrisch funktioniert, allerdings auf der Basis von Gleichstrom, stört der niederfrequente Elektrosmog äußerst effektiv wesentliche Funktionen im Körper des Menschen. Wenden wir uns also zunächst dem niederfrequenten Bereich zu und prüfen wir den Hausstrom. Klar ist, dass sich unser Körper nachts regenerieren können muss. Wenn wir aber im wahrsten Sinn des Wortes auch nachts »unter Strom« stehen, so wird diese Tatsache einen gewissen Einfluss auf unseren Schlaf haben. Daher ist es sinnvoll, gerade den Schlafplatz so zu sanieren, dass der Hausstrom während der Nacht ausgeschaltet ist. Denn wie wir zuvor ausführlich dargestellt haben, strahlen die in die Wand verlegten Kabel auch dann, wenn wir keine Elektrizität verwenden. Nun gilt es, zumindest im Schlafzimmerbereich den Strom aus den Leitungen zu nehmen, was am besten mit einem Netzfreischalter möglich ist. Damit wäre der Niederfrequenzbereich messbar ausgeschaltet. Für die Sanierung der Störungen durch Hochfrequenz und Elektrosmog gibt es weitere Maßnahmen, zu welchen wir gleich kommen werden, da eine geglückte Abschirmung Hand in Hand gehen muss mit folgenden Maßnahmen:

- Abschirmfarbe
- Erdung
- Abschirmstoffe
- Abschirmgewebe
- Abschirmteppiche
- Netzfreischalter
- Gardinen mit Strahlenschutz

Abschirmfarbe

Eine Abschirmfarbe hat in der Regel zwei Funktionen: Zum einen schützt sie vor der Niederfrequenz, also dem Hausstrom, der durch eine spezielle Erdung abgeleitet wird, denn die Farbe ist stromleitend. Zum anderen erzeugt sie bei richtiger, flächendeckender Aufbringung ohne Lücken einen Faraday'schen Käfig und leitet so auch die Hochfrequenz ab. (Der Faraday'sche Käfig wird im Fußbodenbereich und im Bereich der Fenster freilich mit einem Abschirmgewebe vervollständigt. Dazu mehr auf Seite 174.)

Aus heutiger Sicht empfiehlt sich die Abschirmfarbe T98 der Geovital-Akademie. Diese Farbe wird auch für Patienten eingesetzt und ist laut unseren Recherchen in Summe die weltweit beste Abschirmfarbe für nieder- und hochfrequente technische Felder: Sie bewies nach ihrem Einsatz beim Nachmessen die höchsten Schirmwerte. Durch die spezielle Zusammensetzung der T98 werden 15 Prozent der Hochfrequenzstrahlung in Wärme umgewandelt, 85 Prozent werden gespiegelt. Die Schirmleistung beträgt also 100 Prozent. Zudem ist diese Farbe für Menschen sehr gut verträglich. Werte von 99,7 Prozent sind in der Schirmung viel zu wenig und nicht zu empfehlen. Bei zweilagigem Einsatz beträgt die Schirmleistung der T98-Farbe bis 50 Dezibel, während Industriefarben sich um die 20 Dezibel einpendeln. Dazu nur kurz: Die Abschirmleistung wird in Dezibel gemessen, wobei jedes Dezibel mehr eine Verdoppelung der Schirmleistung bedeutet.

Beim praktischen Einsatz haben wir auch festgestellt, dass die Verbrauchsmenge der Industriefarbe deutlich höher ist, als jener der T98-Farbe. Unser Grundsatz ist, die besten und sichersten Materialien zu verwenden und zu empfehlen.

Prüfergebnis der Abschirmfarbe T98

Der untenstehende Vergleich der beiden Gutachten von Peter Pauli, Professor am Institut für Elektrotechnik und Technische Informatik an der Universität der Bundeswehr in München, der die Industriefarbe und die T98-Farbe mit derselben Prüfmethode getestet hat, zeigt, dass die Schirmleistungen sehr unterschiedlich und in der Wirkung nicht vergleichbar sind.

RESULTATE: Die Abschirmfarbe GEOVITAL T98 wurde bei der Messung nach ASTM mit elektromagnetischen Wellen mit Polarisation in allen Richtungen untersucht. Da die Farbe auf die sechs Millimeter dicke Hartfaserplatte homogen aufgetragen war, gelten die Messresultate gleichermaßen für lineare vertikale und horizontale Polarisation, was durch die Messungen in Anlage 1 bestätigt wurde. Die nachstehende Tabelle zeigt für die unterschiedlichen Messobjekte die Schirmdämpfungswerte in Dezibel, ermittelt für verschiedene Mobilfunkfrequenzen:
Zur besseren Übersicht werden in Tabelle 1 und Tabelle 2 einige Messwerte bei mehreren Frequenzen (unter anderem aus dem Mobilfunkbereich) beispielhaft dargestellt.

Schirmdämpfung Geovital T98 in Dezibel (dB)

Funkdienst	einlagig mit 8 m²/Liter	zweilagig mit 4 m²/Liter
C-Netz, TETRA, 450 MHz	43 dB	50 dB
D-Netz, 900 MHz	41 dB *)	47 dB *)
E-Netz, 1800 MHz	40 dB *)	48 dB *)
Bluetooth, WLAN, 2450 Mhz	40 dB	43 dB
WLAN, neue Generation, 5,8 GHz	38 dB	43 dB

Tabelle 1: Schirmdämpfungswerte bei verschiedenen Frequenzen
*) Werte gemittelt aus den IEEE- und ASTM-Messungen

Schirmdämpfung Industriefarbe

Funkdienste und Frequenzbereiche	einfach mit 180 ml/m²	zweifach mit 320 ml/m²
TETRA, dig. Beördenfunk,450 MHz	20 dB	24 dB
GSM900, D-Netz, 900 MHz	19 dB	25 dB
GSM1800, E-Netz, 1800 MHz	19 dB	25 dB
UMTS, 2100 Mhz	18 dB	24 dB
W-LAN, Bluetooth, 2450 MHz	17 dB	24 dB
W-LAN, neue Generation, 5,8 GHz	17 dB	23 dB

Tabelle 2: Schirmdämpfungsübersicht bei verschiedenen Mobilfunk- und GHz-Frequenzen (Messwerte wurden aus Messungen an den verschiedenen Platten (1A und 1B sowie 2A und 2B) und den Resultaten aus IEEE- und ASTM-Messung gemittelt)

Man kann für die Industriefarbe bei einfachem Farbauftrag im Mobilfunkfrequenzbereich Schirmdämpfungswerte von 19 Dezibel und mehr garantieren. Das bedeutet, dass nur 1,2 Prozent der auftreffenden Leistung durchgelassen werden, 98,8 Prozent der Leistung werden abgeschirmt.
Bei der zweifachen Beschichtung liegt der Dämpfungswert von Industriefarbe für D- und E-Netzfrequenzen bei 25 Dezibel. Damit werden weniger als 0,3 Prozent der Leistung durchgelassen, mindestens 99,7 Prozent der eintreffenden Leistungsflussdichte werden abgeschirmt.

Bei der Messung der Dämpfung elektromagnetischer Wellen durch ein Schirmmaterial wird in der Regel das Material mit hochfrequenter Energie einer bestimmten Leistungsflussdichte (S1) oder mit einer bestimmten Leistung P1 bestrahlt. Hinter dem Schirmmaterial wird die hindurchdringende Leistungsflussdichte S2 bzw. Leistung P2 gemessen. Der logarithmierte Quotient gemäß nachstehenden Gleichungen ergibt den Schirmdämpfungswert in Dezibel (dB)

Zur Interpretation der Messkurven und deren Messwerte ist es hilfreich, die nachfolgende für die Umrechnung dieser logarithmischen Werte in Prozentwerte zu verwenden. In der Regel wird die durch den Schirm hindurchdringende Leistungs- bzw. Leistungsflussdichte zur Bewertung der Schirmwirkung herangezogen.

Formel: $$a_{Schirm} = 10 \cdot \log \frac{S_2}{S_1} = 10 \cdot \log \frac{P_2}{P_1} \quad \textit{in Dezibel} \ (dB)$$

Umrechnung der Dämpfung von dB in %

dB	Durchlass in %	dB	Durchlass in %
0	100,00		
1	81,00	21	0,78
2	62,80	22	0,63
3	50,00	23	0,50
4	40,00	24	0,39
5	31,60	25	0,31
6	25,00	26	0,25
7	20,00	27	0,20
8	16,00	28	0,18
9	12,50	29	0,12
10	10,00	30	0,10
11	7,90	31	0,08
12	6,25	32	0,06
13	5,00	33	0,05
14	4,00	34	0,04
15	3,13	35	0,03
16	2,50	36	0,02
17	2,00	37	0,02
18	1,56	38	0,02
19	1,20	39	0,02
20	1,00	40	0,01
		50	0,001
		60	0,0001

Die Tabelle 3 zeigt den nichtlinearen Zusammenhang zwischen Dezibel (dB=10*log (%)) und Prozent.

dB-Werte	**0 dB**	**10 dB**	**20 dB**	30 dB	40 dB	50 dB	**60 dB**
Hindurchdringende Spannung bzw. Feldstärke	100 %	31,6 %	10 %	3,16 %	1 %	0,316 %	0,1 %
Hindurchdringende Leistung bzw. Leistungsflussdichte	100 %	10 %	1 %	0,1 %	0,01 %	0,001 %	0,0001 %
Abgeschirmte Leistung	0 %	90 %	99 %	99,9 %	0,99 %	0,000 %	0,9999%

Erdung

Unerlässlich ist nun die Anbringung eines Erdungsbands, denn ohne eine funktionierende Erdung wird die Abschirmung von Spannungsfeldern nicht funktionieren. Nicht verwechseln mit der Schutzwirkung vor WLAN, Mobilfunk und anderen Funkwellen. Hochfrequente elektromagnetische Felder (Funkstrahlung) werden reflektiert und können nicht geerdet werden.

Das Erdungsband wird im Idealfall nach der ersten Streichung der Wand mit der geeigneten Abschirmfarbe direkt auf der gestrichenen Fläche angebracht, nachdem die Farbe getrocknet ist. Beim zweiten Anstrich wird auch das Erdungsband mit der Abschirmfarbe überstrichen. Wenn alles getrocknet ist, wird der Elektriker beauftragt, die Erdung über eine Steckdose oder einen Heizkörper anzuschließen.

Es ist auch möglich das Erdungsband erst nach dem zweiten Anstrich aufzukleben. In diesem Fall wird im Anschluss das gesamte aufgeklebte Erdungsband nochmals mit der Abschirmfarbe überstrichen, damit der vollwertige Kontakt zu den gemalten Wandflächen sichergestellt ist.

Richtig gelegtes Erdungsband über der getrockneten Abschirmfarbe

Abschirmstoffe

Wir haben nun unser Schlafzimmer mithilfe einer Wandfarbe abgeschirmt. Doch auch über Fenster und Türen gelangen hochfrequente Strahlungen in unseren Schlafbereich. Für Fenstervorhänge arbeiten wir mit Stoffen, die mittlerweile eine sehr interessante Textur und die leichte Anmutung von Gardinen erreicht haben. Durch das Einweben einer speziell ableitenden Edelstahlfaser wird dem Gewebe eine einzigartige Schutzwirkung verliehen, die wie ein Spiegel wirkt, der die elektromagnetischen Strahlen reflektiert.

Hier nun weitere Beispiele für die Anwendung von Abschirmstoffen im Wohnbereich.

←
Ein Leseraum wurde mit einem Strahlenschutzvorhang und Bezugstoffen mit Strahlenschutzfunktion (Spiegelungsfunktion) ausgestattet. Die Sanierung erfolgte nach Faraday im Anschluss an die Strahlenschutzverbesserung mit der T98-Farbe. Als weitere Maßnahme konnte das elektromagnetische Feld der Stehlampe durch den Austausch der elektrischen Kabel in geschirmte Kabel verbessert werden.

←

Die Vorhang- und Bezugstoffe in diesem Warteraum verbessern mit ihrer besonderen Funktion den Schutz gegen hochfrequente Strahlung. Da der Sessel auf Holz steht und Holz die Strahlung im niederfrequenten Wellenbereich speichert, ist es wichtig, Strahlenschutzstoffe mit Absorptionsfunktion zu verwenden. Einen weiteren Wohlfühlfaktor bietet der Einsatz reiner Neuseelandwolle mit ihren zusätzlichen besonderen Eigenschaften.

→

Nach der Fassaden- und Dachsanierung mittels Strahlenschutzgewebes wurden im Innenraum folgende zusätzliche Strahlenschutzmaßnahmen ausgeführt: In der Fichtenstube wurden Vorhang- und Bezugsstoffe mit Strahlenschutzfunktion aus reiner Schurwolle verwendet und zusätzlich Netzfreischalter eingebaut.

←

Eine Belastung von 185 µV: Messung im Bereich des Fensterglases ...

←

... im Gegensatz zur Messung beim Strahlenschutzstoff des Vorhangs: 00 µV

→

Schlafzimmer mit Abschirmungen nach Faraday und zusätzlichem Netzfreischalter: Sämtliche Bezugstoffe, Sitzauflagen und Bettwaren sind aus reiner neuseeländischer Wolle mit der besonderen Funktion für die Minimierung der Hochfrequenzeinstrahlung. Gegen die niederfrequente Erdstrahlung, also Wasser, Verwerfung und Gitternetze, wurden Interferenzmatten unter den Lattenrost gelegt.

Abschirmgewebe

Strahlenschutz im Schlafzimmer hat in der Geobiologie Priorität. Wer aber ein Haus neu baut oder ein altes Haus komplett sanieren möchte, dem empfehlen wir Abschirmgewebe für den Außenbereich. Wird ein solches Gewebe beispielsweise über der Dachkonstruktion angebracht, ist die Abschirmung des gesamten Hauses zu erreichen. Aber auch hinter einer Holzwand oder unter dem Holzboden oder Teppich ist die Anbringung eines solchen Baustoffes empfehlenswert. Abschirmgewebe kann genauso wie Abschirmfarbe geerdet werden und schützt damit zeitgleich auch vor niederfrequenten Stromfeldern.

Auch für den Fußboden gibt es Schutz vor Erdstrahlen. Eine Baumatte mit Strahlenschutz schützt vor natürlichen Störzonen und wird beim Bau eines Hauses gleich im Boden integriert. Die auf die Matte auftreffende Strahlung der pathogenen Störzonen wird durch eine technische Interferenz abgeschirmt und umgeleitet.

Die Baumattengröße wird vor der Verlegung auf der bereits verlegten Estrichisolierung aufgezeichnet und in der Folge im richtigen Abstand ausgeschnitten. Die Baumatten werden dann in diese Öffnungen eingelegt.

Strahlenschutzteppich

Ein Strahlenschutzteppich dient der Reduktion von Hochfrequenzeinstrahlung durch Reflexion. Er kann sowohl als Teppichbrücke auf Holzböden, Beläge aus Kunststoffen, keramische Fliesen, gespachtelte Böden lose aufgelegt werden. Es ist auch möglich, den Teppichboden lose oder verklebt auf Estriche oder gespachtelte Untergründe zu verlegen, was vor allem dann sinnvoll ist, wenn z.B. in den darunterliegenden Gebäudeteilen viel telefoniert wird, sich dort WLAN-Sender oder Serverstationen für Computer befinden. Bei vollflächiger Verlegung sind Verbesserungswerte von bis zu 67 dB möglich.

Das Alleinstellungsmerkmal des Strahlenschutzteppichs ist eine Kombination aus Teppichboden bestehend aus einer Mischung aus pflanzlichen Bestandteilen wie der Maispflanze und Polyamid, Sprühklebstoff, Abschirmgewebefolie und einer Unterlage, die eine rutschfeste Unterseite aufweist. Die Folie »SR-Shielding RS1« wirkt gegen hochfrequente Einstrahlung durch eine hundertprozentige Spiegelung und erreicht eine Schirmleistung von 67 dB bei WLAN.

Mit dem Teppich erreicht man durch die leichte statische Aufladung ein Festhalten von feinstem Hausstaub im Teppich, wodurch die Atemluft weniger belastet ist. Der Feinstaub kann durch einen geeigneten Staubsauger abgesaugt werden. Im Falle einer Luftbelastung durch das Edelgas Radon, das sich mit Feinstaub verbindet, wird diese Belastung geringer und das Lungenkrebsrisiko minimiert.

Rückseite einer Teppichbrücke mit der Strahlenschutzfolie, dem X-Profil mit der rutschfesten Auflage, und der Einfassungsmöglichkeit eines geeigneten Teppichbodens.
↓

Rutschsichere Rückseite der Teppichbrücke mit Strahlenschutzfunktion
↓

↑
Wohlfühlraum mit Liegeschaukel im »Loft 500« des Hotels Klosterbräu in Seefeld. Der Raum wurde als Faraday'scher Käfig ausgeführt. Damit wird die Einstrahlung von Hochfrequenz reduziert und die durch Stromleitungen verursachten elektromagnetischen Wellen abgeschirmt. Um die Schwachstellen im Bereich der Zimmertür und des Fensters zu beheben, wurde der Raum mittels Vorhangstoffen und Gardinen mit der Funktion Strahlenschutz ausgestattet Die WLAN-Einstrahlung, die ihre Ursache in den unteren Stockwerken des Gebäudes hat, wurde durch das Auflegen eines abgepassten Teppichbodens mit der speziellen Eigenschaft zur Spiegelung und Absorption auf den Eichendielenboden verbessert.

Auflageteppich im Hotel Klosterbräu mit der speziellen Funktion Strahlenschutz gegen die Hochfrequenzeinstrahlung
↓

Feinstaub in Wohn- und Schlafräumen*

Stäube werden häufig durch das Lüften der Wohnräume hereingeholt. Manchmal sind diese Stäube belastet mit Schimmelsporen. Ich habe selbst erlebt, dass ein Jugendlicher an der »Farmerkrankheit« litt und erst nach qualvollen Jahren die richtige Diagnose und Behandlung erhielt. Was war geschehen? Ungefähr 300 Meter vom Wohnhaus des Jugendlichen entfernt, befand sich ein verlassener Hof mit Heustadel, davor ein Misthaufen, der allen Wettersituationen ausgesetzt war. Das Dach des Heustadels war bereits undicht, das darin eingelagerte Heu wurde nass. Beides hat Schimmelsporen entwickelt. Durch den Wind wurden diese Sporen in das benachbarte Haus getragen, der Junge entwickelte nicht diagnostizierbare Symptome. Nach der Klärung des Krankheitsfalls erfolgte die Heilung erst, nachdem die Gemeinde einschritt und die Erben des landwirtschaftlichen Anwesens angehalten wurden, das alte Heu und den Misthaufen abzutransportieren und zu entsorgen.

Stäube entstehen aber auch innerhalb der Wohnräume, häufig durch Abrieb von natürlichen Materialien wie Baumwolle, Leinen, Seide, Wolle, Kunststoffen, Metallen, Verputz und dessen Farbbeschichtungen. Diese feinsten Staubpartikel sind häufig magnetisch geladene Teilchen und können sich mit anderen Staubpartikeln verbinden. Auch Lichtstrahlen, Wärme und Kälte beeinflussen die Verdampfung von Materialien.

Ich nenne hier ein konkretes Beispiel zum Thema Licht: Aus ökonomischer Sicht werden Leuchten mit Reflektoren aus hochwertigen Metallbeschichtungen hergestellt, die dazu dienen, den Wirkungsgrad der Leuchten zu optimieren. Hier erreicht man heutzutage z.B. in der LED-Technik bis zu 95 Prozent Leuchtenwirkungsgrad. Das bedeutet wiederum, dass die einfließende Energie für den Menschen zu 95 Prozent in sichtbares Licht umgewandelt wird. Durch die Nutzung dieses Lichts werden jedoch durch die Strahlung kleinste Partikel laufend verbraucht, abgelöst und an die Luft abgegeben. So beeinflusst auch das eintretende Naturlicht bei Möbeln, Böden und Stoffen die Öle, Lacke, Farbschichten. Dies führt wiederum dazu, dass ständig die Atemluft mit diesen Stoffen angereichert wird.

In diesem Zusammenhang erscheint es mir sinnvoll, einen Blick auf die immer häufiger auftretenden Allergien zu werfen.

Die Anlage eines Menschen, eine Allergie zu bekommen, wird teils auf erbliche Veranlagung, teils auf Umwelteinflüsse und teils auf beides zurückgeführt. Bisher sind weit über 20.000 Stoffe als Allergene bekannt. Die Krankheitserscheinungen der Allergie sind von der Art des betroffenen Gewebes abhängig:

- Heuschnupfen oder Asthma betreffen die Atemwege
- Juckreiz, Quaddeln, Schwellungen, Kontaktekzeme betreffen die Haut
- Dauerschnupfen, Augentränen, Niesreiz beim Kontakt betreffen die Schleimhäute usw.

Allergien gibt es also mit verschiedenen Symptomen und zeitlichen Schüben. Besteht eine Allergie, ist die Menge des aufgenommenen Stoffes unwichtig, der Körper reagiert immer gleich, auch schon bei kleinsten Mengen. Warum eine Allergie trotz des körpereigenen Abwehrsystems überhaupt entsteht, ist bis heute nicht eindeutig geklärt. Bisher weiß man, dass anders als der gesunde Mensch ein Allergiker nach dem Kontakt mit bestimmten Fremdstoffen, den sogenannten Allergenen, mit einer zu großen Produktion entsprechender Antikörper reagiert. Diese sogenannten Immunglobuline E (IgE) binden sich rasch an die Oberfläche bestimmter Gewebszellen (Mastzellen). Damit ist der Allergiker, ohne es zu merken, sensibilisiert. Eine Allergie ist immer an den gebildeten Antikörpern im Blut zu erkennen, wobei körperliche Überreaktionen fälschlicherweise sehr oft als Allergie eingestuft werden.

Laut den letzten Erhebungen sind in den Industrieländern mittlerweile etwa 22 Prozent der Einwohner Allergiker. Trotz ihrer verhältnismäßig geringen Verbreitung wird vor allem die Hausstaubmilbenallergie überproportional thematisiert und führt immer wieder zu diversen Diskussionen. Fest steht, dass nach haushaltsüblichem Absaugen der von den Hausstaubmilben befallenen Einrichtungsgegenstände, auch mit Feinstfilterstaubsaugern, immer noch 90–95 Prozent der Milben und deren Kotanteil in bzw. an den behandelten Materialien verbleiben. Kein herkömmliches Putzmittel ist in der Lage, die Lebenserwartung der Hausstaubmilbe zu verkürzen und deren Exkremente zu beseitigen. Selbst nach gründlicher Reinigung der betroffenen Stellen konnten keine oder nur unzureichende Verbesserungen des Gesundheitszustandes der Allergiker erreicht werden.

Hausstaubmilben gelten als Kulturfolger – sie haben schon immer die Nähe des Menschen gesucht. Sie sind harmlose, vom Menschen weitestgehend unbemerkte Mitbewohner. Hausstaubmilben zerstören nichts und übertragen keine Krankheiten. Deshalb müssen sie grundsätzlich nicht bekämpft werden. Von den etwa 15 verschiedenen Arten der Hausstaubmilbe Dermatophagoides pteronyssinus bzw. farinae (griechisch: Derma = Haut, phagein = fressen) kommen sechs im Hausstaub vor.

Mit der Einschränkung, dass innerhalb der Grenzen z.B. Deutschlands sowohl die Nord- und Ostseestrandgebiete als auch die hoch gelegenen Alpenregionen (über 1.200 Meter) als milbenfrei gelten, leben Hausstaubmilben in unseren Breiten überall. Demnach kommen sie auch auf allen Arten von Bodenbelägen vor, allerdings nur in geringer Zahl. Vorwiegend leben sie in Polstermöbeln, vor allem aber in Bettwaren und Kleidungsstücken. Die kleinen durchsichtigen Hausstaubmilben bewegen sich aus eigener Kraft nur äußerst langsam fort und ernähren sich ausschließlich von Hautschuppen. Davon stößt ein menschlicher Körper täglich etwa zehn Milliarden ab. Diese wiegen zusammen circa 1,2–1,5 Gramm. Von ihnen können sich mehr als eine Million Hausstaubmilben ernähren. Allerdings müssen diese Schuppen mangels Kieferkraft der kleinen Tiere vorher unbedingt durch bestimmte Schimmelpilze vorverdaut werden. Ohne diese Pilze müsste die Hausstaubmilbe trotz riesigen Nahrungsangebotes verhungern.

Der Lebensraum der Hausstaubmilben bedarf eines feuchtwarmen Klimas von mindestens 15 °C und nicht weniger als 55 Prozent relativer Luftfeuchtigkeit. Da für die Hausstaubmilben die aktiv aufgenommene Feuchtigkeit aus der Luft die wichtigste Wasserquelle darstellt, gilt die relative Luftfeuchtigkeit als wichtiger Faktor für das Vorkommen und die Vermehrung der Hausstaubmilben.

Bei geringeren Temperaturen als zehn Grad bzw. bei niedrigerer relativer Luftfeuchtigkeit von 30 Prozent kommt es zu einem sicheren Absterben der Milben. Bereits wenn die relative Luftfeuchtigkeit unter 55 Prozent liegt, nimmt die Gesundheit der Hausstaubmilben irreversiblen Schaden, und sie überleben nicht länger als elf Tage. Eine Vermehrung findet erst ab einer relativen Luftfeuchtigkeit von 60 Prozent statt. Bei Temperaturen über 60 °C stirbt eine gesamte Population innerhalb einer Stunde.

Somit liegen die idealen Bedingungen von 70–80 Prozent relativer Luftfeuchtigkeit und 25–28 °C im Regelfall nur in Betten vor. Folgerichtig ist dort die größte Ansammlung der 0,1–0,5 Millimeter kleinen Spinnentiere (Arachnidae) zu finden. Mit zunehmender Entfernung vom Bett nimmt die Zahl der Hausstaubmilben extrem ab. Seit einiger Zeit produziert die Industrie sehr feine Gewebe. Hier ist es der Hausstaubmilbe nicht mehr möglich durchzuschlüpfen. Durch die Barriere können auch keine menschlichen Schuppen mehr durchdringen. So verhungert die Hausstaubmilbe im Innenbereich von Pölstern und Bettdecken. Dieses dichte Gewebe zum Schutz nennt man »Nomite«. Dabei handelt es sich um eine international geltende

Qualitätsnorm von Baumwollstoffen und wurde für Feinstauballergiker entwickelt. Dieses Gewebe hilft auch zum Schutz vor Hausstaubmilben.

Teppichböden sind denkbar schlechte Nistplätze für Milben, weil sie entweder trocken und warm oder feucht und kühl sind. Zwei der zur Herstellung der Idealbedingung benötigten Einzelkomponenten treten demnach im Regelfall nie gleichzeitig auf. Zudem bietet Teppichboden kein ausreichendes Nahrungsangebot. Insofern sind Darstellungen, die das Gegenteil vermitteln und so das Produkt Teppichboden diffamieren, eindeutig nicht zutreffend.

Obwohl die Hausstaubmilben selbst keine Krankheiten übertragen, reagieren Allergiker auf das im Milbenkot enthaltene Allergikum Guanin. Eine Hausstaubmilbe produziert im Laufe ihres drei bis fünf Monate dauernden Lebens etwa das 200-fache ihres Gewichtes an Exkrementen, die nach einiger Zeit zu Feinstteilchen zerfallen und sich mit dem Hausstaub verbinden. Dieser Feinststaub kann von Glattböden und anderen glatten Flächen aufgewirbelt und demnach inhaliert werden.

In diesem Zusammenhang ist die Feinstaubkonzentration der Luft hochinteressant. Bei Feinstaub handelt es sich um lungengängige feste Bestandteile der Luft, die kleiner sind als zehn Mikrometer (= 0,001 Millimeter). Teppichboden bindet Staub besser als Glattfußboden. Bei Teppichböden sind ungefähr fünf- bis fünfzehnfach höhere mechanische Kräfte nötig, um Feinstpartikel aus dem textilen Material zu lösen und aufzuwirbeln. Bei den in den Räumen üblichen Fortbewegungsarten und herrschenden Luftbewegungen überwiegen somit die Staubbindungskräfte des Teppichbodens. Immerhin wurden in Räumen, die mit Glattböden ausgelegt waren, doppelt so hohe Feinstaubkonzentrationswerte festgestellt, wie bei den mit Teppichboden ausgestatteten Räumen.

Für den Allergiker heißt das nichts anderes, als dass er, bzw. seine Schleimhäute und Atemwege, bei Bewegungen auf Glattböden mit hoher Wahrscheinlichkeit neben Feinstaub mit für ihn unangenehmen Allergenen in Kontakt kommen kann. Unter den gleichen Bedingungen ist ein derartiger Kontakt mit Allergenen auf mit Teppichboden belegten Räumen mindestens 50 Prozent geringer.

Schon allein aus diesem Grund ist es geradezu unverantwortlich, wenn von Gesundheitsberatern wie Ärzten und Heilpraktikern dazu geraten wird, ausgerechnet alle Textilien – also auch Teppichböden – aus den Wohnräumen zu verbannen. Gerade sie sind in der Lage, den Staub zu binden, und gebundener Staub kann logischerweise keine allergischen Reaktionen auslösen.

Es besteht die Möglichkeit, den Milbenbefall zu ermitteln. Der »ACAREX-TEST« (in Apotheken erhältlich) zeigt dem Tester an, ob das von den Milben ausgeschiedene Allergikum (Guanin) überhaupt vorhanden ist. Um die Milben und deren Brut wirksam zu bekämpfen, kann ein Dampfreinigungsgerät eingesetzt werden. Bei den hohen Temperaturen von mehr als 95 °C werden die Milben auf jeden Fall abgetötet.

Besser noch wirkt allerdings das lang anhaltende Mittel »ACAROSAN«. Sein Einsatz tötet nicht nur die Hausstaubmilbe und deren Nachkommen ab, sondern löst zudem die Exkremente und vergrößert sie. So können die Teilchen besser abgesaugt werden und geraten dabei nicht so leicht in die Atemluft.

Und ein guter Rat zum Abschluss: Vor allem dann, wenn der eingesetzte Bürstenstaubsauger noch immer nicht über ein Microfiltersystem verfügt, sollten Hausstaubmilbenallergiker das Staubsaugen nicht übernehmen.

---

*Quelle: Deutscher Allergie- und Asthmabund e.V. Ärztlich-wissenschaftliche Beratungsstelle, Flienthstr. 114, 41061 Mönchengladbach.

Netzfreischalter

Der Netzfreischalter prüft, ob auf der Stromleitung ein Verbrauchergerät angeschlossen ist, das Strom benötigt. Der aktivierte Netzfreischaler schaltet den Strom ein, wenn durch den Einschalter Strom angefordert wird. Im netzfreien Zustand liegt zur Überwachung jedoch eine sehr kleine Gleichspannung auf der abgeschalteten Kupferleitung an. Die Elektronik des Netzfreischalters benötigt zum Betrieb eine Leistung von ca. neun Watt, die aber für den gesundheitlichen Gewinn gut investiert sind. Wenn kein Strom benötigt wird, schaltet der Netzfreischalter den Strom auf der Kupferleitung zur Steckdose ab und bei Bedarf an Strom durch die Betätigung des Einschalters wieder ein. Ein aktiver Netzfreischalter ist die Basis für jede elektrobiologische Sanierung eines Schlafzimmers und dient dem Schutz und der Erholung des Menschen.

Im Durchschnitt sind zwei bis vier Sicherungen für die Strombelastungen in einem Schlafzimmer verantwortlich. Mit einem Netzfreischalter werden durch Strom verursachte Spannungsfelder endgültig aus dem Schlafzimmer verbannt. Aber machen Sie sich keine Sorgen, denn der aktivierte Netzfreischalter verändert die Nutzung elektrischer Geräte in keiner Weise.

Auf eine wichtige Maßnahme möchte ich aber dennoch hinweisen: Erst messen, dann einbauen, denn sehr oft wird ein Netzfreischalter falsch montiert, weil er zwar richtig im Verteilerkasten nach den Sicherungen angebracht, aber nur nach dem jeweiligen Sicherungsplan vorgegangen wird. Üblicherweise prüft der Elektriker, welche Sicherung für den gewünschten Raum zuständig ist, schaltet diese frei und vergisst dabei, dass eine Wand zwei Seiten hat – Spannungsfelder halten sich leider nicht an Richtungen, sondern strahlen überall hin. Um das gewünschte Ergebnis einer effektiven Netzfreischaltung zu erreichen, müssen daher erst die Zimmerwände, Decke und Boden auf Spannungsladungen geprüft und dann die entsprechend erforderlichen Sicherungen netzfreigeschaltet werden.

Netzfreischalter

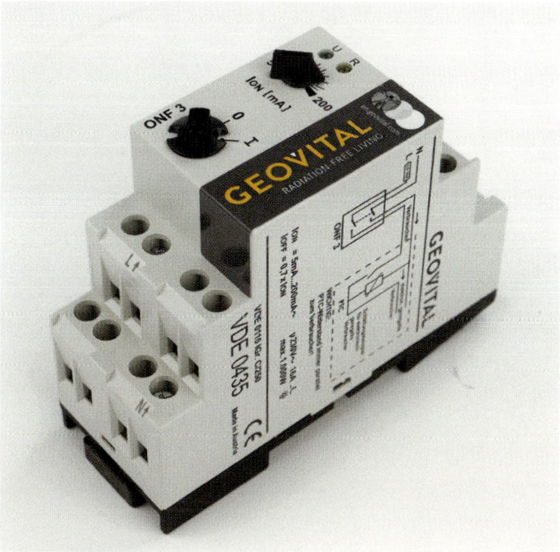

Problemlösung für LEDs und Energiesparlampen

Bei Verwendung eines Netzfreischalters mit Energiesparlampen oder LED-Lampen kann der Netzfreischalter nicht arbeiten, wenn der benötigte Anfangsstrom unter seiner Schaltschwelle liegt. Abhilfe schafft ein sogenannter Grundlastwiderstand. Dieser wird parallel zum Verbraucher hinter dem Schalter auf Lampenseite installiert. Er zieht beim Einschalten des Lichts für ein paar Millisekunden ca. 15 Watt Strom und fällt dann auf unter 0,6 Watt herunter. Achtung: Die elektrische Installation darf nur durch eine Elektrofachkraft durchgeführt werden!

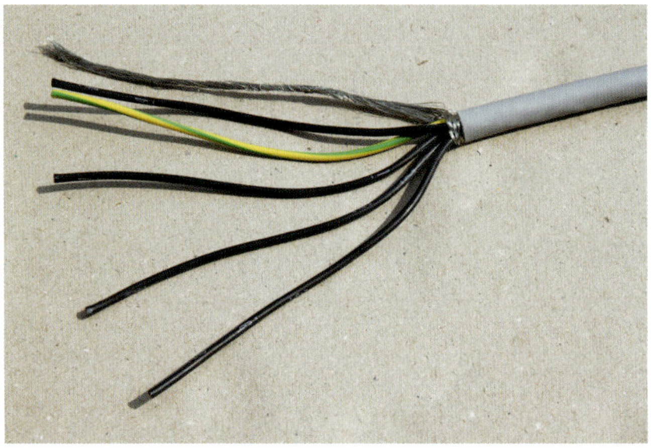

Geschirmte Kabel zur Vermeidung von elektromagnetischen Feldern

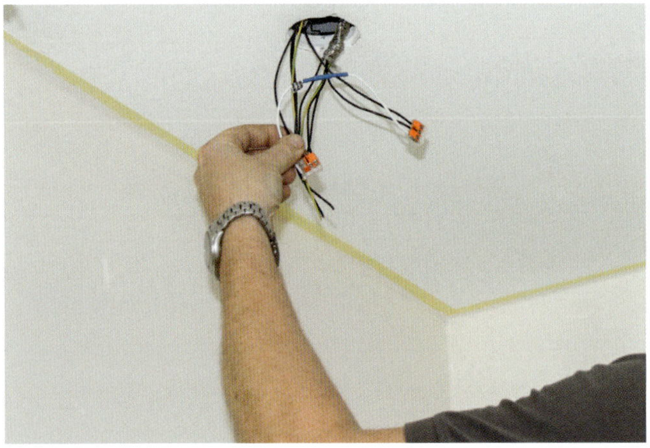

Um die Funktion der Leuchtsysteme zu gewährleisten, wurde in diesem geschirmten Schlafzimmer ein Grundlastwiderstand (weiß-blau-weiß) eingebaut.
Lichtauslass für das LED-System eines Kaisertopfes: Dazu wurde ein Kaisertopf mit der Öffnung nach unten in die Stahlbetonbodenplatte eingelegt. Vor dem Betonieren der Decke verlegt der Elektriker die elektrischen Leitungssysteme auf die Schalung. Dieses System wird für den Einbau von LED-Lichtsystemen und die dazugehörenden Trafos verwendet. In diese Öffnung wird dann der LED-Lichtkörper eingebaut. Sichtbar sind die geschirmten fünfpoligen Kabel. Zwei dieser Kabel sind für die Lichtlenkung und Lichtsteuerung erforderlich.

Zwei eingebaute Netzfreischalter, die für die beiden Schlafräume einer Wohnung notwendig sind, damit elektromagnetische Felder vermieden werden: Sämtliche Elektroinstallationen wurden mittels geschirmter Kabel durchgeführt. Mit dem eingebauten Lichtsystem »DALI« ist es auch möglich, Lichtlenkung und Steuerung zu handhaben.

Strahlenschutz

Wer sein Schlafzimmer nach Ende der Bauarbeiten komplett sanieren möchte und daher keine Baumatte mit der Interferenzfunktion in den Estrich einlegen kann, dem empfehle ich eine Strahlenschutzmatte, die man lose unter das Bett legen kann. Die in der Matte verarbeiteten dipolaren Schwingkreissysteme erzeugen eine Interferenz oder Schwingung, die die geologische Strahlung vom Bett fernhält bzw. umleitet. Auf einer Höhe von 2,20 bis 2,40 Metern wird die Strahlung wieder zusammengeführt und ist im nächsten Stockwerk in ihrer ursprünglichen Intensität wieder vorhanden. Es handelt sich also um ein ähnliches physikalisches Prinzip wie in der Aerodynamik, wo Luft auf ein Fahrzeug trifft, darum herumfließt und am Heck wieder zusammenkommt. Entscheidend ist hier, dass ein strahlenreduzierter Bereich geschaffen wird, in dem sich der Mensch wohlfühlt. Wobei man erwähnen muss, dass die Strahlungsstärke, gemessen in Reizeinheiten (RE), nicht auf null reduziert werden darf und sich am besten bei 400 RE einpendelt.

Die Matten werden grundsätzlich unter den Betten auf dem Boden verlegt, Typenschild zum Kopfende himmelwärts (Synchronschwingung), denn bei gegeneinander verdrehter Mattenlage tritt eine Funktionsstörung auf.

Etagensanierung

Werden auf einer Etage im Abstand von fünf bis sechs Metern drei Matten eingesetzt, kommt es zu einer großflächigen Abschirmung, die jedoch von den Wohnungsinhabern überprüft werden sollte. Schutzmatten gehören auf den Boden, da sonst Strahlungen auf Füße und Waden oder spielende Kinder einwirken. Federkernmatratzen mindern oder verhindern eine Abschirmfunktion, das gilt auch für Metallrahmen am Lattenrost.

Schutzmatte gegen jugendliches Bettnässen

Die »Exurin«-Schutzmatte stellt eine Besonderheit dar und wird bei bettnässenden Kindern eingesetzt. Diese haben in 50 Prozent der Fälle einen komaähnlichen Schlaf, bei dem das Gehirn die Kontrolle über den Körper verliert. Die Matte schützt einerseits vor Erdstrahlung und verhindert andererseits das zu tiefe Absinken der REM-Phasen bei Bettnässern. Die Schwingung der Matte ist so ausgelegt, dass ein normaler erfrischender Schlaf durch mehrmaliges Auftauchen aus dem Tiefschlaf erreicht wird. Das betroffene Kind wird wach und geht zur Toilette. Zudem wurde festgestellt, dass sich bei diesen Kindern großteils auch die Schulleistungen verbessert hatten.

In Neubauten integrierte Lösungen gegen geopathische Störungen

Im Wohn-Schlaf-Bereich sollte unter dem Estrich bei Neubauten eine schwingungsregulierende Baumatte mit eingebauten Schwingungskreisen verwendet werden, die galvanische und geopathische Störungen beheben. Ihr großer Vorteil: Sie sind auf Dauer wartungsfrei.

Ingrid und Bernhard

Ich betreue Ingrid und Bernhard sowie die Eltern der beiden als Gesamtausstatter schon seit 35 Jahren. Bernhard erlitt 1994 bei einer Schießübung ein Knalltrauma. Das verursachte einen Schaden im Innenohr, ein Tinnitus war die Folge. Nur zur Erklärung: »Tinnitus aurium« – so der vollständige, aus dem Lateinischen stammende Begriff – bedeutet »das Klingeln der Ohren«. Die Behandlungen durch die Ärzte und Osteopathen brachten keinen Erfolg. Spezielle Massagen führten zu kurzfristigen Erleichterungen. Bernhard war damals Polizist und hörte durch das permanent in Betrieb befindliche Funkgerät einen immerwährenden Summton. Durch den jahrelangen Dienst gewöhnte sich das Gehör an diesen Ton. Bei einer meiner Besuche erzählte mir die Familie die Leiden von Bernhard.

Ich führte sämtliche Messungen durch, die auf Bernhards Bettseite eine starke niederfrequente Einstrahlung auf das Bett ergaben. Nach meinen Empfehlungen wurden meine empfohlenen Maßnahmen in die Tat umgesetzt, die Streich- und Ableitungsmaßnehmen führte ich selbst durch. Die T98-Farbe wurde zweifach in der entsprechenden Schichtstärke gestrichen, Erdungsbänder wurden montiert und über die Steckdosen abgeleitet, Netzfreischalter eingebaut. Die Nachmessungen ergaben ideale Schirmwerte.

Nach seinem jetzigen Gesundheitszustand gefragt, teilt Bernhard mir mit, dass er nun sehr gut und tief schlafe, sein Nervensystem sich gut erholt hätte und nun wieder belastbarer wäre: »Das Leben macht wieder Spaß«, und seine Frau ergänzt: »Ein Segen für ihn und die ganze Familie!«

Schlafzimmer von Bernhard und Ingrid
im Untergeschoß ihres Hauses

Bernhard und Ingrid wirken wieder
sehr ausgeglichen und zufrieden.

Rosmarie und Josef-Alois Handle aus Tirol

Mit Familie Handle verbindet mich eine jahrelange Geschäftsverbindung. Daraus wurde Freundschaft. Vor ein paar Jahren erzählte mir Rosmarie, dass sie an Befindlichkeitsstörungen (Ameisenkribbeln) sowie kalte Füße, ziehen in den Beinen, Druck im Kopf während des Schlafes und dadurch häufiges Aufwachen leide. Diese Beschwerden traten zuvor intervallmäßig auf, doch seit einiger Zeit fand Rosmarie keinen durchgehenden Schlaf mehr und es wurde immer schlimmer. Meine Messungen ergaben, dass auf der Bettseite von Rosmarie eine Wasserkreuzung exakt durch den Beinbereich durchzog. Zusätzlich koppelte das Nervensystem mit dem magnetischen Feld des Wechselstromes. Josef entschloss sich, exakt nach meinen Plänen und Anleitungen die Wände und die Decke zwei Mal mit der T98-Farbe zu streichen und zu erden, Netzfreischalter einzubauen, Interferenzmatten unter das Bett einzulegen. Die Möbel des Schlafzimmers wurden in massiver Zirbe ausgestattet. Es wurde ein Teppich verklebt mit hohem Naturanteil, damit sich der Staub binden kann. Die Vorhänge wurden mit einem Strahlenschutzstoff gefüttert. Für den optimalen Schlaf und zur Schonung und Regeneration der Wirbelsäule wurden stahlfreie Lattenroste und Streckmatratzen frei von Triclorbenzolen eingebaut, weil Josef als Schlosser immer sehr schwer arbeiten musste und dadurch die Wirbelsäule belastet hat.

Die erneuten Strahlenvermessungen ergaben stark verbesserte Werte. Josef hat eine ausgezeichnete Arbeit beim Streichen und Ableiten getätigt. Beim Nachfragen nach ihrer gesundheitlichen Befindlichkeit sagt mir Rosmarie: »Es war eine Spontanheilung!« Beide berichten, dass sie nun ihren Schlaf wie eben gesunde Menschen genießen. »Man ist wieder ein vollkommen gesunder Mensch.«

In der Zwischenzeit hat die Familie eine Wasserbelebungsanlage Aquaspin 3/8 eingebaut. Sie berichten, dass das Wasser einfach gut schmecke und ausgezeichnet entschlacke: »Darum ist gesundes Wohnen gleich besser leben.«

Schlafzimmer von Rosmarie und Josef-Alois Handle: Die massive Zirbe, das Lanolinleder und die Dekorvorhänge gefüttert mit Strahlenschutz sowie Gardienen mit Strahlenschutzfunktion und der teilweise aus Naturfasern bestehende Teppichboden gegen Hausstaub machen diesen Raum zur Tankstelle für Lebensenergie.

Elektromagnetische Schwingungen

Wie wir schon erwähnt haben, geschieht die Steuerung aller Lebensvorgänge über elektromagnetische Schwingungen. Jede Zelle, jedes Organ, jeder Organismus ist Sender und Empfänger elektromagnetischer Schwingungen (Schwingkreis) vor allem im Mikrowellenbereich. Jeder biologische Schwingkreis reagiert auf natürliche wie künstliche Frequenzen, wenn Resonanz besteht.

Die künstlichen Frequenzen des Mobilfunks liegen genau im Bereich der natürlichen biologischen Regelkreisfrequenzen. Aufgrund dieser Qualität werden die technischen Signale genau wie die natürlichen über Resonanzphänomene empfangen und lösen biologische Reaktionen aus, die bei natürlichen Signalen lebensnotwendig und sinnvoll sind. Die durch künstliche Signale erzeugten Reaktionen sind abgekoppelt von natürlichen Notwendigkeiten und Anforderungen zur Aufrechterhaltung von Leben, Homöostase und Gesundheit. Sie haben keinen biologischen Sinn, sondern wirken als Störsender fürs Leben.

Durch Ankopplung der künstlichen Schwingungen an die natürlichen Schwingungskreise kommt es zu tiefgreifenden Störungen und Steuerungsveränderungen auf allen Ebenen. Unter anderem führt dies zu Ladungsverschiebungen an den Zellmembranen, Fehlreaktionen von Nervenzellen, Schädigung von immunkompetenten Zellen, Störung der Blutbildung und der Hormonregulation, Verklumpung roter Blutkörperchen, Änderung an EFG und der Herzratenvariabilität, Störung der Fortpflanzungsfähigkeit, Strukturverlust im Körperwasser (Speichel), Öffnung der Blut-Hirnschranke und vieles mehr. Elektrosensibilität ist unsere wichtigste Warninstanz. Elektrosensible Menschen reagieren durch eine Fülle subjektiver und objektivierbarer Störungen und Erkrankungen besonders frühzeitig auf Belastung mit elektromagnetischen Feldern. Diese Warnsignale zu überhören, heißt unter Umständen, sich mittelfristig selbst zu schädigen.

Die WHO warnt vor Elektrosmog, und die Wissenschaft bestätigt, dass elektromagnetische und elektrische Felder die Gesundheit negativ beeinflussen. Aktuell geht man davon aus, dass wohl alle Frequenzbereiche, wenngleich mehr oder weniger stark, unseren Organismus beeinflussen. Ultraschwache Magnetfelder (unter 30 kHz) scheinen aufgrund ihrer ähnlichen oder gar gleichen Frequenz unseren körpereigenen Elektromagnetismus ganz besonders zu stören und zu irritieren. Wird dieser Stress unseren Zellen zu viel, besteht die Gefahr, dass diese vermehrt entarten, und Schmerzen bzw. Krankheiten bis hin zu Krebs können die Folge sein. Auch könnte die extreme Belastung von Elektrosmog in der westlichen Welt eine weitere logische Erklärung für die rasante Zunahme neurodegenerativer Erkrankungen (Stichwort: Alzheimer, Demenz) sein, auch in diese Richtung weisen immer mehr ernstzunehmende Forschungsergebnisse.

Große wirtschaftliche Interessen tragen verständlicherweise maßgeblich dazu bei, diese Faktenlage möglichst im Verborgenen zu halten. Aber seien wir ehrlich: Auch wir selbst könnten uns unser Leben kaum oder gar nicht mehr ohne mobile Kommunikation, Computer, Internet vorstellen – und das am besten via WLAN überall in Büro und Wohnung. Also hören wir sicherheitshalber nicht hin. Verdrängung ist die erste Bewältigungsstrategie eines Menschen hinsichtlich gesundheitlicher Risiken.

Handytaschen mit der Strahlenschutzfunktion

Das am meisten benützte Gerät, mit dem Menschen in Kontakt treten, ist heutzutage das Mobiltelefon. Was viele jedoch nicht beachten, ist, dass während eines Telefongesprächs die abgehende Strahlung durch den Schädelknochen bis zu 3,5 Zentimeter ins Gehirn dringt. Um dies zu verhindern, wurde bereits 2009 eine Handytasche mit eingenähtem, hochdichtem Silberstoff entwickelt. Die Basis bildet ein speziell bearbeiteter Faden aus reinem Silber. Dadurch können elektromagnetische Wellen abgeschirmt werden. Mit einem speziellen Herstellungsverfahren wird dieser Silberfaden in ein Gewebe eingearbeitet. Das Abschirmgewebe hat einen Schirmdämpfungswert von mehr als 95 Prozent gegenüber elektromagnetischen Wellen. Die negativen Belastungen elektromagnetischer Wellen, die beim Tragen eines Mobiltelefons am Körper auftreten können, werden durch diese Handytasche minimiert. Beim Telefonieren wirkt die Tasche, die zwischen Kopf und Smartphone gehalten wird, wie eine physikalische Barriere und gibt der Strahlung, ähnlich einem Radarreflektor, nur eine Richtung: Weg vom Kopf. Damit wird verhindert, dass die hochfrequente Mobilfunkstrahlung des Smartphones direkt den Kopf trifft. Gleichzeitig schützt die Tasche das Mobiltelefon vor Kratzern und Beschädigungen.

Headset mit Luftleitertechnik

Die Strahlung, die bei Headsets am Kopf messbar ist, wird durch das in der Entfernung liegende Handy verursacht und belastet die Kopfregion. Alternativ dazu gibt es Headsets mit Mikrofon, die mit Luftleitertechnik ausgerüstet sind und für den Handygebrauch empfohlen werden können.

Der Luftschlauch zwischen Ohrstöpsel und Akustikkoppler unterbricht die an das Kabel gekoppelte Handystrahlung, sodass diese nicht bis ans Ohr geleitet wird. Auch die Lautsprecherkapsel – herkömmlich direkt im Ohrhörer – wird auf Abstand zum Gehirn gehalten und so dessen Magnetfeldbelastung minimiert. Auf diese Weise kann man die Belastung mit hoch- und niederfrequentem Elektrosmog drastisch reduzieren. Die normalen schnurgebundenen Headsets ohne Luftleitertechnik leiten den Elektrosmog vom Handy direkt ins Ohr. Die meisten Freisprecheinrichtungen nehmen die Strahlung der Handyantenne auf und leiten sie bis zum Ohr. Die gepulsten Mikrowellen werden von kritischen Medizinern für eine Reihe von Wirkungen im Körper verantwortlich gemacht wie etwa Veränderungen der Hirnströme, Kopfschmerzen, Nervosität und Schlaflosigkeit. Deswegen sind die Freisprecheinrichtungen, die die Strahlung bis direkt an den Kopf leiten, nicht empfehlenswert.

Handytasche

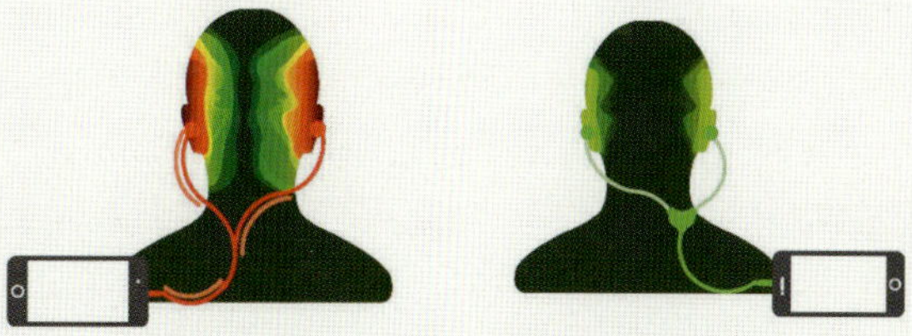

Headset Strahlenvergleich
links: HF-Strahlung »herkömmliches Kabel-Headset«
rechts: HF-Strahlung »Luftleiter-Headset«

ZES-Chips

Welche Möglichkeiten gibt es, um sich vor den Störfeldern schützen zu können? Es gibt zahlreiche Versuche, und auch ich beschäftige mich seit Jahren mit dieser Thematik bzw. möglichen Lösungen im Rahmen meiner Tätigkeit als Innenraumgestalter in Kombination mit gesundheitlichen Themen. Anlässlich von Weiterbildungen im Gesundheitszentrum Salzburg lernte ich ein patentiertes System kennen, das erstmals verlässlich und nachweislich, weil technisch-wissenschaftlich nachvollziehbar, Schutz vor elektromagnetischen Feldern – und dabei vor allem vor ultraschwachen – bietet. Die meisten Systeme leiten mehr oder weniger alle mir bisher bekannten Anti-Elektrosmog-Maßnahmen von uns weg. Diese Technologie nun wandelt die gesundheitsschädigende Strahlung – letztlich eine Form von Energie – in Wärme um. Denn Energie kann bekanntlich nicht zerstört, sondern nur umgewandelt werden. Genau dieses Naturgesetz machen sich die österreichischen Produkte von ZES VISION, entwickelt vom Physiker und Medizinprofessor Adolf Reichwein, zunutze: Über eine Art Antenne saugen sie die problematischen, ultraschwachen Magnetfelder in ihrem Umfeld auf und wandeln diese in harmlose Wärme um. So simpel dies klingt, so beeindruckend ist die Wirkung. Die Hauptwirkung wird durch die patentierte Fähigkeit erzielt, niederenergetische Anteile des allgegenwärtigen Elektrosmogs zu absorbierten und diese in harmlose Wärme (sichtbar mit einer Wärmebildkamera) umzuwandeln. Diese schädlichen niederenergetischen Anteile, die mit den Zellen aller biologischen Systeme auf gleicher bzw. ähnlicher Frequenz sind und daher mit diesen biologischen Systemen kommunizieren können, ist für jedes biologische System und somit für jeden Organismus von außerordentlicher Bedeutung.

Jede Zelle kommuniziert mit ihren Nachbarzellen durch ultraschwache niederenergetische Felder bzw. wird über diese niederenergetischen Felder vom zentralen Nervensystem gesteuert. Insbesondere die extrem schwachen, durch unsere Zivilisation in die Umwelt abgegebenen Felder sind deshalb in der Lage, die natürliche Zellkommunikation zu stören bzw. negativ zu beeinflussen. Auf starke elektromagnetische Störungen reagiert der normale Organismus aber meistens lange Zeit unkritisch. Er kann sie von den eigenen Signalen problemlos unterscheiden. Aber auch hier kann es langfristig zu Problemen in biologischen Systemen kommen.

Das ist auch die Erklärung, warum die Wissenschaft eindeutige Zusammenhänge zwischen Elektrosmog und der menschlichen Gesundheit immer wieder infrage stellt. So

So reduzieren Sie die Strahlung beim Umgang mit dem Smartphone

- Achten Sie auf einen möglichst geringen SAR-Wert beim Handy. SAR ist die Abkürzung für die »spezifische Absorptionsrate« und ein Maß für die Absorption von elektromagnetischen Feldern in einem Material. Der SAR-Wert für Mobiltelefone ist für die maximale Sendeleistung angegeben. Der von der WHO empfohlene SAR-Grenzwert für Mobiltelefone liegt bei 2,0 W/kg.
- Benutzen Sie das Smartphone nur bei gutem Empfang.
- E-Mails nicht automatisch abrufen lassen.
- Während des Telefonierens keine Datenübertragung laufen lassen. Den Hintergrunddatenverkehr möglichst abschalten.
- Das Smartphone nicht am Körper tragen – vor allem beim Surfen im Internet oder bei der Benutzung des Smartphones als Internetzugangspunkt (Hotspot) für den Laptop.
- Möglichst kurz telefonieren oder für lange Gespräche einen Kopfhörer (Headset mit Luftleitertechnik) verwenden.
- WLAN für die Datenübertragung bevorzugen.

kümmern sich auch Hersteller von Handys und Zubehör nur um die zum Telefonieren nutzbaren Anteile ihrer abgestrahlten Signale. Die gesamte Palette der elektromagnetischen »Abfallprodukte« ist für die Hersteller und Betreiber wegen der geringen Leistung weitgehend bedeutungslos, nicht jedoch der Einfluss auf biologische Systeme.

Hier setzt der patentierte (EU/US) ZES-Chip an. Er nimmt über seine Antenne, eine Spirale, alle ultraschwachen Störfelder wie ein Staubsauger auf. Dem Organismus werden sie somit nicht weiter zugemutet. Nun können sich alle gesunden biologischen Zellen wieder um ihre eigentlichen Aufgaben kümmern, ja sie werden sogar noch gestärkt durch das Absaugen der Magnetfelder und die Neuproduktion der Magnetfelder. So wird Energie frei, um sich um einen gesunden und immunstarken Organismus zu sorgen. Biologische Zellen mit gestörter Informationsstruktur können keine neuen Magnetfelder mehr nachproduzieren. Bei regelmäßiger Anwendung des ZES-Chips werden der Organismus und die damit einhergehende Entlastung von allen Störeffekten mit einem deutlich verbesserten Wohlbefinden belohnt.

Die Anwendungsbereiche sind vielfältig und weitreichend:

- Regeneration bei Zivilisationskrankheiten
- Unterstützung der Regeneration und Vitalisierung
- Förderung des gesunden Schlafs (ein- und durchschlafen, leichteres Aufstehen, mehr Fitness während des Tages)
- Hilfe bei physischer Angespanntheit, Reizbarkeit
- Verbesserung des monatlichen Unwohlseins bei Frauen
- Verbesserung von Spannungszustände und Befindlichkeitsstörungen
- Unterstützung für Therapeuten und Ärzte

Außerdem wurde festgestellt, dass diese Technologie die sportlichen Leistungen und die Regeneration verbessert, ohne gegen die Richtlinien zu verstoßen. Hier führe ich nur wenige Vorteile an:

- Steigerung der generellen Leistungsfähigkeit
- Generelles Wohlbefinden
- Stärkung des Immunsystems
- Verbesserung von Ausdauer, Konzentration, Regeneration vor allem für Radfahrer, Langstreckenläufer, Fußballer, Handballer, Tennisspieler, Golfer, Kletterer, Bergsteiger

Laut den Erfahrungen von Therapeuten wirkt diese Technologie auch bei Tieren. Es wurde auch festgestellt, dass die Sauerstoffanreicherung des Blutes gefördert wird – ähnlich dem Training in einem Höhentrainingslager.

So komme ich zum Schluss, dass die Basis zu einem gesünderen Leben mit einer guten Schirmung beginnt. Wenn dazu auch noch Störzonen sowie Elektrosmog abgeleitet worden sind, haben diese Systeme und energetischen Harmonien ihre volle Wirkung erzielt und einen sinnvollen Beitrag zum großen Ganzen leisten können. Dazu hat man die Basis geschaffen, geschützt schlafen und leben zu können.

Zu Besuch in der Wohnung einer Kundin

Ich darf wieder eine Kundin zu Wort kommen lassen, damit Sie aus erster Hand Erfahrungen mit geobiologischen Maßnahmen kennenlernen können:

»Ich bin in einer Familie aufgewachsen, in der ein Großteil meiner Verwandten in irgendeiner Weise mit Medizin zu tun hat und hatte, und bin deshalb offen für alle möglichen Wege zur Vorbeugung von Krankheiten. Nun war mir bewusst, dass ich etwas für mich tun musste, um eine eventuelle Wiederholung meiner schweren Erkrankung – ich hatte Krebs – zu verhindern.

Bei einem Einrichtungstermin erzählte ich Herrn Schwarzhans von meinen gesundheitlichen Problemen und Schlafschwierigkeiten, da ich von früheren Begegnungen wusste, wie sehr auch er am Thema Gesundheit interessiert ist. Herr Schwarzhans begann zu dieser Zeit mit seiner Ausbildung zum diplomierten Geobiologen an der Geovital-Akademie in Sulzberg und konnte mir hier einen Kollegen vermitteln, der mein Schlafzimmer vermessen sollte.

Bei dieser Messung stellte der Baubiologe Joachim Kaiser fest, dass genau im Hals-Brust-Bereich meines Bettes ein Kreuzungspunkt des Globalgitternetzes verläuft, das über die Jahre und durch die familiäre Vorbelastung – Schilddrüsenprobleme haben mehrere Familienmitglieder– das Schilddrüsenkarzinom auslösen konnte. Zusätzlich war der elektrische Wert bei der Körpermessung durch die elektrischen Leitungen im Kopfbereich des Bettes viel zu hoch, ebenso eklatant hoch die Hochfrequenzstrahlung durch einen ca. zwei Kilometer entfernten Mobilfunkmasten.

Als Sanierungsvorschlag wurde mir Folgendes empfohlen:

1. das Schlafzimmer mit T98-Strahlenschutzfarbe zu streichen
2. einen Strahlenschutzvorhang vor das Fenster zu hängen
3. einen Netzfreischalter einzubauen
4. eine Bettsanierung machen zu lassen

Mit Ausnahme der Sanierung mit der Strahlenschutzfarbe T98 habe ich alle Punkte umgesetzt, da ich bereits vorhatte, in absehbarer Zeit das Haus zu verkaufen. Diese Maßnahme wollte ich in einem neuen Zuhause umzusetzen. Ich ließ den Deko-Vorhang mit einem Strahlenschutzstoff füttern. Der Netzfreischalter wurde sofort gekauft und eingebaut. Hier wurde eine entsprechende ZES-Matte mit dem Wandlungsprinzip unter meine Matratze gelegt, die die Erd- und Gitternetzstrahlung in Wärme umwandelt und nicht mehr an den Körper heranlässt. Das Wasserbett, in dem ich zur Zeit meiner Erkrankung noch geschlafen habe, hatte ich zu diesem Zeitpunkt schon durch ein Bett mit einer Kaltschaummatratze ohne metallische Verbindungen ersetzt.

Durch alle diese Maßnahmen konnte ich mich nachts endlich wieder erholen. Trotzdem bat ich Herrn Schwarzhans, der inzwischen einen Großteil seiner Ausbildung absolviert hatte, den Schlafraum nach der Sanierung nochmals zu vermessen, um bestätigt zu bekommen, was ich eigentlich bereits spürte: Mein guter Schlaf war zurückgekehrt.

Nun konnte mein Wunsch nach einem speziellen Strahlenschutz-Schlafzimmer, einem sogenannten Faraday'schen Käfig, reifen. Mein Haus wurde gut verkauft und ich fand eine für mich ideale Eigentumswohnung. Nach der Kontaktaufnahme mit Herrn Schwarzhans und vielen ausführlichen und informativen (Planungs-)Terminen, Messungen, etc. stellten sich neue Herausforderungen. Nun waren nicht die Erdstrahlen oder Gitternetze das Problem, an diesem Standort war die Hochfrequenzstrahlung so extrem hoch, dass die Messgeräte manchmal überfordert waren.

Also wurden die Wände des Schlafzimmers mit zweilagigem Anstrich (125 Gramm pro Anstrich) der T98-Farbe versehen und mittels hochleitenden, selbstklebenden Bändern geerdet. Dazu bekam ich von Herrn Schwarzhans einen genauen Plan für meinen Maler, der dann alles umsetzte. Meine ZES-Matten, den Netzfreischalter und den Strahlenschutzvorhang aus meiner vorigen Bleibe konnte ich wieder verwenden. Allerdings benötigte ich hier zusätzlich eine Gardine und ein entsprechendes Plissee aus Strahlenschutzgewebe, um diese massive HF-Strahlung abzuwehren.«

Das Schlafzimmer einer Kundin, die einen Faraday'schen Käfig für einen gesunden Schlaf errichten ließ.
↓

Harmonische Wohnraumgestaltung

oder wie Energien, Farben und Formen wirken

Die eigenen vier Wände sind für jeden Menschen nicht nur Rückzugsort, sondern auch der Ausdruck von persönlichem Geschmack. Doch wie die Bekleidung, so ist auch die Wohnungseinrichtung dem Zeitgeist geschuldet. Lange schon kleiden wir uns nicht mehr in engen Miedern oder weißen Strümpfen zu Kniebundhosen, und so ist auch die Inneneinrichtung einer gewissen Schlichtheit und Zweckmäßigkeit gewichen. Dennoch werden die meisten von uns auf Qualität und Nachhaltigkeit beim Kauf ihrer Kleider und Möbel achten. Auch wenn wir heute nicht mehr davon ausgehen, dass Letztere uns das ganze Leben begleiten werden, kommen und gehen Trends doch in immer kürzeren Abständen.

Was wir dabei oftmals vergessen: Die Bevölkerung der Industrienationen verbringt 80 Prozent ihrer Lebenszeit in geschlossenen Räumen, was keinesfalls unserer Veranlagung entsprechen kann. Um aber einer natürlichen und gesunden Lebensführung möglichst nahe zu kommen, gewinnt in der Gegenwart eine uralte chinesische Lehre von der Wohnraum- und Arbeitsplatzgestaltung zunehmend an Bedeutung: Die Rede ist von Feng Shui. Ich halte das Denken in der chinesischen Kultur für den richtigen Zugang. Es ist geprägt vom Wissen über die stets fließende Veränderung in der Natur, die auf den Menschen ebenso wirkt wie auf seine Umgebung. Deshalb wird auch die Gestaltung des Umfeldes einer Wohnstatt in die Planung der Innenausstattung einbezogen und beginnt bereits mit der Wahl des Bauplatzes. Allerdings: Auch unsere Vorfahren muteten das Gelände mithilfe einer Wünschelrute, bevor sie ein Gebäude errichteten. Doch während die Chinesen seit Jahrtausenden eine ununterbrochene Tradition pflegen, hat das heutige westliche Denken, überfrachtet von aufklärerischem Gedankengut und Glauben an die technische Machbarkeit, den Anschluss an das alte Wissen verloren. Ich will hier nicht jammern, sondern nur darauf hinweisen, dass Raumausstatter und Einrichter oft nicht die Möglichkeit haben, bei der Bauplanung mitzuwirken. Neubauten werden meist von Architekten fertig ausgeführt, bevor der Auftrag an uns erteilt wird, die Inneneinrichtung zu planen. Von der richtigen Wahl des Bauplatzes und der optimalen Ausrichtung des Gebäudes einmal ganz abgesehen. Ich bin daher bestrebt, meine Möglichkeiten zu nutzen, um meinen Kunden nicht nur bei der Positionierung von Möbeln behilflich zu sein, sondern ihnen auch generell zur Seite zu stehen – beginnend mit der Wahl der Materialien, über die Farbwahl bis hin zur Formgebung. Damit kann ich einen großen Schritt in Richtung gesunder Wohnumgebung unterstützen.

Was ist Feng Shui

Ich möchte Ihnen nun die Möglichkeiten harmonischer Wohnraumgestaltung, die sich an der taoistischen Harmonielehre Feng Shui anlehnt, näher bringen. Erwarten Sie dabei nicht, dass ich die Antwort auf alle Probleme geben kann, denn auch Ernährung, familiärer Hintergrund, Lebenserfahrung und Einflüsse der Umgebung sind die wohl wichtigste Basis für Ihr Wohlbefinden. Aber wenn sich gesundheitliche Probleme ergeben, die nicht auf die angeführten Komponenten zurückzuführen sind, dann haben sie mit großer Wahrscheinlichkeit damit zu tun, wie Sie wohnen.

Der erste Schritt besteht darin, das Problem einzukreisen. Wenn Sie eine Weile an einem Ort gelebt haben, können Sie bewerten, wie sich Ihr Leben seit dem Einzug verändert hat. Denn wer umzieht, erlebt starke Veränderungen – im positiven wie auch im negativen Sinn. Machen Sie je eine Liste, in der Sie zunächst notieren, in welchen Bereichen Sie Probleme haben und wo Sie gern etwas verbessern möchten: Beziehungen, Finanzielles und Karriere sind meiner Erfahrung nach am häufigsten auf der Liste und sind kurz gesagt eigentlich alles, was wir vom Leben erwarten. Als nächstes arbeiten Sie die Ursachen der Probleme genauer heraus. Aus den Antworten auf diese Fragen ergibt sich sicherlich die jeweils richtige Lösung. Und erst jetzt können Sie beginnen, darüber nachzudenken, wie Sie Feng Shui einsetzen, um dafür zu sorgen, dass die Wirkung Ihrer Umgebung Sie Ihren Zielen näher bringt.

Neben Bewegung, Ernährung, Kräutermedizin, Akupunktur und Massage ist Feng Shui eine der Säulen der Traditionellen Chinesischen Medizin (TCM). Ich beschäftige mich mit Feng Shui vor allem deshalb, weil es, genauso wie die anderen Bereiche der TCM, über präzises Wissen zur präventiven Förderung von Gesundheit und Wohlbefinden verfügt. Die Lehre des Feng Shui, das übersetzt so viel heißt wie »Wind und Wasser«, ist eine Raumharmonielehre, die sich aus der Beobachtung der Natur entwickelt hat und die untrennbare Wechselbeziehung zwischen Lebensraum und Mensch in den Mittelpunkt stellt.

Im Feng Shui geht man davon aus, dass alles in unserer Umgebung uns bei der Verfolgung unserer Lebensziele entweder unterstützen oder behindern kann. Ich spreche da aus eigener Erfahrung, denn durch Feng Shui habe ich das Gefühl, dass mein Leben berechenbarer und ruhiger geworden ist. Heute finde ich hier die Antworten darauf, wenn sich etwas nicht so entwickelt hat, wie ich es mir erhofft habe. Ich bin nicht mehr Opfer der Umstände, sondern habe es selbst in der Hand, das Leben anders zu steuern. Ich arbeite nicht mehr gegen die Gesetzmäßigkeiten der Natur, sondern mit ihnen. Denn Feng Shui gibt nicht nur Anregungen, wie sich Räume, Wohnungen, Häuser und Gärten so einrichten lassen, dass sich positive Auswirkungen auf unser Wohlbefinden ergeben, sondern auch wie ich mein Leben selbst richtig einrichten kann. Ich kann mir das chinesische Denken insofern als Grundlage für meine Existenz zunutze machen, als mir bald klar wurde, dass es nie darum ging, das Ganze in seine Teile zu zerlegen, um Mechanismen zu orten, so wie wir »Westler« das zu tun pflegen, sondern innerhalb des Ganzen Beziehungen und Entsprechungen festzustellen. Dem liegt die Auffassung zugrunde, dass die Welt etwas Organisches ist, das nicht zerteilt werden kann, ohne das Wesentliche aus den Augen zu verlieren. Dadurch, dass in der chinesischen Sprache die Subjekt-Objekt-Trennung nicht im Vordergrund steht, sieht sich der Mensch nicht einer Natur gegenüber, die es zu unterwerfen gilt, sondern es stellt sich die Frage nach der Beziehung des Menschen zur Vielfalt an Wirkungen, die ihn umgeben. Das heißt, man beschäftigt sich mit der Frage, wie sich der Mensch im großen Beziehungsgeflecht des Universums zurechtfindet, und durch welches Handeln ein harmonischer Zustand herbeigeführt werden kann. Grundlage dafür ist die Lebensenergie, genannt »Chi« oder auch auch »Qi«.

Das Chi – die universelle Lebensenergie

Die fernöstliche Lehre bedient sich einer Sichtweise auf die Wirklichkeit, die alles – Himmel, Erde, Lebewesen – von der Lebensenergie Chi erfüllt sieht. Sie sollte Mensch und Lebensraum in ausgewogenem Maß durchfluten und nähren. Die Chi-Energie, die Sie aus Ihrer Umgebung aufnehmen, beeinflusst Ihre Stimmungen und Emotionen, Ihre körperliche Energie und auf Dauer auch Ihre Gesundheit. Chi wird durch Wind und Wasser, Sonnenenergie, Licht und Klang in der Umwelt verteilt, also jenen Themen, die wir den vorangegangenen Kapiteln gewidmet haben. Die Energie bewegt sich auf ähnliche Weise wie diese natürlichen Kräfte, aber – anders als diese – kann sie auch durch dichte Materie hindurch strömen. Sie fließt hauptsächlich durch Türen und Fenster in Gebäude hinein und aus ihnen heraus, bewegt sich wie Wasser bei Ebbe und Flut und strömt wie Luft um den Erdball. Das wesentliche Ziel von Feng Shui besteht nun darin, uns einen angemessenen Platz zu diesem natürlichen Strom von Chi-Energie zu verschaffen, der uns hilft, unsere Ziele und Lebensträume zu verwirklichen. Denn durch die richtige Gestaltung von Wohn- und Arbeitsräumen erfahren wir einen Zuwachs an wertvollem Chi, das sich in uns ähnlich wie das Blut bewegt.

Ich weiß, mit westlicher Rationalität ist Feng Shui kaum zu erklären, denn mit unseren wissenschaftlichen Methoden sind die Ströme des Chi nur sehr kompliziert nachzuweisen. Dasselbe gilt für die Energielinien unserer Körper, die sogenannten Meridiane, die die Grundlage der Akupunktur bilden. Auch sie sind rational nicht erklärbar, dennoch sind erstaunliche Wirkungen feststellbar. Vereinfacht kann man also sagen, dass es bei Feng Shui um Akupunktur im Raum geht, denn es gibt aktivierende, beruhigende und lenkende Maßnahmen, die ein freies Zirkulieren der Lebensenergie und eine gute Versorgung aller Raumbereiche mit Chi gewährleisten, das in sanften Kurven fließt, vergleichbar mit dem natürlichen Lauf des Wassers.

Grundlegendes zur Akupunktur

Grundsätzlich wird in der TCM angenommen, dass der Körper von Meridianen durchzogen ist, über die das Chi, also die Lebensenergie fließt. Durch bestimmte Störungen des Energieflusses kann es zu Erkrankungen kommen. Mit kleinen Nadeln, die an bestimmten Punkten in die Haut gestochen werden, soll diese Störung beseitigt werden. Die Auswahl der Punktkombination erfolgt gemäß der Wirkung, die den jeweiligen Punkten zugeschrieben wird, und gemäß ihrer Meridiandynamik. So wird bei einer Erkältung häufig der Punkt »Dickdarm 20« gestochen. Diesem Punkt, der sich direkt bei der Nase befindet, wird die Eigenschaft zugeschrieben, den sogenannten »äußeren Wind« als krankmachenden Faktor zu vertreiben. Zusätzlich wird eine Kombination mit dem am Unterarm befindlichen Punkt Lunge 7 kombiniert, da Erkältungen eine Erkrankung der Lunge sind.

Der Erfolg einer solchen Behandlung ist sowohl auf die Wirkung über das Nervensystem als auch über die Hormone zurückzuführen. Dabei spielt ihre durchblutungssteigernde, muskelentspannende und schmerzlindernde Wirkung eine Rolle, wobei zusätzlich die Harmonisierung der Psyche und des unbewussten Nervensystems mitspielt.

Im Prinzip wirkt der Reiz, der durch den Stich erfolgt, über das Nervensystem. Er wird in das Rückenmark und ins Gehirn weitergeleitet und beeinflusst die Nervenschaltstellen. Dadurch wird die Schmerzweiterleitung in das Großhirn vermindert, die Muskelspannung positiv beeinflusst, die Durchblutung der verschiedenen Körperareale angeregt und vieles mehr. Zusätzlich wird der Stichreiz in einigen Fällen über das Rückenmark direkt auf innere Organe weitergeleitet, die in ihrer Funktion angeregt werden. Wie erwähnt, werden im Gehirn gewissen Hormone und nervenbeeinflussenden Substanzen wie dem Serotonin oder den Endorphinen aktiviert – das ist der Grund, warum Patienten nach der Akupunktur üblicherweise ruhig und entspannt sind.

Die Meridiane

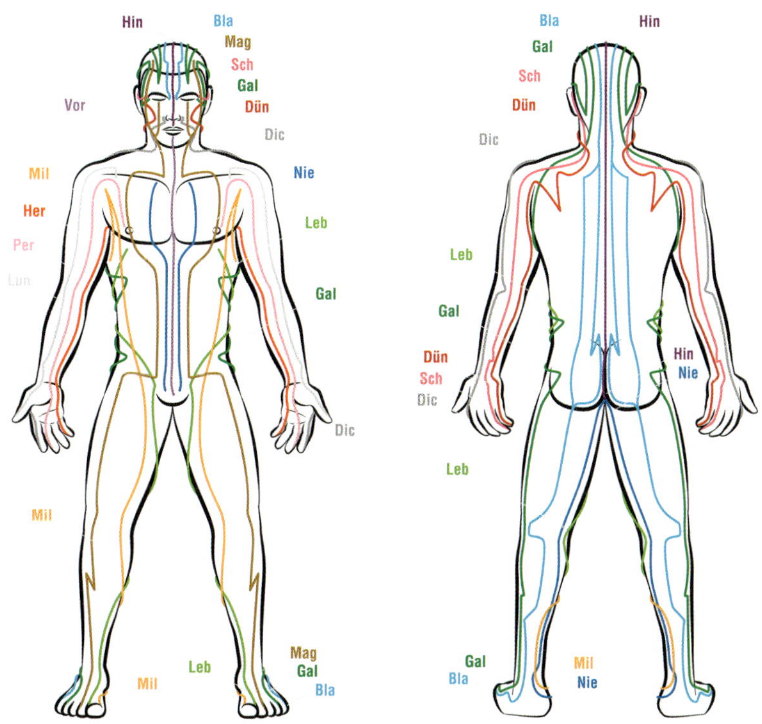

Zwei Mittellinienmeridiane:

Vordermeridian (Konzeptionsgefäß)

Hintermeridian (Lenkergefäß)

Zwölf Hauptmeridiane:

Magen-Meridiane

Milz-Pankreas-Meridiane

Dünndarm-Meridiane

Herz-Meridiane

Blasen-Meridiane

Nieren-Meridiane

Perikard-Meridiane

Schilddrüsen-Meridiane

Gallenblasen-Meridiane

Leber-Meridiane

Lungen-Meridiane

Dickdarm-Meridiane

Das Gegensatzpaar Yin und Yang

Die Lebensenergie Chi zeigt sich in den beiden Grundkräften des Yin, für passiv, und Yang, für aktiv. Diese beiden Grundkräfte bedingen und ergänzen einander im Sinne eines sich ständig wandelnden Fließgleichgewichts. Alles ist in allem enthalten und in ständiger Veränderung.

Alles hat sowohl Yin- als auch Yang-Eigenschaften, nur das Verhältnis ist jeweils unterschiedlich und immer in Bewegung. Das Symbol aus dem Tai Chi versinnbildlicht das Zusammenwirken dieser beiden Kräfte: Ein wenig vom einen fließt ins andere über.

↑ Yin & Yang

Yin	Yang
Das weibliche Prinzip	Das männliche Prinzip
Nacht	Tag
Mond	Sonne
Winter	Sommer
dunkel	hell
Kälte	Hitze
Wasser	Feuer
feucht	trocken
unten	oben
innen, tief	außen, oberflächlich
leise	laut
langsam	schnell
schwach	stark
Leere, Mangel	Fülle, Überfluss
Ruhe	Bewegung, Aktivität
trüb	klar
Blut	Energie (Chi)
Materie, Körper	Bewusstsein, Geist, Idee
Das Sichtbare	Das Unsichtbare

Die Bedeutung auf der persönlichen Ebene

Menschen mit mehrheitlich Yin sind meist entspannt, geschmeidig, sensibel, kreativ und fantasievoll. Bei zu viel Anteil von Yin sind diese Menschen lethargisch, langsam und depressiv. Menschen mit mehr Yang sind schneller, aktiver, konzentrierter, mit dem Blick aufs Detail. Bei einem zu großen Anteil von Yang werden sie angespannt und reizbar, reagieren oft verärgert oder wirken körperlich steif.

So versteht die chinesische Philosophie auch Gesundheit als Gleichgewicht zwischen Yin und Yang, das aber keineswegs absolut sein kann, denn vielmehr zeigen sich tausendfach Ungleichgewichte, die sich allerdings insgesamt wiederum ausgleichen. Dabei bleibt alles im Fluss und in Veränderung. Ein gesunder Mensch kann freilich auf viele Erschütterungen fließend reagieren, sich deshalb fortwährend verändern und trotzdem in der Balance bleiben.

Die nebenstehende Tabelle zeigt einige Yin-Yang-Gegensatzpaare auf, die Ihrem Verständnis für die Kräfteverhältnisse in- und außerhalb eines Individuums dienen sollen. Sie können die Liste freilich beliebig fortsetzen.

Auch die moderne Physik lehrt uns, das Universum in seiner Ganzheit zu erfassen. Vergleichen wir die Lehren der Wissenschaft und jene des Feng Shui, so erkennen wir, dass auch Yin und Yang wie die beiden Pole eines Magneten wirken. Yin zieht die gleiche Menge Yang an und umgekehrt. Sind Sie zum Beispiel ein introvertierter Mensch, ziehen Sie extravertierte Menschen an. Ändert sich Ihr Wesen, so ändert sich auch Ihr soziales Umfeld. Dabei sollte es im Idealfall dazu führen, dass, um Harmonie zu erreichen, sowohl das äußere Umfeld als auch die verschiedenen Aspekte des eigenen Lebens weitgehend in der Balance bleiben, wobei ausgleichende Maßnahmen dabei helfen können. So sollten sowohl unsere Gefühle und Denkprozesse als auch unser Wohn- und Arbeitsumfeld die Gegensätze von Yin und Yang beinhalten. Diese beiden Kräfte können für oder gegen uns arbeiten. Entscheidend ist, wie wir damit umgehen oder wie sie durch unser Umfeld auf uns wirken.

Zwei Beispiele für die gesunde Balance

I.

Wenn Sie keine neuen Ideen haben oder demotiviert sind, befinden Sie sich im Yin-Zustand. Sind Sie hektisch und voller Ideen, stehen Sie unter dem Einfluss von Yang. Diese Zustände werden aber auch von einer Umgebung produziert, in der Energie zu langsam oder zu schnell fließt. Kennen wir die Wirkungsweisen von Yin und Yang, können wir mit wenig Aufwand viel erreichen und unser Leben so zu unseren Gunsten verändern. Dieses Prinzip gibt daher auch wichtige Gestaltungshinweise bei der Einrichtung Ihrer Wohnung oder Ihres Arbeitsplatzes, wobei Arbeit ein Yang-Vorgang ist. Er wird durch kräftige Farben und helles Licht unterstützt. Als Yin-Ausgleich bieten sich beispielsweise Zimmerpflanzen, Wasserspiele, gedämpftes Licht und eine wohnliche Einrichtung an.

II.

Mit zunehmendem Mond sind wir erfahrungsgemäß aktiver. Wir gehen häufiger aus, sind offener und interessierter. Die Zeit des Vollmondes ist Yang. Das ist eine gute Zeit für Aktivitäten, aber in diesen Tagen besteht erhöhte Unfallgefahr. Nimmt der Mond ab, werden wir ruhiger, ziehen uns zurück und halten Innenschau. Die Zeit des Neumondes entspricht Yin. Das ist die Zeit, um den inneren Frieden zu pflegen. Nutzen Sie dieses Wissen für Ihr Leben und Ihren beruflichen Erfolg. Organisieren Sie Feiern, Events, Messen und Verkaufsgespräche nach diesen Rhythmen. Sportliche Aktivitäten oder Unternehmensbereiche wie Öffentlichkeitsarbeit und Marketing, sollten in der Yang-Phase gefördert werden. Heiratspläne, Buchhaltung, Bilanzierung, Projektentwicklung und Geschäftsabschlüsse in der Yin-Phase.

↑
Ein typisches Yang-Hochhaus: Firma Tridonic in Dornbirn
Niedrige Gebäude wie der Herolerhof in Lüsen, Südtirol, werden im Feng Shui der Yin-Energie zugeschrieben.

Yin und Yang im Wohnhaus

In der Feng-Shui-Lehre gilt das Haus als eine wichtige Quelle für Energie und Harmonie. Daraus ergibt sich umgekehrt, dass mit dem Weg, den die Sonne am Himmel nimmt, sich auch der Strom der Chi-Energie durch Ihr Haus ändert. So bekommt die östliche, südöstliche und südliche Seite Ihres Hauses mehr Yang-Energie, wenn die Sonne am frühen Morgen bis zur Mittagszeit am Himmel steht.

Aber auch die äußere Form eines Gebäudes beeinflusst die Chi-Energie. So haben schmale, hohe Häuser wie die klassischen Wolkenkratzer in New York, mehr Yang-Energie, während niedrige, breite Häuser mehr Yin haben. Dagegen hat die Chi-Energie eines hohen Gebäudes etwas mehr Himmelskraft. Das Sonnenlicht wirkt sich stärker aus, während am Boden etwas mehr Erdkraft herrscht. Sich in den oberen Etagen eines solchen Hauses aufzuhalten ist deshalb für die Entwicklung von Ideen förderlich, während die unteren Etagen sich besser dazu eignen, Planungen in die Tat umzusetzen.

Fünf Naturkräfte oder Elemente

In der taoistischen Lehre von den fünf Elementen werden die Zusammenhänge von Naturkräften, Körper und Geist beschrieben. Es ist wichtig zu verstehen, dass sich unser Begriff »Element« nicht mit dem chinesischen deckt. Die Chinesen verstehen darunter keine materielle Substanz, sondern allgemein gültige Gesetzmäßigkeiten oder Prinzipien. Bei den Elementen handelt es sich um Wandlungsphasen der vielfältigen Erscheinungen, um die Beschreibung von immer wiederkehrenden energetischen Zuständen, die den Erkenntnissen der modernen Physik, insbesondere Faradays »Feldidee«, der Quantenmechanik und der Heisenberg'schen Unschärferelation in erstaunlicher Weise entsprechen. Es geht hier um Kräfte, die einander im Gleichgewicht halten, sie erzeugen sich gegenseitig und dämmen einander in ihrer Wirkung ein.

Jedes Gebäude, aber auch jede Landschaftsform, jedes Körperorgan, jede Jahres- oder Tageszeit, jede Farbe weist auf ein dominantes oder schwaches Element hin. Das bedeutet also folgerichtig, wenn die Kraftverhältnisse der Elemente ungleich verteilt sind, äußert sich das beim Menschen in Unbehagen und Krankheit. Sind die fünf Elemente – Holz, Feuer, Erde, Metall und Wasser – stark und im Gleichgewicht, findet man Harmonie und Wohlbefinden. Aus dieser Beobachtung lassen sich gezielte Maßnahmen zur Harmonisierung des Chi-Flusses ableiten. Und zu wissen, dass grobe Einseitigkeiten, wenn schon nicht vermieden so doch wenigstens ausgeglichen werden können, hilft in jeder Lebenssituation.

Die fünf Elemente

- **Holz** steht für Mut und Selbstbewusstsein, Aufbruch, Aufstieg und Handlungsimpuls, die vor allem in Büro- und Arbeitsräumen wichtig sind. Es spiegelt sich in der Farbe Grün wider, im Rahmen der Einrichtung aber auch in dunklen Brauntönen. Holz ist das kleine Yang, also der kleine weiße Punkt im Yin. Möbel und Böden aus Holz und Bambus bringen das Element Holz in Ihren Raum.
- **Feuer** ist Lebensfreude und vor allem in Wohnräumen wichtig. Feuer wird mit den Farben Rot, Gelb und Orange ausgedrückt. Feuer ist das große Yang (der weiße Bereich des Symbols), da es für Ausgestaltung, Dynamik und Aktion steht. Räume, die das Element Feuer benötigen, brauchen Licht und Kerzen sowie spitze und scharfkantige Formen.
- **Erde** ist ein neutrales Element, es wird also weder Yin noch Yang zugeordnet. Es symbolisiert Vernunft, Leben, Liebe, aber auch Veränderung und Wandlung. Dieses Element betrifft im Feng Shui das Esszimmer, die Küche, die Speisekammer und das Schlafzimmer und wird den Farben Braun, Ocker, Beige, Gelb und Grün zugeordnet. Leinen, Lehm, Terrakotta, Ton und Keramik bringen dieses Element in einen Raum.
- **Metall** ist das kleine Yin, also der schwarze Punkt im Yang und steht für Gerechtigkeit, Stärke und Reife. Wer seine Wohnstatt nach Feng Shui einrichten will, sollte wissen, dass dieses Element Alarmanlagen, Heizung und Belüftung, aber auch den Wänden und dem Dach zugerechnet wird. Repräsentiert wird Metall durch die Metallfarben Gold und Silber. Um es in Wohnräume zu integrieren, bieten sich Metallmöbel und -accessoires an.
- **Wasser** bringt Entspannung und gehört vor allem ins Bad, aber auch zu Gartenteichen, Wasserleitungen und Dachrinnen. Es repräsentiert das große Yin und wird mit Blau und Schwarz sowie mit Glas und Wasserspielen verdeutlicht.

Im Feng Shui werden die Elemente eingesetzt, um Farben, Formen, Richtung und Zeit zu bestimmen und in Einklang zu bringen. Die fünf Elemente sind also die Weiterführung des Yin und Yang. Damit der Energiefluss in unseren Räumen und unserem Leben gewährleistet ist, müssen die Elemente miteinander in Einklang stehen. Die Tatsache, dass sie einem beständigen Wandel unterliegen, beruht unter anderem darauf, dass sie sich gegenseitig hervorbringen. Das heißt, eine Phase bildet die energetische Grundlage für die nächste bzw. ist abhängig von der vorangegangenen. Aus diesem Grund sagt man, dass die Elemente sich gegenseitig »ernähren«. Jedes der Elemente ist gleichzeitig das Kind des vorangegangenen und die Mutter des folgenden. Der Ernährungszyklus bildet eine Grundlage für den Ausgleich der Wandlungsphasen untereinander.

Zahlreiche unterschiedliche Zyklen bedingen ein Beziehungsgeflecht, wenn sie gleichzeitig wirken. In solch einem Geflecht zieht die Veränderung eines Faktors unweigerlich auch Veränderungen seiner Partner nach sich. Da sich nun das ganze Universum, alles Lebendige und auch der Mensch beständig wandeln, befindet sich dieses Geflecht von Beziehungen in fortwährender Umwandlung. Das Gleichgewicht, in dem sich der Mensch befindet und ohne das er auch nicht einen Augenblick überleben könnte, ist demnach kein statisches. Es ist ein fließendes, dynamisches Gleichgewicht, das die fortwährenden Veränderungen im Einzelnen beständig in das Ganze integriert und so das Leben erhält. Ich nenne beispielgebend nun zwei der wichtigsten Zyklen.

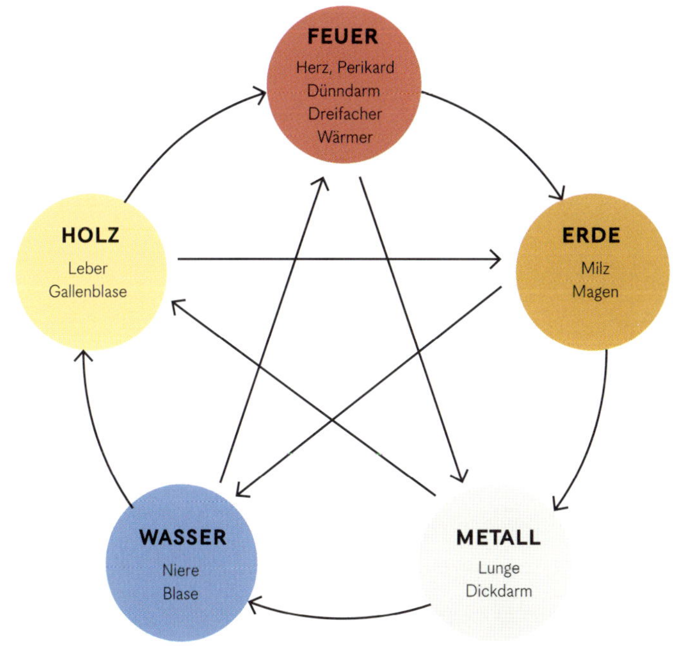

↑ Die Beziehung der Elemente im nährenden Zyklus

Der **produktive oder nährende Zyklus** (jedes Element stärkt das andere):

- Holz wird vom Wasser genährt
- Feuer wird vom Holz genährt
- Erde wird vom Feuer genährt
- Metall wird von der Erde genährt
- Wasser wird vom Metall genährt

Allerdings kann natürlich auch das Gegenteil der Fall sein, und die Elemente schwächen oder stören einander sogar.

Der **Kontrollzyklus** (jedes Element schwächt das andere):

- Wasser löscht Feuer
- Feuer schmilzt Metall
- Metall spaltet Holz
- Holz laugt die Erde aus
- Erde verunreinigt Wasser

Das Bagua

Wir haben nun erfahren, dass es mit Feng Shui möglich ist, einen Wohnraum so zu gestalten, dass die in ihm fließenden Chi-Kräfte möglichst förderlich für dessen Bewohner sind und deren Lebensqualität, Glück und Gesundheit steigern. Eines der zahlreichen Systeme, um einen Wohnraum zu analysieren, ist das sogenannte Bagua. Hier wird der Grundriss in neun verschiedene Bereiche aufgeteilt. Unabhängig von der Himmelsrichtung beschreibt das Bagua, ausschließlich vom Zugang oder Eingang aus betrachtet, die günstigste Anordnung von Funktionsbereichen zur Erfüllung einzelner Aufgaben. Dieser Raster wird über den Grundriss eines Gebäudes oder Raumes gelegt, wobei die Grundlinie Wissen – Karriere – Freunde dort angelegt wird, wo sich der Zugang oder Eingang befindet. Es zeigt überdies auf, wo es bei Grundrissen Fehlbereiche gibt oder Erweiterungen. Man dreht nun das Bagua so, dass der Eingang sich bei » Freunde« oder »Karriere« befindet. Sehen Sie sich das unten stehende Beispiel genau an. Wenn Sie die neun Bereiche auf Ihre Wohnung übertragen haben, können Sie beginnen, sie so zu gestalten, dass sie die Chi-Energie optimal kanalisiert.

Die acht Typen der Chi-Energie

Dieses System definiert günstige und ungünstige Zonen eines Hauses, die ebenfalls den Bereichen des Bagua zugeordnet werden. So kann erkannt werden, welche Bereiche sich für bestimmte Nutzungen besonders gut eignen und welche nicht. Die acht Typen sagen etwas über die Qualität des Themas aus, das sich aus dem Bagua ableitet. Für die Berechnung der acht Typen spielt die tatsächliche Ausrichtung des Gebäudes eine Rolle. Festgesellt wird, wo sich »Sitz« und »Blick« eines Objektes befinden. Ausgehend von der tatsächlichen Himmelsrichtung des Sitzes werden die günstigen und ungünstigen Zonen zugeordnet.

Erfolg mit den acht Typen

Die acht Kompassrichtungen beschreiben acht Himmelsrichtungen, die mithilfe eines Kompasses von der Mitte des Standorts aus ermittelt werden. Jeder Richtung wird ein Trigramm zugeordnet, das eine eigene Energieform darstellt. Alle Trigramme bestehen aus einer Kombination von drei Linien, die ununterbrochen (Yin) oder durchgehend (Yang) sein können. Die Linien werden von unten nach oben angeordnet. Die untere Linie bezieht sich auf die Erde, die mittlere repräsentiert den Menschen und die obere den Himmel. Der Mensch gilt in der Darstellung der Trigramme als Mittler zwischen Himmel und Erde und sollte sich mit beiden in Harmonie befinden.

Außer Norden und Süden teilen sich immer zwei Richtungen ein Element. Dort haben sie jeweils ein unterschiedliches Symbol, zum Beispiel Donner im Osten und Wind im Südosten (beide Holz). Jede Richtung ist einem Familienmitglied zugeordnet. Die Zuordnung basiert auf einer traditionellen orientalischen Familie, was heutzutage unpassend erscheinen mag, aber man kann die Symbolik nach den eigenen Vorstellungen deuten.

Darüber hinaus wird jede Richtung zur entsprechenden Jahres- und Tageszeit besonders aktiviert. Jede Richtung hat auch eine eigene Farbgebung, die bei der Raum-, Arbeitsplatz- und Fassadengestaltung von Bedeutung ist.

Um Erfolg und Gewinn zu erzielen, sollte man Wohnungen, Wohnhäuser und

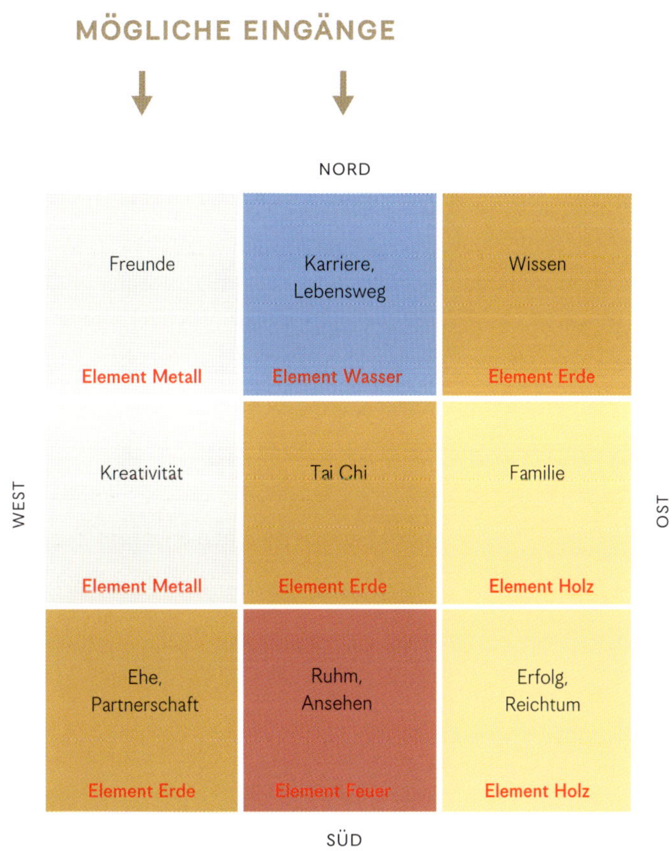
MÖGLICHE EINGÄNGE
NORD
Freunde
Element Metall
Karriere, Lebensweg
Element Wasser
Wissen
Element Erde
WEST
Kreativität
Element Metall
Tai Chi
Element Erde
Familie
Element Holz
OST
Ehe, Partnerschaft
Element Erde
Ruhm, Ansehen
Element Feuer
Erfolg, Reichtum
Element Holz
SÜD

BEISPIEL 1
BEISPIEL 2
FALSCH
RICHTIG

Firmenstandorte nach den Himmelsrichtungen auswählen. Zum Beispiel begünstigt die stürmische, ungebremste Holzenergie des Ostens den Beginn des Neubaus eines Wohnhauses oder eine Firmengründung in der Computer- und Elektronikbranche. Das Gebäude sollte sich deshalb, vom Zentrum der Stadt aus gesehen, im Osten befinden.

Das Trigramm

In verschiedenen Bereichen eines Hauses, eines Zimmers oder einer Landschaft findet man jeweils eine bestimmte Art von Energie. Diese Bereiche werden dadurch festgelegt, in welcher Richtung sie von der Mitte des Hauses, des Zimmers oder der Landschaft aus liegen. Ein Zimmer im Norden wird überwiegend die Chi-Energie des Nordens aufweisen. Da wie erwähnt die Energien der acht Richtungen Yin und Yang und die fünf Elemente ebenso einschließen wie die anderen erwähnten Bezugsgrößen, kann man anhand des folgenden Diagramms das generelle Bild zusammenfassen.

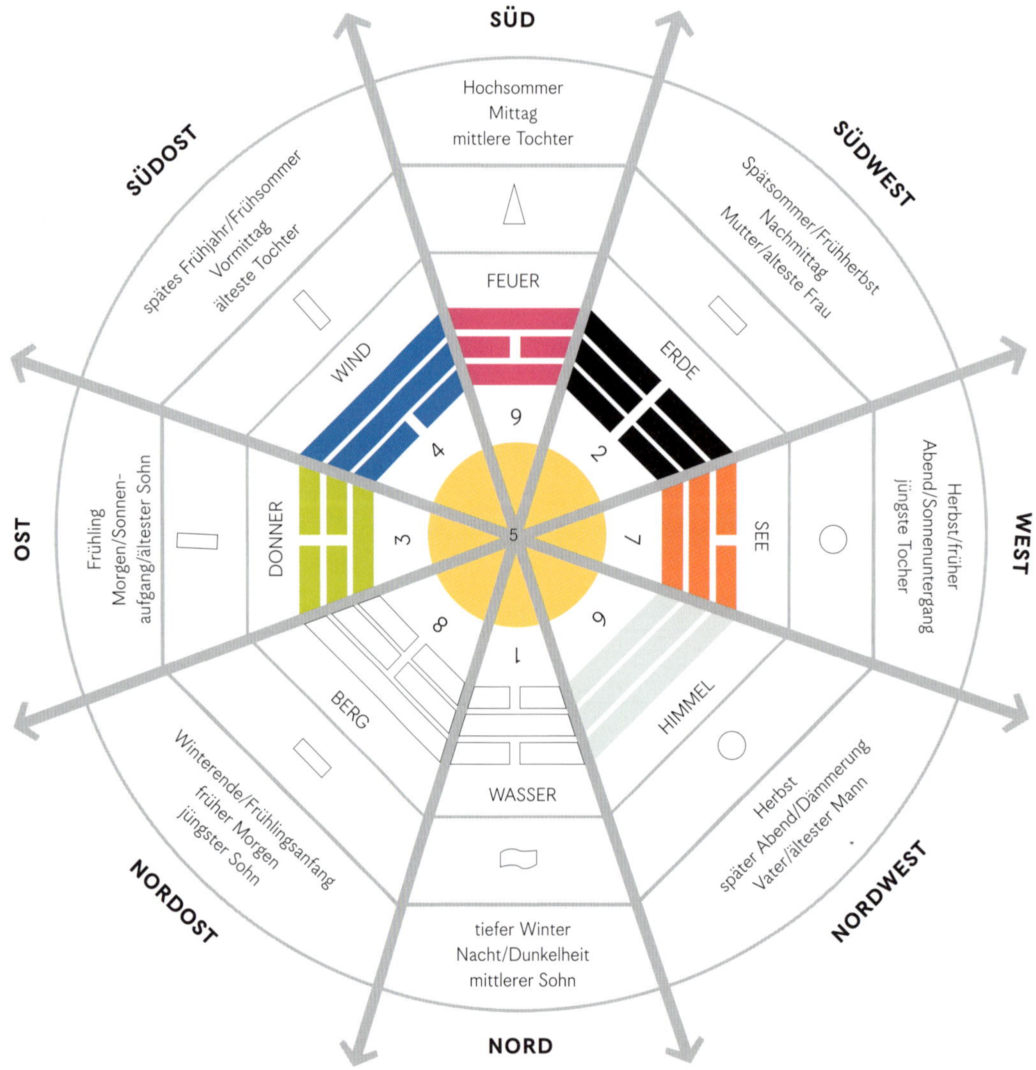

9-Ki-Astrologie

Das 9-Ki-System gilt als die japanische Feng-Shui-Astrologie und man sagt, sie sei eine der ältesten astrologischen Schulen der Welt. Der Charakter des Menschen wird nach Auffassung dieses Systems von den vier grundlegenden Faktoren Vererbung, Erziehung und Umwelteinflüsse, Lebenserfahrung und letztlich der 9-Ki-Wirkung bestimmt. Ki steht für Chi und gemeint ist die Kraft, die das gesamte Universum durchdringt und mit der wir ständig in Kontakt sind und zwar seit dem Zeitpunkt der Geburt, als die Planeten in einer ganz bestimmten Position zueinander standen. Diese Konstellation ergibt ein ganz individuelles Ki-Muster, das auf die Person bis zu ihrem Tod einwirkt. Diese persönliche Energie vermischt sich ständig mit der sich wandelnden Ki-Energie der Umgebung. Werden diese Grundenergien in Einklang gebracht, so ist dies sehr förderlich in den Bereichen Beruf/Karriere, Partnerschaft/Familie sowie auf Reisen und bei Ortsveränderungen.

Im Wesentlichen geht es darum, wie in der westlichen Astrologie auch, den günstigsten Zeitpunkt und den optimalen Ort für die Vorhaben einer bestimmten Person zu errechnen. Voraussetzung dafür ist die individuelle 9-Ki-Zahl, mit der die vorherrschende Chi-Energie des Geburtsjahres einen Einblick in den jeweiligen Charakter der Person, deren Bedürfnisse und Bestrebungen ermöglicht, Die vorherrschende Chi-Energie jedes Jahres und die Stellung des individuellen Chi wird nun in Beziehung gesetzt und die in jedem Jahr günstigsten Voraussetzungen für beispielsweise einen Umzug errechnet.

Bleiben wir bei diesem Beispiel und erlauben Sie mir den Vergleich mit einer Pflanze, die Sie in Ihrem Gärten an einen anderen Platz umsetzen wollen. Zuerst werden Sie sie aus dem Boden ausgraben, anschließend unbeschädigt zum Zielort bringen und sie dann an der günstigsten Stelle und zur richtigen Jahreszeit wieder einpflanzen. Bei Menschen ist die Lage ganz ähnlich. Wo immer Sie leben, mischt sich Ihr Chi mit dem der Umgebung. Wenn Sie diesen Ort verlassen, ist das so, als würden Sie buchstäblich Ihre Wurzeln aus der Erde ziehen. Die Richtung und der Zeitpunkt Ihres Umzuges werden nun mithilfe Ihrer 9-Ki-Zahl in Beziehung gesetzt, um eine für Sie optimale Situation zu schaffen und festzustellen, wie gut sich Ihr persönliches Chi mit den Energien des neuen Ortes verbinden wird.

Zimmervermietung nach den fünf Elementen

Ich möchte hier nun zwei Beispiele aus meinem Kundenkreis vorstellen und sie selbst zu Wort kommen lassen. Sie erzählen von ihren Erfahrungen mit der harmonischen Wohnraumgestaltung, denn sie spielt auch für Beherbergungsbetriebe keine unwesentliche Rolle, wenn sich Gäste wohlfühlen und vor allem wieder zurückkehren sollen.

Susanne und Michael Hammerle Haus Kristall, Serfaus

»Grundgedanke war, wie man Wohlbefinden in einem Gästehaus so schaffen kann, dass der Gast sich besser als zu Hause fühlt. Da haben wir mit einigen Architekten und Planern gesprochen, die uns sagten, dass man das Unbewusste am besten mit Farben, Mustern, Formen und Licht ansprechen kann. Da wir fünf Appartements haben, kamen wir nach langen Recherchen auf Feng Shui, weil wir diese direkt auf die Fünf Elemente abstimmen konnten.

Als die Idee zu reifen begann, haben wir alles so oft umgeplant, bis wir uns dazu entschlossen haben, das Haus komplett nach den Fünf Elementen zu gestalten. Wir haben uns dann eine Professionistin aus Deutschland kommen lassen, die einen Plan ausgearbeitet hat, wie die Wohnungen angelegt werden sollen und wo die geeigneten Ess-, Schlaf und Wohnräume unterzubringen sind. Des Weiteren haben wir uns an unseren Architekten gewandt, der schließlich alles neu geplant hat, damit das Projekt den Feng-Shui-Grundprinzipien entspricht. Er war es auch, der uns den Tipp gegeben hat, mit Herrn Schwarzhans zu sprechen, da dieser einerseits Innenausstatter, andererseits ein absoluter Fachmann ist, was Feng Shui betrifft. Wir haben Herrn Schwarzhans mehr oder weniger freie Hand gelassen, was Farben, Muster und Design betrifft. Uns haben seine Ideen von der ersten Minute an begeistert, und so haben wir das Projekt gemeinsam umgesetzt. Jede Wohnung eigene Farben, Materialien, Designs usw. Nun war nicht nur die Einteilung der Räume perfekt nach Feng Shui ausgerichtet, sondern auch die komplette Innenausstattung.

Allerdings war es nicht einfach, sämtliche Informationen zu bekommen, die man benötigt, um solch ein Projekt zu planen. Nach langen Recherchearbeiten haben wir uns letztlich doch dazu entschieden, Professionisten zu beauftragen, da wir schon bei den Mustern und Farben für die verschiedenen Wohnungen überfordert waren.

In den ersten ein bis zwei Jahren haben wir geglaubt, dass wir das Projekt umsonst gebaut haben, da die Gäste sowieso kommen und eigentlich wenig über Feng Shui geredet haben. Nach einiger Zeit aber haben

↑
Wohlfühlen drinnen und draußen: Terrasse im Haus Kristall mit Südausrichtung

viele Gäste die Wohnungen gewechselt, um zu sehen, wie die anderen Wohnungen zu ihnen passen würden. Viele haben sich dann auch ganz bewusst für »ihre« Wohnung entschieden, weil sie sich dort am wohlsten gefühlt haben. Mittlerweile wissen wir auch, wenn Stammgäste buchen, dass wir ihnen nur die von ihnen gewählte Wohnung zur Verfügung stellen dürfen. Das Feedback, auf das wir so ungeduldig gewartet haben, kommt jetzt von selbst, und Gäste teilen uns mit, warum sie sich für diese oder jene Wohnung entschieden haben. Inzwischen sind wir sicher, dass unsere Gäste immer wieder bei uns buchen, weil sie sich einfach wohl fühlen. Jene, denen Feng Shui ein Begriff ist, schließen ihr Wohlbefinden auf Feng Shui zurück. Und auch jene, denen Feng Shui kein Begriff ist, beteuern stets, dass sie sich bei uns am besten entspannen können.

Aber auch was unser eigenes Bewusstsein für die harmonische Wohnraumgestaltung betrifft, so wissen wir nun, was Farben, Muster, Ausrichtung der Schlafräume und vieles mehr bewirken können. Deswegen wird auch Feng Shui beim letzten Projekt – die eigene Wohnung – eine wichtige Rolle spielen.«

Element Erde –
ausgleichend & zentrierend

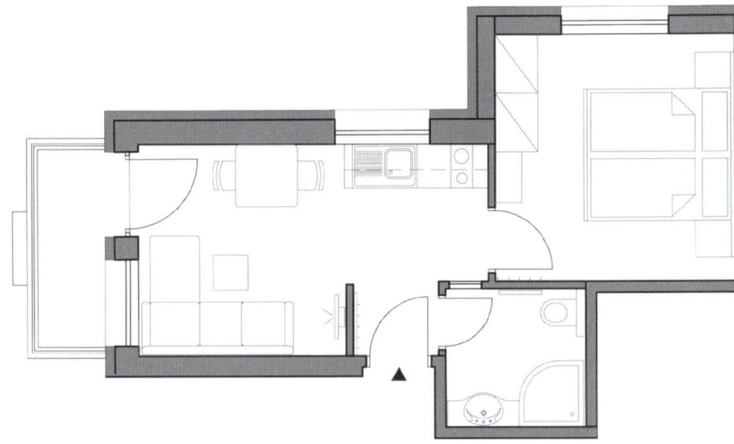

Grundriss im Element Erde

Pflanzen im Element Erde

↓

↑
Schlafbereich im Element Erde

Element Erde-Berg
↓

Element Holz –
frisch & energiereich

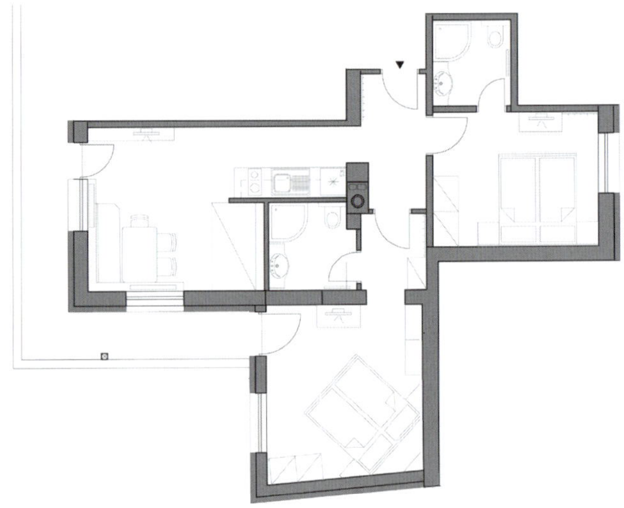

Grundriss im Element Holz

Pflanzen im Element Holz

↓

↑

Schlafzimmer im Element Holz

Element Feuer – charismatisch & leidenschaftlich

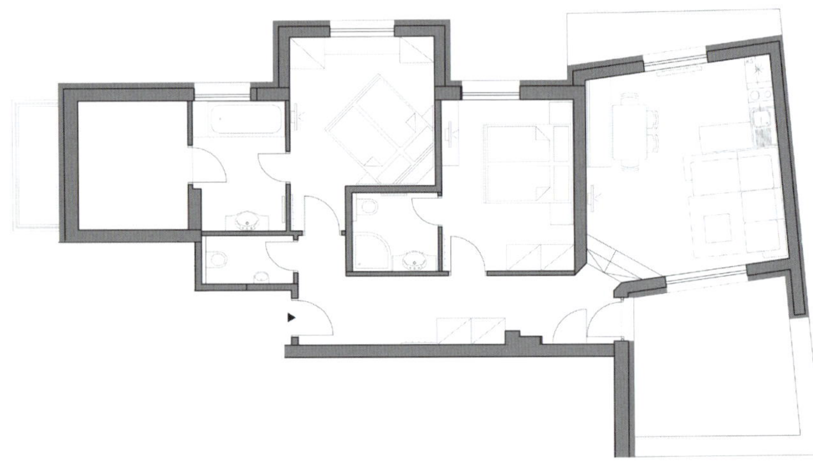

Grundriss im Element Feuer

← Pflanze im Element Feuer

↑
Wohnbereich im Element Feuer

Essbereich im Element Feuer
↓

Element Metall – festigend & fokussierend

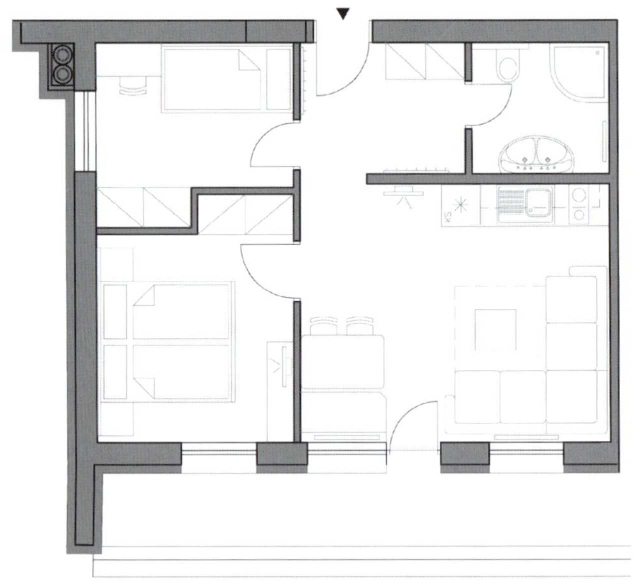

Grundriss im Element Metall

Schlafzimmer im Element Metall

↓

↑
Wohn-Ess-Bereich im Element Metall

Dekoration im Element Metall
↓

Element Wasser – fließend & geheimnisvoll

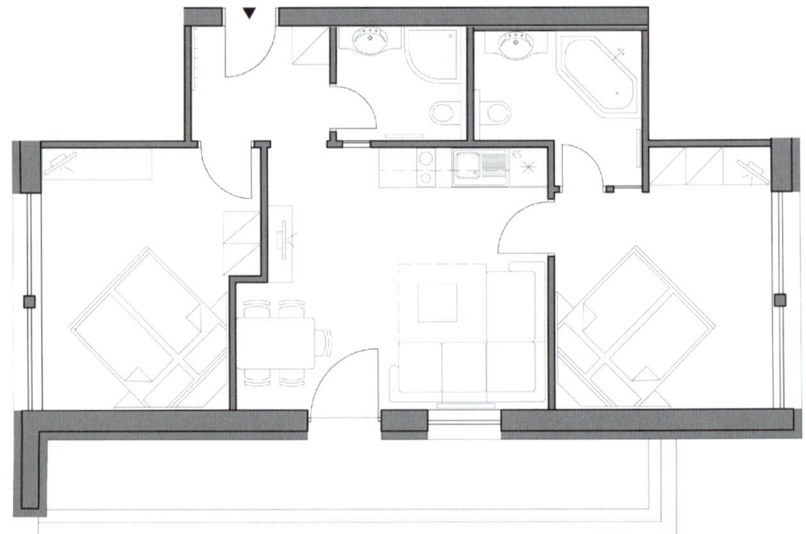

Grundriss im Element Wasser

Muster im Element Wasser
↓

Pflanze im Element Wasser
↓

↑

Schwimmbadbereich im Element Wasser

Schlafzimmer im Element Wasser

↓

Heidi und Christian Pernkopf
Hotel Castel, Serfaus

»Im Jahr 1995 machte ich meine Feng-Shui- und Geomantieausbildung, da war es für mich selbstverständlich, mein Haus bestmöglich nach Feng Shui und den geomantischen Gegebenheiten auszurichten.

Da unser Grundstück eine sehr gute Lage leicht oberhalb des Dorfes hat, arbeiteten wir noch zusätzlich mit einer guten Südausrichtung. Auch Erdstrahlen haben uns in keinem Teil des Hauses beschäftigt. So konnten wir mit einer gezielten Innenarchitektur und punktuellen Maßnahmen ein hohes Maß an Harmonie und Energie schaffen.

Wir haben unser Haus von Grund auf neu gestaltet, da konnten wir von Anfang an die wichtigsten Faktoren des Feng Shui einfließen lassen. Es bedarf aber einer ständigen Arbeit und Weiterentwicklung, um die positiven Energieflüsse beizubehalten.

Unsere Gäste reagieren unterschiedlich, weil ja auch jeder Mensch anders ist. Auch ist jeder von seiner Geburtszeit einem anderen Element zugeordnet. Allgemein ist die Harmonie im gesamten Hotel zu spüren und alle Abläufe sind ruhig und stressfrei – auch für die Mitarbeiter.

Gesundes Wohnen und eine gute Energie sind die Grundlage, um in der Hotellerie und Gastronomie erfolgreich zu sein. Immer mehr werden die Menschen sensibler und wollen ihre berechtigten, hohen Anforderungen und Ansprüche erfüllt wissen. Unsere Aufgabe wird es sein, jetzt und in der Zukunft solche Feriendomizile zu schaffen.

Feng Shui ist kein Mittel zum Zweck, sondern eine wissenschaftlich fundierte Lebensphilosophie. Jeder der sich mit Themen zur positiven Lebensgestaltung befasst, wird diese auch erfahren. Wenn nicht sofort dann sicherlich mittel- bis langfristig.«

Winterlandschaft mit Hotel Castel
(Element Wasser)
→

←
Sommerlandschaft mit
Hotel Castel
(Element Wasser)

↑
Element Feuer im kommunikativen
Bereich des Hotel Castel
(Himmelsrichtung Süd-West)
↓

↑
Die fünf Elemente im Gästezimmer
des Hotel Castel

←
Die fünf Elemente im
Essbereich des Hotel Castel
(Himmelsrichtung Nord-Ost)

Wie wir gerade ausgeführt haben, dreht sich die jahrtausendealte chinesische Lehre im Kern um die fünf Elemente Holz, Feuer, Erde, Metall und Wasser sowie die beiden Energiekräfte Yin und Yang. Diese Elemente und Kräfte stehen symbolisch für verschiedene Werte wie Familie, Kreativität, Wärme, Partnerschaft, Reichtum oder Lebensweg, die sich gezielt auch durch die Gestaltung von Haus und Wohnung einsetzen lassen. Sehen wir uns nun an, was Sie dabei beachten müssen.

Die Wirkung von Farben

Farben an den Wänden absorbieren Licht und wirken generell beruhigend auf den Menschen. Jede Raumfarbe macht den Raum dunkler und dadurch langsamer. Da jede Farbe einem Element zugeordnet ist, kann man mit Farben Elemente stärken, aber auch Kraft von Elementen abziehen.

Rottöne (Feuer)	**Gelbtöne (Erde)**	**Blautöne (Wasser)**	**Grüntöne (Holz)**	**Grautöne (Metall)**
Spannung, Anhaftung, Leichtigkeit, Freude, Anerkennung, Kritik	Stabilität, Verantwortung, Vertrauen, Sorge, Verträglichkeit	Fluss, Ideen, Mut, Angst	Expansion, Entwicklung, Gesundheit, Stimmung, Wut, Ärger, Wachstum	Ordnung, Struktur, Gerechtigkeit, Nähe, Distanz, Trauer, Loslassen

Das Zusammenspiel von Formen und Farben

Den fünf Elementen ist eine Vielzahl von Analogien zugeordnet, am bekanntesten ist wohl die Zuordnung zu Formen und Farben. So entspricht beispielsweise das Element Holz dem Frühling, daraus resultierend die Farbe Grün. Da in dieser Jahreszeit alles beständig nach oben wächst, sich verzweigt und Bäume einen kräftigen Stamm entwickeln, wird diesem Element die runde Form zugedacht.

Wie wir schon erläutert haben, stehen die fünf Elemente einander in vielfacher Weise gegenüber. Versteht man, wie diese Beziehungen aufeinander einwirken, kann man die energetische Kraft der Farben steigern, indem man sie mit einer energetisch passenden Form einsetzt. Die Idee der Zuweisung von Form zu Farbe ist nicht allein in der Theorie der fünf Elemente zu finden, sondern auch in Kunst und Architektur.

Spiel mit Formen und
Mustern als Ergänzung
der Farben aus dem
natürlichen Umfeld

Die Bauhaus-Bewegung und die dort lehrenden Expressionisten Johannes Itten und Wassily Kandinsky sind fast ein Synonym für die Beziehung von Form und Farbe.

Farben und Formen verhalten sich also nach ganz bestimmten Regeln zueinander. Dieses Zusammenwirken wird im Feng Shui gezielt eingesetzt, um bei der Analyse eines Raumes Disharmonien zu erkennen und bei der Gestaltung ein kraftvolles und harmonisches Umfeld zu schaffen. Farbliche Gestaltungsmöglichkeiten im Rahmen der fünf Elemente gibt es reichlich, und wenn es dazu noch gelingt, die passenden Formen und Materialen zu wählen, dann verfügt man über ein hilfreiches Werkzeug zur Gestaltung eines energetisch kraftvollen Lebensraums.

Ich kann hier nur Beispiele aufzählen, die stellvertretend für eine ganze Palette an Möglichkeiten stehen sollen. Stellen Sie sich die Wirkung von Farbe und Form nach Feng Shui vor wie das Gas- und Bremspedal in einem Auto. So lassen sich die Farben des jeweiligen Elements durch die Wahl der zum Element gehörenden Form unterstützen und harmonisieren – wir betätigen das Gaspedal.

- Farben aus der Palette der Gelb- und Erdtöne, die dem Element Erde zugeordnet sind, gewinnen durch quadratische, flache, rechteckige, langgezogene oder niedrige Formen.
- Farben des Elements Metall (Weiß, lichtes Grau, Gold, Silber) profitieren von runden, gewölbten und ovalen Formen.
- Schwarz und die dunklen Blautöne des Elements Wasser schätzen wellige, gekrümmte, vielgestaltige und irreguläre Formen.
- Die Grüntöne des Elements Holz (ebenso helles Blau) gewinnen durch säulenförmig, vertikale, hochkantige und schmale Formen.
- Rot- und Orangetöne, die Farben des Elements Feuer, profitieren von spitzen, eckigen, dreieckigen und aufsteigende Formen.

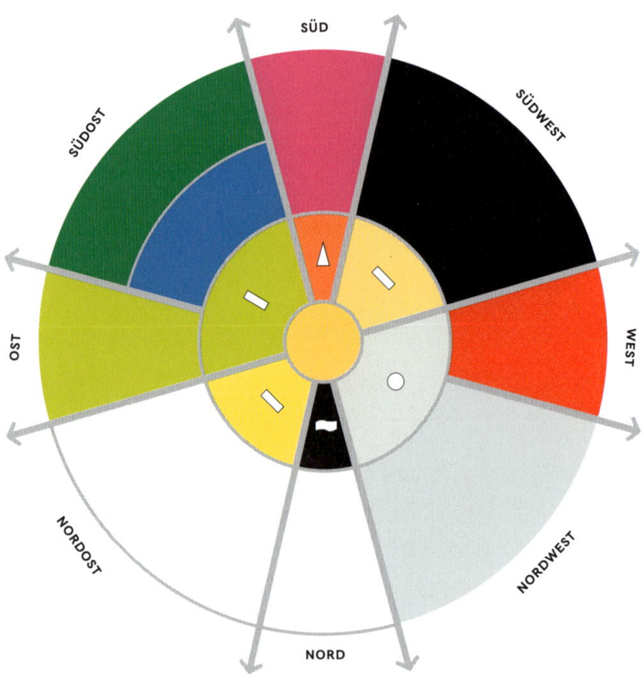

Das Rad der Farben

In der Kompassschule hat jede der Acht Richtungen einen Bezug zu einer bestimmten Farbe, die im äußeren Kreis des oben dargestellten Rades gezeigt wird. Wenn Sie diese Farbe in der betreffenden Richtung bei Möbeln und Dekor verwenden, bewahren Sie das dort vorherrschende Chi. Der innere Kreis zeigt Ihnen die Farben, die einen Bezug zu den fünf Elementen haben. Sie werden von verschiedenen Feng-Shui-Schulen bevorzugt und können statt der Farben der acht Richtungen verwendet werden.

Eine hemmende, sanft schwächende Wirkung der Farben entsteht durch die Kombination mit den Formen der Elemente, die dem Schwächungszyklus entsprechen – wir betätigen das Bremspedal.

- Den Grüntönen des Elements Holz (ebenso helles Blau) wird durch die spitzen Formen des Feuerelements (Dreieck, spitz, eckig, aufsteigend) Energie entzogen.
- Den Farben des Elements Feuer (alle Rot- und Orangetöne) entziehen quadratischen, flachen, rechteckigen, langgezogenen oder niedrigen Formen (Element Erde) Kraft und reduzieren sie so in ihrer Wirkung.
- Gelb- und Erdtöne (Element Erde) verlieren durch Formen des Metallelements (rund, kuppelförmig, gebogen, oval) an Kraft.
- Farben des Elements Metall (Weiß, lichtes Grau, Gold, Silber) schwächen Formen des Wasserelements (wellig, gekrümmt, vielgestaltig).
- Dunkle Blautöne des Elements Wasser (ebenso Schwarz) erfahren durch Formen des Holzelements (säulenförmig, vertikal, rechteckig, hochkant, schmal) eine sanfte Schwächung.

Der Einsatz von Mustern

Gemusterte Tapeten, Teppiche, Vorhänge und Polsterbezüge beeinflussen die Art und die Bewegung der Chi-Energie in jedem Raum. Die Effekte verschiedener Muster hängen davon ab, welchen Bezug die jeweiligen Formen zu Yin und Yang und den Fünf Elementen haben. Auf ähnliche Weise haben die Formen von Gemälden, Skulpturen und anderen dekorativen Gegenständen einen Einfluss auf das Chi. Wenn das Muster oder die Form mit der entsprechenden Farbe kombiniert wird, verstärken die Effekte einander.

Richtung	Verstärken	Bewahren	Beruhigen
Norden	Kreise Bögen Ovale	unregelmäßig Wolken Wellen	hoch und dünn Längsstreifen
Nordosten	spitz Sterne Zickzack	breite Rechtecke Querstreifen Karos	Kreise Bögen Ovale
Osten	unregelmäßig Wolken Wellen	hoch und dünn Längsstreifen	spitz Sterne Zickzack
Süden	hoch und dünn Längsstreifen	spitz Sterne Zickzack	breite Rechtecke Querstreifen Karos
Südwesten	spitz Sterne Zickzack	breite Rechtecke Querstreifen Karos	Kreise Bögen Ovale
Westen	breite Rechtecke Querstreifen Karos	Kreise Bögen Ovale	unregelmäßig Wolken Wellen
Nordwesten	breite Rechtecke Querstreifen Karos	Kreise Bögen Ovale	unregelmäßig Wolken Wellen

Harmonische Muster und Formen

Stellen Sie fest, in welcher Richtung der Raum liegt, den Sie dekorieren oder neu möblieren wollen, und nehmen Sie dann den Raster der acht Richtungen, um zu entscheiden, ob Sie die Energie dort verstärken, bewahren oder beruhigen wollen. Suchen Sie anschließend in der oben stehenden Tabelle nach passenden Mustern oder Formen, um einen Gegenstand in eine günstige Richtung zu stellen.

Der Einsatz von Materialien

Die Materialien, die Sie zur Dekoration oder Möblierung Ihres Hauses verwenden, haben alle einen Einfluss auf die Art der Chi-Energie in jedem Bereich des Hauses. Die Beziehungen zwischen den Element-Energien der Materialien und dem Chi der verschiedenen Richtungen in Ihrem Haus entscheiden über die jeweilige Wirkung. Gegenstände aus Holz stärken die Holz-Energie im Osten und Südosten Ihres Hauses. Im Süden fördern Sie das Chi, da die Holz-Energie die Feuer-Energie des Südens stärkt. Im Norden wirken sie beruhigend, weil hier die Holz-Energie die Wasser-Energie des Nordens schwächt.

Zusätzlich zum Material selbst hat die Oberfläche einen Einfluss darauf, wie die Chi-Energie durch Ihr Haus fließt. Harte, glatte, glänzende Oberflächen wie glasierte Fliesen, Glas, polierter Stein oder Hartholz beschleunigen den Fluss des Chi und schaffen eine Atmosphäre, die mehr Yang ist. Weiche, matte, gewebeartige Oberflächen wie Terrakotten, gebürstete Holzoberflächen, roher Stein, Stoffe, Teppiche, roher Kork oder Kokosfasern verlangsamen den Fluss des Chi und schaffen eine Atmosphäre, die mehr Yin ist. Je größer die betreffende Oberfläche, desto intensiver ist ihre Wirkung.

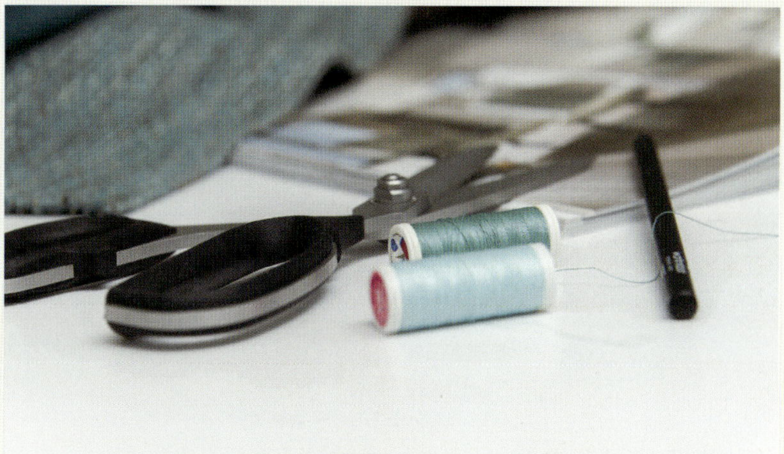

Die Beleuchtung

Lichtwellen bringen Energie in den freien Raum und aktivieren das Chi der Umgebung. Künstliches Licht ist gewöhnlich härter als Kerzenlicht. Idealerweise sind Fenster und Oberlichten groß genug, um reichlich Tageslicht in den Raum zu lassen, sodass man künstliches Licht nur am Abend und an dunklen Tagen braucht. Helle Wandfarben und Spiegel können das Sonnenlicht in einen Raum hinein reflektieren.

Beleuchtungsarten

- Weiße Glühbirnen leuchten einen Raum einheitlich aus. Sie erhöhen die Chi-Energie in einem weiten Bereich relativ gleichmäßig. Spotleuchten erlauben Ihnen, das Licht auf eine bestimmte Stelle zu richten. Auf diese Weise können Sie z.B. in dunklen Ecken, in denen Stagnation droht, das Chi gezielt aktivieren.
- Deckenstrahler verstärken die Aufwärtsbewegung des Chi, was besonders bei niedrigen Decken oder Dachschrägen günstig ist. Halogenleuchten geben ein intensives Licht, das ideal ist, um den Chi-Strom in Bereichen mit Stagnation zu verbessern. Sie lassen sich einfach in Decken integrieren, man findet sie auch häufig in Stehlampen, die ihr Licht sowohl nach oben als auch nach unten abgeben können.
- Leuchtstoffröhren geben ein Licht ab, das eine andere Farbe hat, und von ihnen geht auch mehr elektrische Strahlung aus. Das kann zu Kopfschmerzen, Konzentrationsstörungen und Erschöpfung führen. Dasselbe gilt für kleine, energiesparende Leuchtstoffbirnen.
- Farbiges Licht enthält mehr von einer bestimmten Frequenz. Prüfen Sie, in welcher Richtung von der Mitte der Wohnung aus die Stelle liegt, die Sie farbig beleuchten wollen, und wählen Sie dann eine passende Farbe aus.

Die Verteilung des Lichts

- Direktes Licht aus nackten Glühbirnen ist mehr Yang und kann hart sein. Lampenschirme, Paravents oder Pflanzen, die vor eine Lampe gestellt werden, können das Licht auf angenehme Weise verteilen.
- Indirekte Beleuchtung sorgt ebenfalls für ein weicheres Licht. Richten Sie den Lichtstrahl auf die Decke oder an eine Wand statt in den Raum. Je heller die Oberflächenfarbe, desto mehr Licht wird reflektiert. Dadurch wird direktes Licht, das stärker Yang ist, weicher und mehr Yin.
- Lampenschirme aus Metall oder Glas schaffen eine weniger entspannende Yang-Atmosphäre. Bei Stoff- oder Papierschirmen wird die Atmosphäre weicher und mehr Yin.

Möbel

Wo Sie Ihre Möbel hinstellen, entscheidet darüber, wo Sie sich die meiste Zeit aufhalten. Stellen Sie die Möbel so, dass Sie sich in einer günstigen Position befinden und in eine vorteilhafte Richtung blicken. Die Farbe, die Form und das Material der Möbel, bei antiken Stücken auch ihre Geschichte, haben ebenfalls Einfluss.

Die Auswahl der Möbel

Feng Shui kann Ihnen helfen, Möbel auszuwählen, die an die für sie vorgesehenen Stellen passen. Es hilft Ihnen auch zu verstehen, warum bestimmte Gegenstände anscheinend fehl am Platze sind, und es hilft Ihnen, das richtige Möbelstück für einen problematischen Platz auszusuchen oder den besten Platz für ein vorhandenes Möbelstück zu finden.

In einigen Fällen können praktische Erwägungen natürlich wichtiger sein als die Anforderungen des Feng Shui, und dann müssen Sie Kompromisse machen. Wenn es um Materialien geht, können Sie für jeden Bereich des Hauses Holz wählen, weil seine Wirkungen relativ neutral sind. Wenn Sie beispielsweise einen Stuhl in Ihr Schlafzimmer stellen wollen, das im Nordwesten des Hauses liegt, würden Sie wahrscheinlich aus praktischen Erwägungen statt der passenden Materialien (Metall, Stein) Holz wählen, aber eine runde, gepolsterte Form und einen Bezugsstoff in Grau- und Pink-Tönen wäre ebenfalls ideal.

Neue Möbel bringen eine frische Atmosphäre ins Haus, während alte Möbel das Chi der Vergangenheit aufgenommen haben und mehr Substanz ausstrahlen. Die Art der aufgenommenen Chi-Energie hängt von der früheren Verwendung des Möbelstücks ab. Ein Fleischertisch hat eine andere Energie aufgenommen als ein Tisch, auf dem Porzellan ausgestellt wurde. Die meisten Möbel nehmen nach kurzer Zeit das Chi der neuen Umgebung auf.

Schneidendes Chi

Stellen Sie Möbel nicht so auf, dass deren scharfe Kanten in Ihre Richtung zeigen. Das kann Energiewirbel, die man als »schneidendes Chi« bezeichnet, in Ihre Richtung lenken und Ihre Chi-Energie zum Wirbeln bringen, was für Sie negative Folgen haben kann. Deshalb haben übrigens unsere Großmütter die Regalbretter in ihren Ablagen mit Spitzenbordüren versehen.

Empfehlungen für die Einrichtung von Wohnräumen

Das Wohnzimmer

Dieser Raum ist ein Ort der Ruhe und Entspannung für die ganze Familie und ihre Gäste. Wählen Sie dazu den größten und sonnigsten Raum oder erweitern und erhellen Sie ihn optisch mit Spiegeln. Ein Kamin als Herzstück bringt den Bezug zum Element Feuer – mit all seinen Vor- und Nachteilen.

- **Platz im Haus:** Ideale Richtungen sind Südosten, Süden, Südwesten und Westen von der Mitte Ihres Hauses aus gesehen.
- **Betonen Sie die Mitte des Raumes:** Sie sollte möglichst frei sein und nur optisch betont werden beispielsweise mit einem Teppich oder einer Deckenleuchte.
- **Anordnung der Möbel:** Richten Sie die Sitzmöbel an einer stabilen Wand aus, denn eine Position an der Wand bringt Ruhe und Geborgenheit, am besten mit dem Blick in den Raum
- Durch abwechslungsreiche **Beleuchtung**, viele Lichtinseln wie Leselampe, Spots für das Bücherregal und indirekte Fernsehleuchten bringen Sie Lebendigkeit und zugleich Ausgewogenheit in den Raum, die positiv für den Organismus sind.
- Mit den entsprechenden **Farben und Materialien** bringen Sie eine wohnliche Atmosphäre in Ihr Wohnzimmer. Weiß und erdige Töne stehen für Gemütlichkeit. Um Ihr Wohnzimmer auch den Jahreszeiten entsprechend zu verändern, wählen Sie im Frühling und Sommer Accessoires in Grün oder zarten Fliedertönen, im Herbst und Winter Rot, Orange oder ein sattes Lila.

Lebendigkeit und Ausgewogenheit im Wohnzimmer durch abwechslungsreiche Beleuchtung und Betonung der Mitte

Das Esszimmer oder Wohnesszimmer

Hier sollten Sie bedenken, dass das Chi des Esszimmers stark vom Chi der Nahrungsmittel, die hier eingenommen werden, beeinflusst wird. Gesunde Ernährung und eine entspannte Atmosphäre bei der Nahrungsaufnahme sind das Um und Auf für ein langes und glückliches Leben.

- **Platz im Haus:** Ideale Richtungen sind Osten, Südosten, Westen und Nordwesten von der Mitte Ihres Hauses aus gesehen.
- In diesem Raum ist das Um und Auf die **richtige Wahl des Tisches**. Verzichten Sie auf Ausziehtische, denn die Fugen von Ausziehtischen trennen das Chi, die Tischpartner können einander nicht finden und sich nicht aufeinander einstellen. Wenn es nicht zu vermeiden ist, harmonisieren Sie die Fugen mit Tüchern, einer Vase mit Blumen oder einer dekorativen Schale.

Wenn Sie sich eine entspannte Atmosphäre im Esszimmer wünschen, versuchen Sie es mit einem ovalen Tisch, der mehr Yin ist. Wenn Sie jedoch im Wohnzimmer essen und der entsprechende Bereich nicht abgegrenzt ist, ziehen Sie vielleicht einen runden oder viereckigen Tisch vor, weil er mehr Yang ist. Das hilft Ihnen, die Chi-Energie des Essbereichs an Ort und Stelle zu halten. Beistelltische und Couchtische sollten abgerundete Ecken haben, um schneidendes Chi zu vermeiden, besonders wenn sie in einer Sitzecke stehen. Tischplatten aus Yang-Materialien wie Glas beschleunigen den Fluss des Chi und schaffen eine anregende, hellwache Atmosphäre; Yin-Materialien, wie helles, naturbelassenes Holz haben einen mehr dämpfenden Effekt. Achten Sie auf genügend Bewegungs- und Lauffreiheit um den Esstisch. Wichtig: Die Tischbeine dürfen beim Sitzen nicht stören.

- Entscheiden Sie sich für bequeme **Stühle** mit ausreichend hoher Rückenlehne und nicht zu üppiger Polsterung. Gerundete, weiche, ausladende Sessel sind mehr Yin und fördern die Entspannung. Aufrechte, gerade Stühle sind mehr Yang und wirken aktivierend. Mischen Sie Yin- und Yang-Sitzgelegenheiten, um eine ausgewogene Atmosphäre zu schaffen.
- Die **Anordnung der Möbel**: Am wichtigsten ist die Positionierung des Esstisches: weder mit Blick auf die Haupteingangstür oder das WC, noch in der Linie zwischen Fenster und Tür. Ein Paravent zwischen Esstisch und Tür bietet sich hier als probates Mittel an, die negativen Wirkungen zu mildern.

Am wichtigsten ist die Positionierung des Esstisches: weder mit Blick auf die Haupteingangstür oder das WC noch in der Linie zwischen Fenster und Tür.

Beispiele im Bereich Wohn-Ess-Zimmer: Yang-Materialien wie Glas beschleunigen den Fluss des Chi und schaffen eine anregende Atmosphäre; Yin-Materialien, wie helles, naturbelassenes Holz haben einen eher dämpfenden Effekt.

Das Schlafzimmer

Das Schlafzimmer hat einen bedeutenden Einfluss auf unser Wohlergehen, halten wir uns doch die längste Zeit des Tages an diesem Ort auf. Deshalb ist es besonders wichtig, wo das Bett steht und wie das Schlafzimmer selbst ausgestattet ist.

- **Platz im Haus:** Ideale Richtungen sind Norden, Osten, Südosten, Westen und Nordwesten von der Mitte Ihres Hauses aus gesehen.
- Im Schlafbereich sollten Sie auf dezente und harmonische **Farben** zurückgreifen. Vor allem Braun-, Beige- und Grüntöne eignen sich laut Feng Shui besonders gut. In Schlafzimmern mit hohen Decken können Sie Hochbetten aufstellen, die die aufstrebende Holz-Energie verstärken. In Schlafzimmern mit niedrigeren Decken sind niedrigere Betten oder Futons günstiger. Sie schaffen mehr ruhigere Erd-Energie.
- **Positionierung der Möbel:** Sie sollten Ihr Bett so platzieren, dass das Kopfende an der Wand steht und Sie Türen und Fenster im Blick haben. Laut Feng Shui ist es wichtig, dass das Bett nicht zwischen Tür und Fenster steht und auch nicht zwischen zwei gegenüberliegenden Fenstern platziert ist. Außerdem sollten sich in der Wand, an der Ihr Bett steht, keine Wasser- oder Heizungsleitungen befinden, da diese den Schlaf beeinträchtigen können. Das Fußende des Bettes sollte dabei nicht zur Tür zeigen, da das Chi dadurch geschwächt wird.

Um eine sichere Atmosphäre zu gewährleisten, sollten Sie über Ihrem Bett keine schweren Regale oder riesige Bilder aufhängen. Auch auf Spiegel sollten Sie in Ihrem Schlafbereich verzichten, da diese für Unruhe sorgen.

- **Schränke:** Einbauschränke sollten so gestaltet sein, dass das Chi darin nicht stagniert. Harte, glatte, glänzende Oberflächen halten die Energie in Bewegung. Wenn möglich sollten Sie so angelegt sein, dass der Raum selbst rechteckig wird. Sie können den Schrank beispielsweise in eine Nische einbauen, um deren Kanten zu beseitigen, und gleichzeitig zu verhindern, dass durch den Schrank weitere scharfe Kanten ins Zimmer ragen, was im Schlafzimmer besonders wichtig ist. Aus demselben Grund sollten Sie auch andere Schränke möglichst in Nischen stellen. Eckschränke sind besonders vorteilhaft, weil Sie Zimmerecken abschneiden, ohne dass dabei zusätzliche vorstehende Kanten entstehen.
- Ein **Frisiertisch** im Schlafzimmer sollte abgerundete Kanten haben, um schneidendes Chi zu vermeiden. Achten Sie darauf, dass der Spiegel über Nacht nicht auf Ihr Bett zeigt. Bedecken Sie ihn notfalls vor dem Schlafengehen mit Stoff. Ein ovaler Spiegel passt zur Form Ihres Kopfes, wodurch Sie sich beim Schminken entspannter fühlen.
- **Keine elektrischen oder elektronischen Geräte!** Verzichten Sie im Schlafzimmer auf Fernseher, Radiowecker und Geräte, die mit WLAN-Verbindungen arbeiten. Auch Möbel aus Metall sind unvorteilhaft, besser eignen sich Holzmöbel.

Nach Feng Shui ist es wichtig, dass das Kopfende des Bettes an der Wand und nicht zwischen Tür und Fenster steht.

Das Kinderzimmer

Die besondere Herausforderung bei der Gestaltung des Kinderzimmers liegt in seiner Nutzung: Der Raum ist sowohl Schlaf- als auch Wohn- und Arbeitsraum für Ihr Kind. Optimal ist es, wenn das Kinderzimmer ausreichend Platz bietet, sodass eine aktive Zone zum Spielen, eine halbaktive Zone zum Lernen und eine Ruhezone zum Schlafen eingerichtet werden kann. Dazu genügt in den meisten Fällen die unterschiedliche farbliche Gestaltung der Wände in den entsprechenden Bereichen.

- **Platz im Haus:** Ideale Richtungen sind Osten, Südosten, und Westen von der Mitte Ihres Hauses aus gesehen.
- **Schlafbereich** (Dunkelheit, Ruhe, Stille) wird im Feng Shui mit Yin-Chi assoziiert.
- **Spielbereich** (Helligkeit, Aktivität, Lautstärke) wird hauptsächlich mit Yang-Chi in Verbindung gebracht.
- Der **Lernbereich** sollte weder über zu viel Yin (Ruhe) noch über zu viel Yang (Aktivität) verfügen. Eine ruhige und konzentrierte Atmosphäre mit viel Tageslicht und freundlichen, helleren Farben erreicht einen Ausgleich zwischen Yin und Yang. Der Schreibtisch sollte wenn möglich so platziert sein, dass Tageslicht von der Seite einfallen kann, damit Ihr Kind weder geblendet wird noch sich selbst Licht wegnimmt.
- Das **Bett** sollte mit dem Kopfteil an der Wand stehen und durch einen Sichtschutz von den restlichen Bereichen des Zimmers getrennt sein. Die Tür sollte Ihr Kind vom Bett aus möglichst nicht direkt sehen können. Vorteilhaft ist es auch, wenn der Kopfteil höher ist als der Fußteil, da so ein noch größerer Schutz entsteht.
- Der **Schreibtisch** sollte so stehen, dass das Kind eine Wand im Rücken hat. Es sollte die Tür von hier aus gut im Blick haben, ihr allerdings nicht direkt gegenübersitzen.

Der Spielbereich im Kinderzimmer wird mit Yang-Chi in Verbindung gebracht und sollte daher in einem hellen Bereich untergebracht werden.

Die Tiroler Familie Kathrein, die wir bereits seit über 35 Jahren betreuen, ist für mich besonders bemerkenswert, da drei Generationen in einem Wohnhaus zusammen leben. Durch die Einplanung eines Waschbeckens im Jugendzimmer von Tochter Celine werden Konflikte vermieden, wenn das Bad wieder einmal überbelegt sein sollte.

Die Küche

Die Küche gilt im Feng Shui als Raum der Transformation, wo Nahrung vom rohen in den gekochten Zustand gebracht wird. Mit natürlichen Materialien können Sie dieses Thema optimal unterstützen: Arbeitsplatten aus Stein oder Granit, Schneidbretter und Accessoires aus Holz, der kleine Kräutergarten auf der Fensterbank – all dies sind Möglichkeiten, die Küche in ihrer Funktion zu stärken. Messer verstauen Sie besser in einer Schublade oder in einem Messerblock und nicht offen an einer Messerleiste an der Wand. Geschlossene Schränke sind sinnvoller als offene Regale.

- **Platz im Haus:** Ideale Richtungen sind Osten und Südosten von der Mitte Ihres Hauses aus gesehen.
- **Anordnung der Möbel:** Beim Kochen sollten Sie sich wohlfühlen und möglichst nicht mit dem Rücken zur Tür stehen. Platzieren Sie den Herd nicht unmittelbar unter dem Fenster, da sonst die Energie sofort entweicht und Ihnen keine Unterstützung mehr bietet. Spülbecken, Geschirrspülmaschine und Kühlschrank sollten nicht direkt neben dem Herd platziert werden, denn sonst kann ein Konflikt der beiden gegensätzlichen Elemente Feuer und Wasser ausgelöst werden, der mit Spannungen und Disharmonie einhergehen kann.
- **Farbwahl:** Weiß und Cremetöne sind eine gute Basis, die mit einem frischen Grün oder einem lebendigen Rot ergänzt werden können. Sorgen Sie zudem für Funktionalität und Ordnung: Wenn Sie alle wichtigen Utensilien in praktischer Anordnung und greifbarer Nähe haben, wird Ihnen das Kochen noch mehr Spaß machen.

Beim Kochen sollten Sie nicht mit dem Rücken zur Tür stehen.

Das Bad

Das Bad ist der Raum für Reinigung und Loslassen. Viel Licht, am besten durch ein eigenes Fenster, sorgt für Lebendigkeit und Harmonie.

- **Platz im Haus:** Ideale Richtungen sind Osten und Südosten von der Mitte Ihres Hauses aus gesehen.
- Die Wahl der **Farben**: Nassräume gelten im Feng Shui als energetisch ungünstig, denn mit den Abflüssen aus Waschbecken und Badewanne gibt es zahlreiche Öffnungen nach außen, die Energie abfließen lassen. Um diesen Energieverlust auszugleichen, arbeiten Sie in der Gestaltung möglichst mit Naturtönen: Creme-, Beige- und Sandtöne, aber auch Terrakotta und Gelb eignen sich hervorragend, um die Energie zu stabilisieren. Verzichten Sie im Bad möglichst auf die Farbe Rot, die dem Element Feuer zugeordnet ist und sich nicht mit dem Wasser verträgt, das ein Bad dominiert.
- Halten Sie, um einem etwaigen **Energieverlust** vorzubeugen, die Tür möglichst geschlossen. Und ein geschlossener Toilettendeckel sieht nicht nur besser aus, sondern sorgt außerdem dafür, dass nicht unnötig viel Energie verloren geht. Allerdings ist es günstiger, wenn die Toilette nicht im selben Raum untergebracht ist. Wenn es aber nicht anders geht, sollte sie nicht genau gegenüber der Tür positioniert werden. Vom Kopfende der Badewanne aus ist der Blick zur Tür durchaus angenehm.

Für das Bad eignen sich am besten Creme-, Beige- und Sandtöne.

Das Arbeitszimmer

Ein Arbeitszimmer sollte möglichst ein für sich abgetrennter Raum sein und keine kleine Ecke im Wohn- oder gar Schlafzimmer. Gerade für Freiberufler, die zu Hause arbeiten, ist es wichtig, Privat- und Berufsleben von einander trennen zu können.

- **Platz im Haus:** Ideale Richtungen für das Arbeitszimmer sind Osten, Südosten, Süden und Nordwesten von der Mitte Ihres Hauses aus gesehen.
- **Anordnung der Möbel:** Um an Ihrem Schreibtisch möglichst konzentriert und effizient arbeiten zu können, bedarf es einer stabilen Wand im Rücken und am besten mit dem Blick zur Tür. Sorgen Sie für einen möglichst weiten Blick in den Raum: Nur so können sich Kreativität und Ideenreichtum voll entfalten. Steht der Schreibtisch hingegen mit der Stirnseite an einer Wand, sodass Sie während der Arbeit stets gegen diese Wand blicken, beengt das den Geist.
- Wichtig ist auch, dass das **Licht** seitlich auf Ihre Tischplatte fällt – bei Rechtshändern von links, bei Linkshändern von rechts. Damit können Sie das Tageslicht optimal ausnützen. Setzen Sie künstliches so ein, dass Sie mit einem Wechselspiel von Licht und Schatten einen harmonischen Effekt erzielen. Verzichten Sie auf großflächige und einheitliche Deckenbeleuchtung und unterstützen Sie Ihre Konzentration besser mit einzelnen Lichtinseln. Eine Schreibtischlampe, ein Deckenfluter und einzelne auf ein Regal oder ein Bild gerichtete Spots sind gut geeignet, um Ausgewogenheit und Harmonie zu erzielen.
- Geschlossene **Schränke** für Unterlagen und Literatur sind offenen Lösungen vorzuziehen. Sideboards bieten eine praktische Ablagefläche, wenn Sie etwas nachschlagen möchten. Büromaterial findet ebenfalls in Schubladen oder hinter Schranktüren am besten seinen Platz. Und dann: Verlassen Sie Ihren Schreibtisch aufgeräumt. Es genügt dazu, seine Mitte frei zu machen und mit einem persönlichen Gegenstand zu markieren, was für Sie das Ende des Arbeitstages symbolisiert.
- Denken Sie an den negativen Einfluss von **elektronischen Geräten** wie Computer, Drucker, Telefon, Faxgerät etc. und schalten Sie diese nur ein, wenn Sie sie tatsächlich benötigen.
- **Grünpflanzen** bieten eine gute Möglichkeit, Räume positiv aufzuladen, ihnen Frische und Energie zu verleihen. Wählen Sie dafür aber keine Kakteen oder Stechpalmen, sondern Pflanzen mit runden oder herzförmigen Blättern.
- Eine **Schreibtischplatte** aus Glas bietet Ihnen weniger Stabilität und Unterstützung als beispielsweise eine weiße, die Konzentration und Effizienz fördert. Wenn Sie Ihren Arbeitsplatz mit ausgesuchten Accessoires für Ihre Schreibutensilien dekorieren und eventuell frische Blumen aufstellen, werden Sie sofort bemerken, dass Sie sich mit mehr Schwung an die Arbeit machen.

Der Flur – das Treppenhaus

Bei der Einrichtung des Flurs ist darauf zu achten, dass er zwar wohnlich sein sollte und die Bewohner und ihre Gäste willkommen heißt, andererseits muss er funktional sein und Platz für Kleidung, Schuhe, Taschen und Schirme bieten. Da der Flur in den meisten Fällen der Ort ist, an dem möglichst viel verstaut werden muss, sind Schränke und Kommoden mit geschlossenen Türen optimal.

- **Platz im Haus:** Ideale Richtungen für Treppen sind Norden, Osten, Südosten, Süden und Südwesten von der Mitte Ihres Hauses aus gesehen.
- Bei **Kommoden** geht es hauptsächlich um die Form. Hohe Kommoden fördern eine stärkere Aufwärtsbewegung der Holz-Energie, während niedrige, breite Kommoden die ruhigere Erd-Energie stärken. Runde Schubladenknäufe, vor allem solche aus Metall, fördern die Metall-Energie und geben der Kommode einen stabileren Eindruck.

Im Arbeitsbereich ist es wichtig, für viel Licht, zu sorgen, das seitlich auf die Arbeitsflächen einfallen soll.

Treppenaufgänge sollten die aufwärts strebende Energie fördern – hier mit sanften Stufen und viel künstlichem Licht.

Kommen Sie mit in meine Wohnung nach Bludenz

Zum Abschluss darf ich Sie einladen, zu mir nach Hause zu kommen. Denn in meinem Fall strafe ich jenes Allgemeingut lügen, wonach ein Schuster stets neben den Absätzen und ein Friseur ohne Haarschnitt durchs Leben gehen. Ich habe für mich sehr wohl gesehen, wie wichtig gesundes Wohnen ist und um wie viel ich mich besser fühle, wenn ich das umsetze, was ich als diplomierter Geobiologe gelernt habe. Sehen Sie selbst!

Wie für die Sonnenblume, so ist auch für mich das Licht dafür verantwortlich, dass ich mich in meiner Wohnung schon beim Betreten des Gangbereiches wohlfühlen kann. Nach einem anstrengenden Tag kann ich mich entspannen, noch bevor ich meine Schuhe ausgezogen, den Autoschlüssel abgelegt und ein erfrischendes Glas Wasser getrunken habe. Die freundliche Stimmung erhellt mein Gemüt. Das Bild der Sonnenblume (Holz) habe ich zusammen mit einer speziellen LED-Technik in der Mitte der Wohnung im Gangbereich umgesetzt. Der Gangbereich ist auch von meinem Wohnzimmer aus einsehbar, das nach Süden ausgerichtet ist.

Die zwei 120 Zentimeter hohen Figuren aus Tansania sind die Wächter meiner Wohnung. Der Mann steht rechts neben der Frau, dadurch steht die Frau im geschützten Bereich. Man sieht hinter der Glastür das nach Süden ausgerichtete Wohnzimmer mit den roten Bezugsstoffen. Die Farbe steht für Kommunikation und Offenheit.

Wächter der Wohnung Bludenz

Meine Lebenstreppe:
Alle diese Menschen,
Urgroßeltern, Großeltern,
Eltern, Geschwister,
Schwiegereltern,
Ehepartner, Kinder
und Enkel habe ich
verinnerlicht. Sie erinnern
mich täglich an meine
Herkunft und an meine
bisherigen Lebenswege.
Wir verbinden gemeinsam
die Vergangenheit mit der
Zukunft.
Ich danke Euch dafür.

Danksagung

Hätte man mir vor zehn Jahren vorausgesagt, dass ich ein Buch schreiben würde, hätte ich das mit voller Vehemenz dementiert. Für mich als Legastheniker waren schon in der schulischen Ausbildung die Fächer Deutsch und Sprachen besonders schwierig und anstrengend. Stellte man mir Fragen, missdeutete ich diese oder verstand sie erst gar nicht. Durch mein geringes Textverständnis konnte ich die Inhalte nur durch häufiges gezieltes Nachfragen verstehen und es kostete mich große Anstrengungen, Texte zu lesen und Inhalte zu verstehen.

Es war wirklich ein Zufall oder eine Gottesfügung, die mich dazu bewegte, dieses Buch zu schreiben: Vor circa 30 Jahren war ich Mitbegründer einer Raumausstatter-Erfahrungsaustausch-Gruppe, die bei der Gründung aus 16 Inhabern von Raumausstattungsgeschäften aus Österreich und Südtirol bestand. Von Beginn an begleitete uns Herr Dipl.-Hdl. Rüdiger Jung, pädagogischer Geschäftsführer der Fachakademie für Textil & Schuhe LDT Nagold GmbH (vormals: Lehranstalt des Deutschen Textileinzelhandels) in Nagold. Anlässlich einer Tagung in München diskutierte die Gruppe, ob jemand über ein Zukunftsthema in Bezug auf Raumausstattung einen Vortrag halten würde. Da sich damals nur schwer Kollegen finden ließen, habe ich allen Mut zusammengenommen und mich gemeldet. Ich beschäftigte mich damals mit dem Thema Geobiologie und versuchte innerhalb von sechs Monaten mithilfe einer PowerPoint-Präsentation meinen Kollegen dieses Thema näherzubringen. Mein Augenmerk lenkte ich damals bereits darauf, entsprechende Lösungen in Schlafräumen aufzuzeigen, um Krankheiten zu vermeiden.

Da ich damals meine Präsentation verfilmen ließ, erkannte ich, dass hier noch sehr vieles zu verbessern war. Ich machte die Ausbildung als diplomierter Geobiologe, die ich mit Auszeichnung abschließen konnte. Aufgrund meiner damals 35-jährigen Erfahrung im Bereich Bauen und Wohnen, fasste ich den Entschluss, das Buch »gesünder wohnen – besser leben« zu schreiben. Ab diesem Zeitpunkt arbeitete ich neben meinem Beruf wie besessen daran, ein Grundgerüst dafür zu erstellen.

Ich startete mit eigenen ganzheitlichen Versuchen in Wohnräumen (Licht, Strahlung, Wasser, Luft), setzte neue Materialien ein und beobachtete zuerst an mir selbst, ob gesundheitliche Beschwerden und das Wohlbefinden sich besserten.

In weiterer Folge hatte ich in vielen Bereichen »Nachhilfe« von Bekannten und Freunden, die mir wichtige Hinweise geben konnten.

Um das alles bewerkstelligen zu können, erhielt ich große Unterstützung durch die folgenden Personen und Einrichtungen:
die Geovital Akademie unter der Leitung von Sascha Hahnen (Geopathie)
Prof. Peter Pauli (Strahlenexperte)
Prof. Frank Daudert (Alternative Medizin)
Prof. Dr. med. Dr. rer. nat. M.Sc. Christian Schubert (Arzt, Psychologe und Psychotherapeut, Leiter des Labors für Psychoneuroimmunologie an der Universität Innsbruck)
Dr. Walter Witting (Lichttechnik, jahrelanger Mitarbeiter bei Prof. Bartenbach)
Holger Solbach (Sonderlösungen Licht)
Thomas Ölz (Geschäftsführer von Tridonic GmbH & Co KG, Vorschaltgeräte)
Ralph Schneider (Wasserforschung)
Joachim Kaiser (Baubiologischer Experte)
Arthur Passler (Patentinhaber ZES-VISION)
Ing. Günther Marent (Polarlicht-Fotos, Tschernobyl-Fotos)
Alexander Marent, BSc, MA (Elektrotechnik/Elektronik)
Christian Reiger (Fotos Wasserfälle)
Florian Noll (Elektrotechnik Neyer)
Jürgen Pressler (Elektriker SiJo Elektroinstallationen GmbH)
Franz Thorwartl (Physiotherapeut)
Stefan Hörschläger (Krankenpfleger)
Charlotte Meukel (Autorin – Feng-Shui)
Siegfried Schröder (Photovoltaik-TÜV-Gutachter)
Veronika Helmberger, BSc., M.Eng. (Wohnfloor Vertriebsges.m.b.H.)
Familie Michael Hammerle (Feng-Shui-Hotel Kristall)
Familie Heidi und Christian Pernkopf (Feng Shui Hotel Castel)
Mag. art. Dr. Louise Kiesling (Backhausen GmbH)
GF Felix Gmeiner (Backhausen GmbH)
Thomas R. Wagner (Backhausen GmbH)
Werner Hanisch (LEHA-Vorhangschienen, Werner Hanisch KG)
Mick Veldhuis (Texco Corporate Fashion GmbH)
Hannes Tschofen (Getzner Textil AG)
Einrichtungsverbände Südbund und MZE

Kneipp-Verlag GmbH:
Tanja Braune unterbreitete mir das Angebot
Anneliese Paulhart schloss mit mir den Vertrag ab und unterstützte mich in der Kommunikation mit allen Beteiligen im Verlag
Marion Mauthe war für das Lektorat zuständig und brachte meine »Materialsammlung an Wissen« in ein verständliches Schriftstück
Emanuel Mauthe und Stefanie Muther waren für Grafik und das Cover zuständig
Alle Beteiligten sind auf meine Wünsche eingegangen und haben mich mit viel Geduld bestens beraten.

Besonders erwähnen möchte ich die jahrzehntelangen Aus- und Weiterbildungen in der Erfahrungsaustauschgruppe Österreich-Südtirol, unter der Leitung von Herrn Dipl.-Hdl. Rüdiger Jung, pädagogischem Geschäftsführer der Fachakademie für Textil & Schuhe LDT Nagold GmbH (vormals: Lehranstalt des Deutschen Textileinzelhandels) in Nagold, an denen auch mein Sohn Stefan Schwarzhans seit 2003 teilgenommen hat und mich in vielen Bereichen entlastet. Vor allem aber danke ich meiner Lebenspartnerin Doris Grasser für ihre Geduld und Unterstützung.
Ihnen allen bin ich zu tiefstem Dank verpflichtet.

Abbildungsverzeichnis

AdobeStock: S. 58 (u., ohsuriya - stock.adobe.com), 65 (fischer-cg.de - stock.adobe.com), 82 (stockphoto-graf - stock.adobe.com), 159 (o., hykoe - stock.adobe.com), 195 (Peter Hermes Furian - stock.adobe.com)

Dorothea Frühwirth: 147

Günter Marent: S. 119 (re.), 126, 127, 128

hellobarbiefaq.mattel.com: S. 142

NASA: S.54, 119 (li.), 120

Christian Reiger: S. 17, 19

so-u-l Solbach und Licht: S. 74

wikicommons: S. 13, 22, 28, 29, 31,50, 51, 56, 57, 118, 121, 133, 139, 143, 149, 162

Wohnfloor: S. 7 (Doris Helmberger), 14, 15, 33, 43, 144, 145, 163, 167, 169, 172, 174, 175 (u.),179, 180, 182, 183 (re.), 185 (li.), (Ernst Schwarzhans), 18, 34, 35, 36, 37, 38, 39, 47, 66, 67, 68, 69, 70, 71, 75, 81, 82, 91, 96, 100, 103, 104, 105, 105, 107, 109, 110, 111, 112, 113, 114, 115, 150, 151, 152, 153, 170, 171, 173, 175 (o.), 183 (li.), 189, 197, 205, 206, 207, 208, 209, 210, 211, 2012, 213, 214, 214, 216, 217, 218, 219, 221, 223, 225, 226, 227, 228, 229, 230, 231, 233, 235, 236, 237, 239, 240, 241, 242, 243, 245, 246, 247, 248, 249, 250, 251 (Mario Debortoli), 41, 42, 129

Farbzeichnungen: Extraplan

STYRIA
BUCHVERLAGE

ISBN 978-3-7088-0749-2

Bücher aus der Verlagsgruppe Styria gibt es
in jeder Buchhandlung und im Online-Shop
www.styriabooks.at

Covergestaltung: Emanuel Mauthe
Layout und Buchgestaltung: Stefanie Muther
Lektorat: Motto Verlagsservice, Wien

Druck und Bindung: Theiss
Printed in the EU

7 6 5 4 3 2 1